전력혁명과 에너지 신산업

더 깨끗한, 더 안전한, 더 경제적인 미래

나남신서 1964

전력혁명과 에너지 신산업

더 깨끗한, 더 안전한, 더 경제적인 미래

2018년 8월 1일 발행
2018년 8월 1일 1쇄

지은이 김동훈
발행자 趙相浩
발행처 (주) 나남
주소 10881 경기도 파주시 회동길 193
전화 (031) 955-4601 (代)
FAX (031) 955-4555
등록 제 1-71호 (1979. 5. 12)
홈페이지 http://www.nanam.net
전자우편 post@nanam.net

ISBN 978-89-300-8964-7
ISBN 978-89-300-8655-4 (세트)

책값은 뒤표지에 있습니다.

나남신서 1964

전력혁명과 에너지 신산업

더 깨끗한, 더 안전한, 더 경제적인 미래

김동훈 지음

머리말

태양광발전과 풍력발전을 중심으로 기술이 발전하여, 사용에너지가 화석연료에서부터 신재생에너지로 급속하게 이동(*energy shift*) 하고 있으며, 에너지 효율화 산업 역시 실체를 드러내고 있다. 제 4차 산업의 문턱에 들어선 지금, 이와 동반관계인 에너지혁명을 실현해야 한다. 우리나라는 아직 제조업이 중심이지만 신재생에너지와 에너지 감축을 산업으로 육성하는 일을 우선적인 정책으로 다루어야 하는 시점에 와 있다.

에너지 정책은 물론 기후변화와 밀접하게 연계되어야 한다. 이와 더불어 일상에서 간과하는 에너지 낭비요소를 차단할 수 있도록 구체적인 에너지 감축 계획을 세워 국민에게 주지하는 캠페인도 일상적으로 시행된다면 더욱 좋을 것이다. 정부의 에너지 정책은 산업구조를 비롯해 우리의 생활, 경제활동 전반을 다루므로 국가적 입장에서 종합적으로 입안(立案) 되어야만 한다. 그리고 에너지와 환경 관련 정책이 세계적으로 어떻게 변화하고 있는지도 면밀히 살펴야 한다.

무엇보다도 현재와 같이 미세먼지, 환경파괴 등으로 고통을 주는 석탄발전의 조속한 폐기를 위해 석탄발전소 신설은 중지되어야 한다. 혹 이 때문에 에너지 공급에 차질이 생긴다면 차라리 원전을 더 보강하는 편이 오히려 도움이 되지 않을까 생각한다.

신재생에너지 개발과 에너지 감축 정책은 기술적인 전문지식과 과감한 방향 전환이 따라야 성공할 수 있다. 바로 코앞만 생각하는 사람이라면 정책을 수행하면서 미래를 내다보지 못하게 된다.

앞으로 우리는 새로운 에너지 시대를 맞게 될 것이며 새로운 에너지 산업에 스스로 참여할 기회를 얻을 것이다. 따라서 무엇을 어떻게 해야 스스로 이익을 얻고 국가사업에 직접 참여할 수 있는지에 관심을 두어야 한다. 이야말로 '내가 하지 않아도 정부가 알아서 해주겠지'라는 의타성, 방관형 민주주의에서 벗어나 지역과 가족을 지키는 것은 나 자신이라는 주체적 사고방식을 갖게 해주며 우리의 의식을 높이는 방법이 될 것이다.

현재 선진국을 중심으로 에너지 전환 정책이 빠른 속도로 전개되고 있으나, 필자가 과문한 탓에 잘못 짚은 것은 아닌지 모르겠지만 국내에서는 아직 정확하게 맥을 짚고 있는 것처럼 보이지 않는다. 필자는 가능한 대로 최근에 발표된 정보를 중심으로 선진국의 에너지 정책 전개 상황을 정리했다. 따라서 이 책은 저서라기보다 편저에 가깝다.

선진국, 특히 미국과 중국의 에너지 정책의 흐름과 신재생에너지로의 대전환 과정을 추적하는 데 시간을 할애하여 이 책이 출판되기까지 많은 시간이 걸렸다. 그동안 많은 해외자료와 전문가의 도움을 받았다. 특히, 한양대 이영수 교수 그리고 대진대 신기태 학장의 도움을 많이 받았다. 이 책이 나오기까지 처음부터 편집과 교정을 도와주신 생산기술연구원 청정센터 김진호 센터장과 나남출판 편집부에 감사를 드린다. 그리고 우리나라의 출판시장이 상당히 어려운데도 흔쾌히 출판을 허락해 주신 나남출판 조상호 회장께 심심한 사의를 표한다.

필자는 단지 에너지의 흐름을 관찰하는 추적자(*watcher*)에 불과하다. 다만 이 책이 우리나라에서 새롭게 등장할 에너지에 관심을 두는 분께 조금이나마 도움이 되기를 기대해 본다. 국내에서 에너지와 관련해 연구하는 분, 정책과 관련된 일을 하는 분 또는 에너지 문제에 관심을 두는 분에게 도움이 된다면 큰 보람이 되겠다.

2018년 6월

김 동 훈

나남신서 1964

전력혁명과 에너지 신산업

더 깨끗한, 더 안전한, 더 경제적인 미래

차례

제 1 장

전력혁명과 새로운 산업구조

1. 에너지 사용의 변천 과정과 신재생에너지

에너지 사용의 전환은 그리 새로운 것도 아니다. 목재에서 석탄으로의 이행은 벌써 수백 년이 되었다. 세계 최초의 유정(油井)이 발굴된 것도 150년 이상(1859년)이 되었다. 이제는 주로 석유와 석탄가스로 움직이던 경제로부터 태양과 바람을 동력원으로 하는 경제로 전환하는 시대다.

미국, 독일, 북유럽국가 등 많은 나라가 전원의 20% 이상을 태양광과 풍력으로 충당하며, 지역에 따라 이 비율이 30%를 넘어선 국가도 있다. 중국은 에너지원의 80%가 석탄화력이기 때문에 대기오염이 세계에서 제일 극심한 나라지만, 이를 극복하기 위해 막대한 예산을 태양광과 풍력에 쏟아붓고 있으며 2025년까지 석탄발전량의 10%를 감축한다는 계획을 발표했다. 30년 넘는 기간이 있어야 성취할 수 있던 에너지 전환을 단 10년이면 이룩할 만큼 기술이 엄청나게 발전했으며 관련 인프라를 현재 진행형으로 개발 중이기 때문이다.

2. 전력혁명의 조건: ICT와 ET의 융합

> 역사상 가장 거대한 경제혁명은 새로운 커뮤니케이션기술이 새로운 에너지 체계와 결합할 때 발생하며, 이 같은 새로운 에너지 체계는 더욱 상호의존적인 경제활동을 창출한다. 여기에 수반되는, ICT를 중심으로 한 커뮤니케이션혁명은 새로운 에너지 체계에서 생성되는 시간적·공간적 동력을 조직화하며 관리하는 수단이 된다.

이는 저명한 경제학자이자 미래학자인 제러미 리프킨(Jeremy Rifkin) 교수의 세계적 베스트셀러 《3차 산업혁명》(*Third Industrial Revolution*, 2011)에서 인용한 글이다. 이 책은 앞으로 세계의 경제·산업 구조가 정보통신기술(Information & Communication Technology: ICT)과 에너지기술(Energy Technology: ET)의 융합을 통한 혁명적 단계를 거쳐 어떻게 변혁될지를 일반 지식인이면 누구나 이해하고 공감할 수 있도록 평이한 문체로 서술되었다.

전력 문제는 근본적으로 전력 공급이 수요를 따라잡지 못할 때 발생한다. 정부는 앞으로 수요관리 정책을 수행하겠다고 했으나 아직 확실한 그림은 발표하지 않았다. 발전 정책의 혁신적 전환뿐 아니라 수요관리 측면에서도 계획단계에서부터 정부의 역할이 중심이 되어야 한다. 시스템을 설계하는 과정에서도 정부가 중추적 역할을 해야 한다. 에너지 감축 정책의 경우, 이미 2013년 감축을 관리하는 부서도 만들어졌으나 아직도 어떻게 활동하고 있는지 알려지지 않았다.

앞으로 에너지 정책 수립에는 정보통신 분야의 전문가가 중심이 되어야 한다. 아울러, 전력의 자유경쟁 체제를 도입하면 정보통신기술과 에너지기술을 활용한 다양하고 창조적인 새로운 기술이 등장하여 현재의 단순하고 일방향적인 전력거래 구조에 혁명을 가져다줄 것이다.

3. 전력 산업의 자유경쟁화: 발전 · 송전 · 배전의 분리

집중형 · 독점형 발전에 대한 의존도를 낮추고 분산형 발전으로 전환하는 것은 필연적인 시대의 요구다. 전력 산업의 자유경쟁화는 경제민주화의 기반을 만들어줄 것이며 수요관리 정책에도 큰 변화가 찾아올 것이다.

전력 산업의 자유경쟁화는 다음과 같은 조건이 전제되어야 한다. 첫째, 중견 · 중소기업의 자유로운 참여가 보장되어야 한다. 가스회사 · 일반기업 등이 발전사업에 폭넓게 참여하도록 기회를 제공해야 한다. 기존의 발전회사, 타 업종 중에서도 특히 정보통신기술 전문기업이 참여해 선의의 경쟁을 할 수 있어야 한다. 소매업에는 통신회사, 정보통신기업, 벤처기업 등에 참여 기회를 제공해야 한다.

둘째, 스마트그리드의 핵심인 분산형 발전 정책을 도입해야 한다.

셋째, 송전 · 배전사업은 발전사업과 법적으로 그리고 회계상으로도 분리해야 한다. 그리고 경영권을 분리하여 공정한 거래가 되도록 해야 한다. 또한 공평하게 송전 · 배전을 할 수 있는 공공성 있는 기관이 송전 · 배전사업을 맡는 것도 중요하다.

넷째, 지방자치단체를 중심으로 하여 지역주민의 참여를 유도해야 한다. 주민이 자신이 사는 지역에서 태양광이나 풍력, 소수력발전 등을 직접 생산할 수 있고 판매할 수 있는 커뮤니티 혹은 협동조합을 만들어서 공동으로 이익을 취하고 정보도 공유할 수 있는 사회시스템을 조성하도록 지원해야 한다.

마지막으로, 소비자는 신재생에너지 발전회사의 전력을 가능한 한 많이 사용해야 한다.

제 2 장

원자력발전 및 석탄발전

1. 원자력발전의 최근 동향

우리나라뿐만 아니라 세계 어느 국가도 원전 없이 에너지 수요를 유지할 수는 없을 것이다. 개발도상국의 경우 적어도 2050년까지는 필요할 것 같고 선진국의 경우도 당분간은 의존이 계속될 것이다. 우리나라도 적어도 20년 이상 유지하지 않으면 안 된다고 생각한다.

그럼에도 선진국은 빠른 속도로 원전을 줄이는 정책을 펴고 있다. 원전의 안전성이라는 문제에 앞서 앞으로는 건설비용이 크게 높아지고 건설기간도 길어져서 다른 에너지에 비해 가격이 크게 상승할 것이라는 우려가 가장 큰 이유다.

1) 원자력발전의 가치 하락

국가마다 차이가 있지만 2011년 세계 원자력발전은 세계 전체 에너지의 13%를 차지했다. 독일이 2022년까지 남은 원자력발전소 8기를 폐쇄한다고 선언했을 때 EU 회원국들은 원전에서 손을 뗄 준비를 하고 있었다. 일반적으로 2011년 일본의 후쿠시마 원전사고가 계기가 되었다고 말하지만, 실제로 이는 이미 진행 중인 탈원전 계획을 앞당겼을 뿐이다. 2011년 3월에는 전 세계에서 437기의 원전이 가동되었지만 2016년 3월에는 그중 11기가 가동을 중단했다.

원전을 가동할 수 있는 기간인 내용연수(耐用年數)는 2018년 현재 30년에서 40년이다. 앞으로 오래된 원전은 차례로 폐로화해야 하는데, 그 공간을 채우면서 발전량을 유지하려면 새로운 원전을 건설해야 한다. 그러나 실제로는 가능성이 없다. 그렇게 되면 전력 소비자에게 전기료를 가중해야 하는데, 어떤 행정가가 이런 역할을 떠안겠는가. 게다가 그 시기라면 현재 가격 측면에서 일취월장하고 있는 태양광과 풍력발전이 원전보다 몇 배 값싼 에너지를 소비자에게 공급하고 있을 것이다.

한때 어떤 에너지보다 값이 싸다고 생각했던 원전의 가치는 다른 에너지원(源)보다 가파른 속도로 떨어지고 있다. 원전은 2006년까지는 다른 에너지보다 훨씬 성능도 좋고 이산화탄소 배출량도 적은 에너지로 칭송을 받았으나 그 후로 가격이 조금씩 오르면서 2013년에는 세계적으로 발전소가 10% 정도 감소했다. 2014년 한 해에는 3%가 더 떨어졌다.

세계에서 가장 많은 원전을 보유한 나라인 미국(2018년 현재 99기)은 2010년까지는 원전가동률 1위를 지켰으나 2014년에는 원전가동률이 떨어졌다. 세계 2위 원전 보유국인 프랑스(58기)의 경우, 2005년까지는 현상을 잘 유지하다가 2014년에는 약 7%가량이 감소했다.

원전은 점점 더 노후화되고 전문인력도 고령화되는데 젊은 인재들은 장래성이 없다는 이유로 원전을 기피하고 있어 원전은 근본적인 난관에 부딪혔다. 원자력 부품 제작사도 마찬가지다. 공급력도 핍박하고 있는 데다 고령 은퇴자를 대신할 만한 전문직을 구하는 것도 예전 같지 않다.

원자력발전은 애초부터 경쟁력 있는 에너지 상품이 아니었다. 이제까지 세계시장에서 원전이 저렴한 에너지처럼 인식되었던 것은 정부의 막대한 자금 지원과 냉전 시대에 필요했던 전략적 가치 때문이었다. 그러나 현재는 원전을 비즈니스로 간주하기 시작하면서 전략적 가치로만 따질 수 없게 되었다.

2) 원자력발전의 경제성

미국과 유럽의 경우, 주로 경제적 이유로 원자력발전을 적극적으로 이용하기가 점점 더 어려워지고 있다. 예를 들어, 영국은 원자력발전소 신설 계획을 세웠으나 건설비용이 턱없이 높아졌고 그 결과 발전비용도 상승했기 때문에 자유화된 전력시장에서 경쟁력이 떨어져 버렸다. 정부는 차액결제계약(差額決濟契約, *contracts for difference*)을 통해 원자력발전에 의한 에너지 판매가격을 지원하는 방법으로 상용화하려고 노력했다. 그러나 이것도 한계가 있었다.

전력자유화의 관점에서 보면 원전은 전력자유화와 서로 상충하는, 말하자면 양립되지 않는 전원이다. 그 이유는 다음과 같다.

첫째, 원전은 계획 수립부터 운전 개시까지 오랜 시간이 걸리는 장기 프로젝트로, 막대한 자금이 필요하며 회수기간도 길다.

둘째, 핵 관리 정책을 중심으로 막대한 정부예산이 투입된다. 여기에는 원자력의 평화적 이용이라는 부차적인 목적도 포함된다. 말하자면, 원전은 국가 정책 동향에 많은 영향을 받기 때문에 민간기업 간 자유경쟁을 통해 진행되는 비즈니스와는 근본이 다르다.

셋째, 국제분쟁이 험악해지는 사태까지 진행되는 경우나 전략적으로 원전이 필요하다고 간주될 때를 대비해 원전을 유지해야 한다면, 원전은 정부가 직접 운영하는 '원전공사'와 같은 별도의 국책기관을 설립해서 운영하고, 비즈니스로 전환되는 전력 산업과는 독립적으로 운영되어야 할 것이다.

넷째, 원전은 최종비용을 계산할 수 없다는 치명적인 불확실성이 있다. 개발 단계부터 위험성(*risk*)이 큰 데다가, '화장실 없는 주택'이라는 야유를 받듯 핵폐기물 처리에 어느 정도의 예산이 필요한지 정부도 가늠할 수 없다. 핀란드와 같이 한 지역이 화성암 덩어리로 이루어진 지역 이외에는 세계적으로 핵폐기물의 최종처리 장소가 드물다.

다섯째, 경제성은 하루가 다르게 떨어지고 있는 데다 원자로의 가동률은 어떻게 되는지, 운전기간은 얼마나 걸리는지에 따라 원전의 수익성이 크게 변동한다.

이처럼 순수한 경제적 동기로만 본다면 원전은 비즈니스가 성립할 수 없는 사업이다. 뿐만 아니라 앞으로 건설할 원전은 안전장치 등이 필요하므로 20~30년 전 건설된 원전보다 거의 두 배에 가까운 비용이 들고 건설기간도 길어 타 전력원보다 경제성이 떨어진다.

스탠퍼드대학의 세계적인 에너지학자 토니 세바(Tony Seba)는 저서 《에너지 혁명 2030》(*Clean Disruption of Energy and Transportation*, 2014)에서 원자력은 사실 엄청나게 비싸다고 지적했다. 세바는 '규제포획'(*regulatory capture*) 현상을 비판의 근거로 들었는데, 이는 공공의 이익을 위해 일하는 정부와 같은 규제기관이 기업과 같은 피규제기관에 의해 거꾸로 포획당하는 현상을 말한다. 기업들은 규제포획을 통해 공공의 안전이나 공해 문제에 무관심하게 된다. 시티은행(City Bank) 역시 같은 맥락에서 원자력 산업에 대한 보고서에 〈새로운 원자력발전소: 경제학은 이를 거부한다〉라는 제목을 붙였다.

3) 원자력발전의 안전성

무엇보다도 원전은 테러 공격에 취약하다. 세계적인 석학이자 미래학자로도 잘 알려진 노르웨이의 요르겐 랜더스(Jørgen Randers)[1]는 최근의 저서 《더 나은 미래는 쉽게 오지 않는다》(*2052: A Global Forecast For The Next Forty Years*, 2012)에서 "원자력이란 꿈이 절대 실현되지 않을 것이라 확신하는 이유는 원자력발전 시설이 점점 지능화하고 있는 테러리스트에게 노출되어 있기 때문"이라고 말했다.

그는 안전에 대한 대비가 허술한 지역이라면 어디든 적어도 10년 이내에 공격의 대상이 될 가능성이 충분히 있으며, 꼭 원자로가 아니더라도 비교적 공격하기 쉬운 핵 저장시설(*pool*)을 공격한다면 전국이 마비상태에 빠질 가능성은 더욱 커진다고 지적했다. 생각만 해도 몸서리쳐지는 사고를 경계해야 한다는 입장이다.

---

1) MIT대학에서 기후환경학으로 박사학위를 취득했으며 주요 저서인 《성장의 한계》(*Limits of Growth*, 1972)는 한국을 포함한 30여 개국에서 출판되었다.

2. 원자력발전소 보유국의 최근 동향

1) 미국

미국의 원전 산업은 쇠퇴의 위기에 놓여 있다. 30여 년 동안 펜실베이니아의 스리마일섬(Three Mile Island), 체르노빌, 후쿠시마 등에서 일어난 일련의 원전사고 그리고 이로 인한 인명 피해와 방사능 후유증은 미국의 원전에도 많은 영향을 끼쳤다.

미국은 세계에서 원전을 가장 많이 보유한 나라다. 2018년에 미국에서 가동되고 있는 원전은 99기로, 정점을 찍었던 1990년에 비하면 8기가 줄어든 셈이다. 미국의 원자력업계는 앞으로 25~30년 사이에 25기가량 더 감소할 가능성이 있다고 추산하고 있다.

(1) 스리마일섬 원전사고

펜실베이니아의 해리스버그에서 16킬로미터 떨어진 스리마일섬에서 일어난 원전 2호기의 노심용융(爐心熔融, *melt down*) 사고는 미국 사상 가장 큰 원전사고였다.

상업운전을 시작한 지 겨우 4개월 만인 1979년 3월 28일, 운전 중 밸브 장치에 이상이 생겼다. 원자로 중심에서 순환하는 물로부터 열을 전도하는 장치인 열 교환기에 물 공급이 중단된 것이다. 게다가 2차 계통의 물이 줄어들면서, 자동계기가 줄어든 만큼의 물을 자동으로 공급하도록 설치된 보조급수기도 작동하지 않았다. 그뿐만이 아니었다. 경수로(輕水爐) 안을 냉각하는 노심냉각장치(*emergency core cooling system*)는 작동했지만 원전기술자의 실수로 한동안 멈추

미국의 거대 에너지기업인 액설런(Exelon)이 수주해서 건설한 2기 이외의 나머지 스리마일섬 원전도 2019년 9월까지 모두 폐쇄하기로 결정했다. © Joe Ulrich, WITF

는 바람에 통제불능 상태가 되어 버렸다. 사고 확대를 막기 위해 겹겹이 설치했던 심층 방호시스템도 제대로 작동하지 않아 다섯 겹의 보호막 중 네 번째 보호막까지 뚫렸다. 통제실 계기판의 상황표시는 계속 잘못된 신호를 보냈다.

다행히 원전과 주거지역 간의 거리가 떨어져 있었기 때문에 인적 피해는 경미한 편이었다. 그러나 원전 측이 사고 원인을 자세히 해명하지 않았기 때문에 주민의 불만이 컸고 아직도 공포에 시달리는 주민이 많다고 한다. 당시 어린애였고 이제는 30~40대의 나이가 되었는데도 아직도 후두암이나 갑상샘암에 대한 가능성 때문에 불안에 시달리는 사람이 있다고 한다.

당시 대통령이었던 지미 카터(Jimmy Carter)는 직접 스리마일 원전을 방문해 "미국은 더 이상 원전을 건설하지 말아야 한다"고 선언했다. 이 선언과 함께 안전성의 문제가 크게 부각되었다. 원전업자도 정부의 정책 동향을 주의 깊게 관찰하고 원자력사업에 관해 회의적 시각을 갖기 시작했다.

(2) 원자력발전과 전력시장 개혁

버몬트 로스쿨의 교수 피터 브래드퍼드(Peter Bradford)는 동 대학이 마련한 세미나에서 '원자력발전과 시장 개혁'이란 주제로 발표를 진행했다. 강연의 요지는 다음과 같았다.

> 미국의 원전은 1970년대부터 경제효과(*merit*)가 없어지기 시작했다. 1980년대 중반부터는 독립 발전사업자가 효율적 경영을 통해 기존의 대형 발전사업자보다도 저렴한 비용으로 에너지를 공급할 수 있음을 실증했다. 미국은 전력회사 설립에 어떤 제약도 두지 않았지만, 대형 업자가 원전까지 포함해 에너지 산업을 '규모의 경제'로 키우기 위해 대량으로 투자하는 바람에 타 전력업자는 송전이나 배전 등 2차적 사업에만 손댈 수 있었으며, 발전에는 손을 댈 수도 없었다.

그러나 이후에는 발전·송전이 분리되어 사업이 진행되었기 때문에 각 업체는 자신의 분야에서 경쟁을 통해 비즈니스 노하우를 쌓을 수 있었을 것이다. 결과적으로 전력 수급은 더욱 효율화되어 1990년대 후반에는 미국의 52개 주 중 25개 주가 발전·송전·배전 분리를 위한 제도개혁을 단행했고, 미국의 전체 주가 원전의 경제성에 관해 재검토에 들어가게 되었다.

〈그림 2-1〉 미국의 원자력발전소 분포도

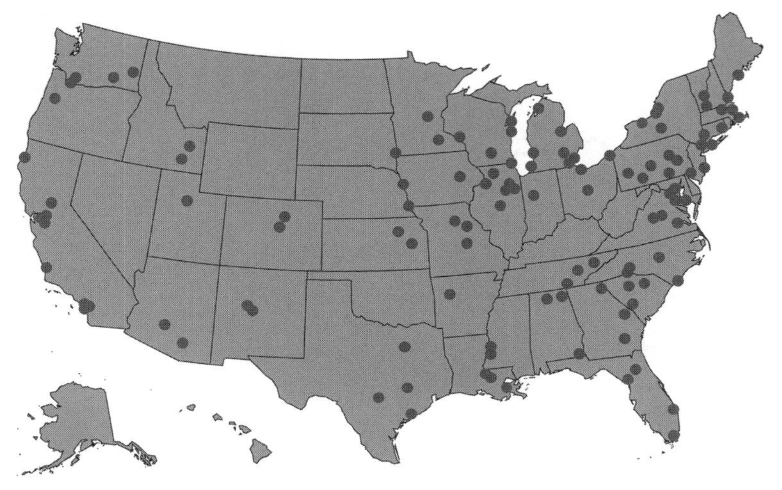

〈그림 2-2〉 미국의 원자력 의존도: 발전용 연료 비중

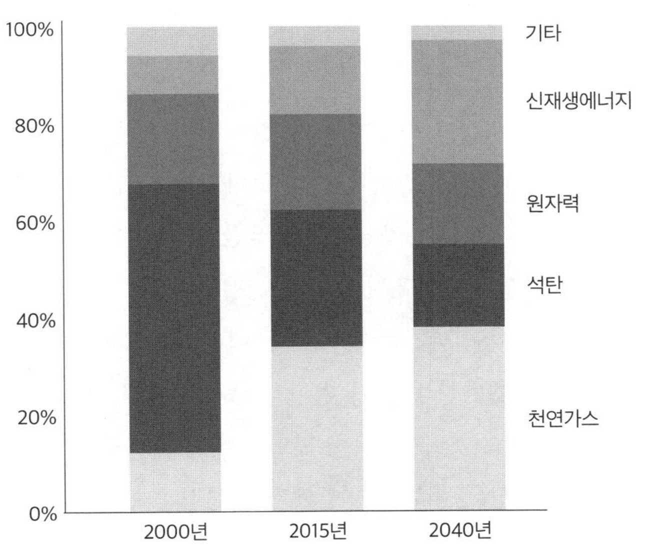

출처: 미국 에너지관리청 보고서(2016).

(3) 원자력 르네상스의 귀결

조지 부시(George Bush) 대통령은 취임(2001년) 직후부터 원전으로의 회귀 정책인 '원자력 르네상스'(*nuclear renaissance*) 정책을 선포하고 이를 촉진하기 위한 여러 지원책을 마련하기 시작했다. 이와 같은 정책에 대한 관심은 다음 대선이 치러진 2008년까지 이어졌다. 당시 민주당 후보 버락 오바마(Barack Obama)는 원전에 소극적이었던 반면, 공화당 후보 미트 롬니(Mitt Romney)는 이 정책을 강력하게 지지했는데, 적어도 2030년까지는 50기의 원전을 신설하겠다고 공약했다.

현실은 이와는 정반대로 흘렀다. 2008년까지 민간업자 측에서 29기의 원전 건설신청이 들어왔고 추가로 4기의 신청이 더 접수되었으나 실제로 공사에 착수한 원전은 4기에 불과했다. 2013년에는 오히려 원전 5기가 폐기되었는데, 이는 과거 15년 동안 없었던 새로운 현상이었다.

건설기간이 길어지고 비용이 전례 없이 비싸졌다는 점이 문제였다. 옛날에는 그리 많은 돈을 들이지 않아도 원전 건설이 가능했고 정부의 지원금도 많아서, 가령 전기요금을 낮춰도 이익이 컸다. 그러나 현재는 건설기간도 길어졌고 안전장치비용도 엄청나게 커져 전력시장에서 수익을 남기는 것이 매우 어려워졌다.

앞서 말한, 폐기처분 대상이 된 5기 중 3기는 보수만 하면 조금 더 사용이 가능했으나 보수비용이 만만치 않아 폐기하기로 했고, 나머지 2기는 장래성이 불투명하여 폐기를 결정하게 되었다고 한다. 이와 같이 경쟁적인 전력시장에서 원자력발전이 타 에너지와의 대결에서 승리할 가능성은 점점 낮아지고 있다.

마이크로소프트의 설립자 빌 게이츠(Bill Gates)는 태양광 · 풍력발전과 함께 차세대 원전의 그림을 그리고 있다.

빌 게이츠는 〈뉴욕 타임스〉(*New York Times*)와의 인터뷰에서 "차세대 원전을 개발해 에너지를 안정적으로 공급하고 핵무기 확산도 막을 수 있다"고 말하면서 "현재의 원전은 농축도 3~5%의 '우라늄 235'를 연료로 쓰고 있다. 농축된 분량을 제외한 나머지는 자연폐기물인 '우라늄 238'로 분류된다. 우라늄 238의 일부는 플루토늄으로 변환되어 보조연료로 사용된다. 바로 이 플루토늄이 핵무기 제조의 주원료인데, 현재의 원전은 플루토늄을 거의 사용하지 않고 핵폐기물로 버리고 있으며, 이 버려진 플루토늄이 핵무기 재료로 사용되고 있다"고 말했다.

또한 빌 게이츠는 자신이 설립한 연구기관인 '테라파워'(Terra Power)의 첫 번째 프로젝트에서 "이제까지의 원전보다 더 많은 양의 플루토늄을 추출해 이를 원전 가동의 주원료로 사용함으로써 핵폐기물을 모두 사용할 수 있다. 이 프로젝트가 성공하면 현재 원전의 최대 장애인 핵폐기물 최종처리장이 필요 없다"라고 말했다. 그의 말대로라면 현재의 원전기술로는 도저히 해결이 불가능한 문제점이 해결될 뿐만 아니라 이처럼 압축된 에너지로 모든 분야에서 새로운 시대를 열 수 있는 기적이 일어날 것이다.

그는 하버드대학이 발행하는 〈테크놀로지 리뷰〉(*MIT Technology Review*)와의 인터뷰에서 "테라파워의 실험공장(*pilot plant*)은 2024년에 완공될 예정이고 장소는 중국이 될 것이다"라고 말했다. 그리고 덧붙여 "2030년대에는 새로운 형태의 원자력발전 구조물이 시공될 것이다. 이 프로젝트가 완성되면 세계의 경제가 활성화되고, 대기오염이 없는 지구, 전 지구적으로 평등하고

CNBC 방송과 인터뷰하는 빌 게이츠. © 블룸버그 통신

평평한 사회가 등장할 수 있을 것이며 우리는 '현재의 원전으로는 도저히 달성할 수 없는' 새로운 에너지 시대를 맞이할 것"이라고 포부를 밝혔다.

빌 게이츠는 이 프로젝트의 성공을 위해 10억 달러의 기금을 조성했으며 미국 내외에서 많은 후원을 받고 있다.

2) 독일

(1) 2022년까지 모든 원전 폐쇄 선언

독일의 앙겔라 메르켈(Angela Merkel) 총리는 2011년 3월에 발생한 후쿠시마 원전사고에 큰 충격을 받고 2035년까지 폐쇄하기로 한 원전을 2022년까지 모두 폐쇄하기로 결론을 내렸다. 독일 국민의 80% 이상이 이를 지지했으며, 기독교민주당과 자유민주당의 연립정권이 메르켈의 결단을 만장일치로 지지했다. 독일이 탈원자력발전을 결정한 근본적인 이유는 원전의 안전성에 대해 지금까지 과학적으로 규명되지 않았을 뿐 아니라 이는 앞으로도 어려울 것이라는 현실적인 문제 때문이었다.

2011년 4월 메르켈과 그의 각료들은 '안전한 에너지 공급을 위한 윤리위원회'(Ethik-Kommission Sichere Energieversorgung)를 조직했다. 과학기술계 전문가, 종교계 지도자, 사회학자, 정치학자 등 사회적으로 권위 있는 지도자급 인사들에게 역할을 위임하고 그 밖에도 산업계 인사들을 모았다. 공청회와 문서를 통해 의견을 청취했으며 수십 차례에 걸쳐 집중적인 토의를 진행했다. 이를 통해 '윤리위원회'는 2011년 5월에 〈독일의 에너지 전환: 미래를 위한 공동사업〉(*Deutschlands Energiewende: Ein Gemeinschaftswerk für die Zukunft*)이라는 보고서를 발표했다. 보고서의 요점은 다음과 같다.

- 원전의 안전성이 높다고 해도 사고는 일어날 수 있다.
- 사고가 일어나면 다른 어떤 에너지원보다 위험성이 크다.
- 다음 세대에 폐기물 처리 등의 위험을 넘겨주어서는 안 된다.

- 원자력보다 안전한 에너지는 반드시 존재한다. 지구온난화 문제도 심각하기 때문에 화석연료의 대체로 원전을 사용해야 한다는 주장은 잘못된 발상이다.
- 신재생에너지 보급과 에너지 효율화 정책으로 원자력발전을 단계적으로 줄여 가는 것이 장래 경제에도 도움이 될 것이다.

아울러, 독일은 원자력 전문가, 학자로 구성된 '원전안전위원회'(Reaktor-Sicherheitskommission)를 구성해 독일 내에 있는 모든 원전의 안전평가를 실시했다. 이 두 보고서를 종합적으로 검토한 독일 연방정부는 2011년 6월, 탈원전을 규정하는 〈원자력 기본법〉을 제정하고 신재생에너지 개발 촉진을 규정하는 〈개정 신재생에너지법〉 등 10개 항목의 법안을 각의에서 결정하였다.

(2) 완전 중단의 배경

독일의 전력구성을 전원별로 보면, 자급률이 높은 석탄이 44%를 차지하며 원자력발전은 22.6%로 한국의 원전과 비슷한 수치다. 독일이 2022년까지 원전 가동을 중단한다면 불과 4년 남짓 남았는데 과연 가능할지 의문을 가질 수밖에 없다.

미국을 비롯한 다른 국가들로부터 시기상조가 아니냐는 시각도 있었으나, 독일의 결정은 확고한 듯하다. 그럴 수밖에 없는 배경은 원전에서 천재든 인재든 한번 사고가 일어나면 안전 측면에서 인간이 제어할 수 없다는 점을 현대 과학기술이 증명하고 있기 때문이다. 운전 시 안정성은 인간이 타고난 불안정성 때문에 보장될 수 없다. 이는 일본의 후쿠시마 원전사고가 증명하였다. 사용이 끝난 핵폐기물의 영구처리를 위한 확실한 방안도 아직 없다. 그 대신 새로운 신재생에너지 산업에 투자해 에너지 정책을 전면 개편하는 편이 비용이 덜 든다.

이와 같은 악조건을 극복하기 위해서는 원자력발전을 단계적・계획적으로 폐기하는 동시에 온실가스를 줄여야 한다. 또한 에너지 절약을 수요자에게만 맡기지 말고 전문 기업에 맡기는 등 하나의 비즈니스로 키워, 거대한 발전소에 의한 집중형 에너지 공급 중심에서 소비자 자신이 생산자도 될 수 있는 분산형 에너지 중심의 사회로 만드는 것이 가장 현명한 해결방법이다. 에너지 수요를 관리하는, 즉 '수요관리'(*demand management*)에 의해 에너지를 감축하는 것이 더욱 진화된, 합리적인 방법이라는 것이다.

2018년 들어서부터 과연 2022년까지 나머지 8기를 전부 폐기하는 것이 가능한지에 대한 논란이 불거지고 있다. 지금 독일의 가장 시급한 문제이자 미세먼지의 주범인 석탄발전의 폐기가 우선되어야 한다. 현재 에너지의 44%를 차지하는 석탄발전을 가능한 한 빨리 폐기해야 하는데, 이를 절반 이하(22%)로 줄이면서 원전도 동시에 폐기하는 것이 가능한가에 대해 많은 고민을 하는 듯하다.

3) 영국

(1) 원전 현황

영국은 환경을 고려해서 태양광, 풍력 등 신재생에너지의 비율을 20% 이상으로 높이고 석탄 의존도를 낮추고 있다. 그러나 전력공급 측면에서는 북해유전이 고갈 중이라 어려운 상황에 부닥쳤다.

1970년대에 이미 산업 쇠퇴기에 들어선 영국에게 북해유전은 그야말로 영국경제를 되살리는 구세주 같은 존재였다. 그러나 2000년대에 들어 생산량이 감소하면서 2010년에는 산유량이 절반으로 뚝 떨어졌다. 현재는 유전철거 비용이 영국 유전업계에 큰 부담을 주고 있는데, 해상유전의 폐쇄가 해양 생태계에 악영향을 주어선 안 되므로 원전 폐기보다 몇 배의 비용이 들기 때문이다.

석유재벌인 로열더치셸(Royal Dutch Shell)은 2017년 2월, 플랜트(*plant*) 유전 철거계획(*decommission*)을 영국 정부에 신청했다. 플랜트는 한때 영국 원유 생산의 10%를 차지했으나 이제부터는 해상원유생산 플랫폼이나 해저 파이프라인을 효율적으로 제거하는 작업이 시작된다. 영국 전체적으로 해저에 고정해 놓은 플랫폼은 250개 정도이고, 파이프라인은 3천 개, 유정은 5천 개가 넘는다.

(2) 원전에 관한 여론

영국 정부 산하기관 '지속가능 개발위원회'(Sustainable Development Commission)는 최근 영국 국민을 상대로 원자력발전의 존속 문제에 관한 여론조사를 했다. 원자력발전의 존속을 찬성하는 측은 원전의 운전비용이 싸고, 북해유전처럼 연료가 바닥나지 않고 연료 공급이 보장된다고 주장했다. 또한 화석연료보다 이산화탄소 배출이 적다는 입장이다. 반면, 반대 측은 거액의 자본이 필요하다는 점, 방사능 폐기물과 폐로 문제에 근본적 대책이 없다는 점을 근거로 들었다. 또한 핵확산 등 안전에 대한 보장이 없으며 다음 세대에 불안한 유산을 남겨 주게 된다고 주장했다.

영국은 적어도 2030년까지는 핵을 전폐해야만 한다는 여론이 압도적이다. 그중 중요한 이슈를 보면 다음과 같다. 첫째, 비용에 분명히 문제가 있다. 원자력발전사 경영진이 아무리 숨기려고 해도 투자자는 진실을 알고 있다. 둘째, 영국 정부가 앞으로는 원전 건설에 공적 자금을 쓰지 않겠다고 공언해도 국민은 이 말을 믿지 않는다. 실제로 정부 보조금 없이 돌아가는 원전은 세계 어느 곳에도 없다. 정부가 충분한 보조금을 내서 투자위험(*risk*)이 없도록 조치하지 않는 한 투자할 사람은 없을 것이라 생각하는 영국 국민이 많다.

(3) 위원회의 의견

영국 원자력 안전 자문위원회(Nuclear Safety Advisory Committee)의 의견도 여론과 다르지 않다. 영국에서 원자력은 잠정적인 에너지라는 입장이다. 위원회에서는 에너지믹스(*energy mix*) 계획을 검토 중인데, 원전이 없어도 2050년에는 80%의 탄소배출 삭감을 달성할 수 있다고 본다. 그러나 원전을 당장 없애면 목표를 달성하기가 오히려 곤란해지므로 일정 기간은 원전이 필요하다는 입장이다.

그보다는 다른 무탄소(*carbon-free*) 에너지 확보를 이른 시일 내에 달성해야 한다. 또한 송전망에 스마트그리드(*smart grid*) 기술을 도입해 쌍방향 통신이 가능해야 한다. 아울러 영국에 있는 모든 공장, 사무실, 일반 가구 등에 스마트미터(*smart meter*)를 설치하여 전력 사용을 정확하게 확인해서 수요의 정점(*peak*)을 줄이고 모두 에너지 감축에 협조하는 정책이 앞서야 한다.

영국 정부와는 별도로 기후변화 진척을 감시하는 '기후변화위원회'(Committee on Climate Change)도 영국의 원전대책에 대한 의견을 내놓았다. 원자력 안전 자문위원회와 동일한 의견으로, 원전이 없어도 2050년까지 목표를 달성할 수 있으나 당장은 원전이 필요하다는 입장이다. 영국의 에너지믹스 정책을 목표대로 달성하려면 당분간은 원전이 신재생에너지를 지원해야 하기 때문이다.

4) 프랑스

(1) 전체 전원 중 원전이 75%

프랑스는 현재 원자력발전이 전체 전원의 75%를 차지하고 있어 원전 보유국들은 미국보다 오히려 프랑스 원전 정책의 향방에 더 관심이 많다. 그러나 프랑스도 독일과 같이 앞으로 신재생에너지에 집중할 예정이다. 프랑수아 올랑드(François Hollande) 전 대통령은 현재 전원 구성의 16%를 차지하는 신재생에너지의 비중을 2040년까지 40%로 올리는 계획을 세웠고, 에마뉘엘 마크롱(Emmanuel Macron) 정권도 이를 계승할 것으로 보인다.

EU 국가 중에서도 신재생에너지에서는 후발국이었던 프랑스는 태양광발전기술이 독일보다 많이 뒤져 있기 때문에 북해의 풍력을 중심으로 한 풍력발전에 온 힘을 기울이고 있다.

프랑스는 원자력 중심 국가지만 원전에 투입되는 거대한 공공자금과 원전건설보다 2배 이상 자금을 투입해야 하는 폐로 문제를 종합하면 원전은 그다지 매력 있는 에너지가 아니라고 판단하고 있다.

(2) 원전 건설 연기

프랑스는 미국에 이어 세계에서 두 번째로 많은 원전(58기)을 보유한 나라다. 프랑스는 2007년에 3개의 원전을 추가로 건설했으며 가

〈그림 2-3〉 프랑스 전력에서 원전이 차지하는 비율(2008년)

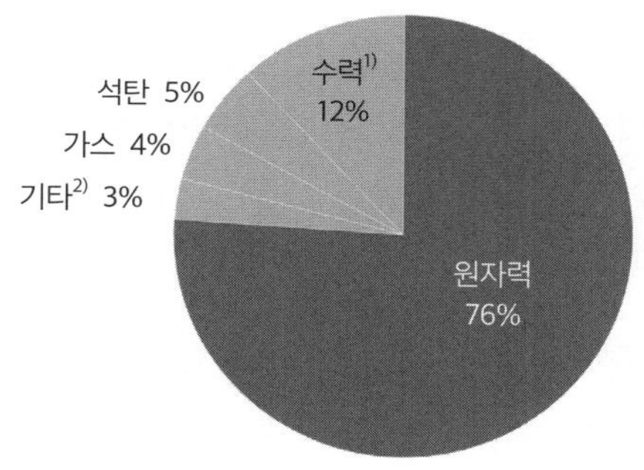

주: 1) 양수발전소의 생산 포함.

2) 석유, 폐기물, 풍력 포함.

출처: 국제에너지기구.

〈그림 2-4〉 프랑스 에너지 수급 구조(2013년)

(전력생산 기준)

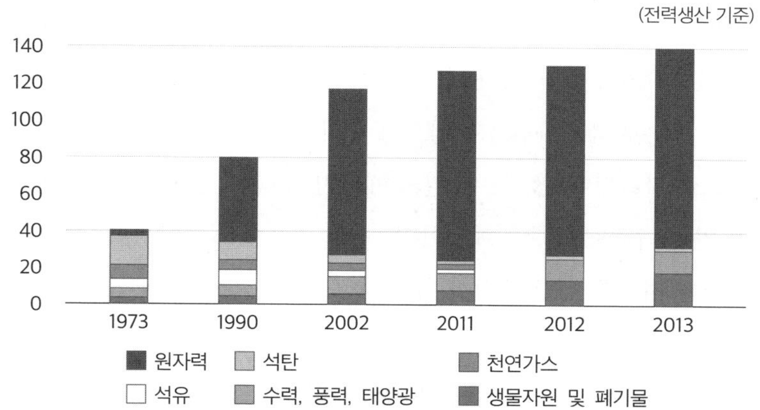

출처: Commissariat Général au Développement Durable(2014).

동 예상 연도는 2012년이었다. 그러나 2016년 말까지도 완공하지 못했다. 건설기간이 연장되면서 비용은 눈덩이처럼 불었고 2012년에는 209억 달러의 적자를 냈다. 관련 통계에 의하면 2010년에서 2013년 사이, 프랑스의 원전 건설비용은 약 20% 상승했고 건설기간도 이전보다 훨씬 길어졌다.

발전소 건설이 연기되는 데에는 발전소의 설계 변경, 최초 계약 조건에 관한 발주자와 수주업체 간 이견, 새롭게 부과된 안전수칙, 숙련노동자가 부족한 현실 등 여러 이유가 있다. 이 문제들은 언젠가 해결되기보다 날이 갈수록 오히려 해결하기가 더 어려워질 것이다.

프랑스 원전을 이끄는 조직은 세계 최대의 국영 전력공사 EDF(Electricité de France)와 원자로 제조에서 폐기물 처리까지 폭넓게 사업하는 반관반민기업 아레바(AREVA)다. 이 중 아레바는 2018년 1월 23일 기업명을 '오라노'(Orano)로 바꾸며 원자력발전에서 손을 떼고 원자로 폐기사업을 전업으로 삼기 시작했다. 오랫동안 원전 대국으로 불리던 프랑스는 독일의 에너지 정책을 참고해 앞으로 10년간 원전 의존도를 낮출 예정이며, 전원 구성에서 태양광발전과 풍력발전의 비율을 높일 계획이다.

(3) 2025년까지 원전 의존도 50%로 축소

올랑드 대통령은 프랑스의 극단적으로 높은 원전 의존도를 낮추기 위해 2025년까지 원전 24기를 폐기해 의존도를 50%까지 축소하겠다고 발표했다. 원전 건설을 최초로 추진했던 샤를 드골(Charles de Gaulle) 대통령은 프랑스라는 위대한 국가의 재건설을 의미하는 '프랑스의 영광'을 부르짖었는데, 2012년의 대통령 선거는 이를 더 이상 연장할 수 없다는 올랑드의 주장을 국민이 받아들인 결과였다.

당시 대통령이었던 니콜라 사르코지(Nicolas Sarkozy)와의 선거전에서 사회당의 올랑드는 총발전량의 약 75%를 차지하는 원전을 줄인다는 탈원자력발전 정책을 당의 주요한 지침으로 삼은 녹색당(Les Verts)과 합의서를 교환했다. 이 합의서에 의하면 에너지 효율 향상을 위해 새 정책을 도입하고, 신재생에너지 도입으로 균형을 맞춰 전력을 생산해야 한다. 물류・수송에서 청정에너지 활용을 권장하며, 지진이나 홍수 외에도 운전기간 및 안전 확보를 위해 가장 오래되고 취약한 원전부터 폐기한다.

올랑드 대통령이 주장했듯 24기의 원전을 폐기하면서 원전 의존도를 축소한다는 계획이 성공한다면 프랑스로서는 대단한 정책변화다. 만약 2017년 프랑스 대선에서 극우파 장마리 르펜(Jean-Marie le Pen)의 딸 마린 르펜(Marine Le Pen) 당수가 이끄는 극우정당 국민전선(Front National)이 정권을 잡았다면 이 계획은 물거품이 될 가능성이 있었다. 그러나 다행히도 2017년 5월 7일, 중도신당 앙마르슈(En Marche)의 마크롱이 대통령으로 당선되었다. 마크롱은 EU의 더 강한 결속과 2015년 파리 기후변화 당사국총회에의 지지를 표명했다. 이것은 미국 도널드 트럼프(Donald Trump) 대통령의 거부에 정면도전을 선언한 것으로, 환경과 에너지 문제에 관해 전 세계에 희망을 준 신선한 충격이었다.

다만, 원전 24기를 2025년까지 폐기하는 것은 어려운 과제일 것으로 생각된다. 2025년이라면 7년밖에 남지 않았다. 1년에 원전을 3기씩 처분하는 일이 정말 가능할까 하는 의문이 든다.

5) 스웨덴

스웨덴은 1950년대에 원전 건설을 시작했으니 원전 보유 역사가 유럽에서도 꽤 오래된 편이다. 스웨덴은 2013년까지 원전 10기를 보유했고, 1986년에 일어난 체르노빌 원전폭발사고를 계기로 원전을 폐기하는 쪽으로 방향을 바꿨다.

1990년, 스웨덴 정부는 원전 존폐 문제에 관해 국민의 의사를 듣기 위해 국민투표를 실시했다. 스웨덴 국민은 3가지 가운데 하나를 선택할 수 있었다. '원전을 수용하겠다'는 의견이 18.9%, '원전은 신재생에너지가 확실하게 자리 잡을 때까지만 수용하겠다'는 의견이 39.1%, 그리고 '원전은 절대 용납할 수 없다, 당장 폐기해야 한

〈그림 2-5〉 스웨덴의 원자력발전소 분포도

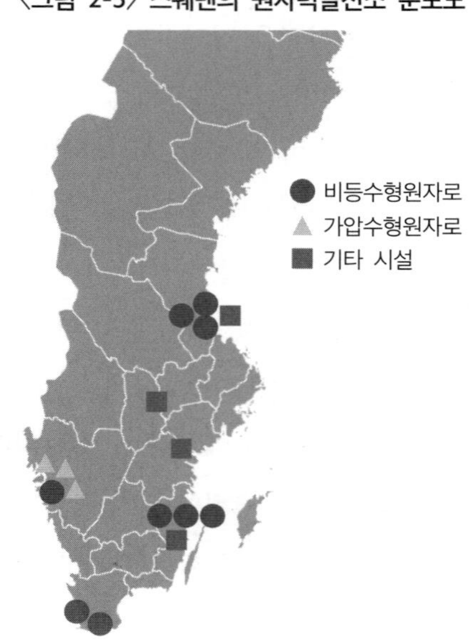

다'는 의견이 38.7%였다.

스웨덴 국민은 당장이든 나중이든 간에 원전을 폐기해야 한다는 쪽을 선택한 것이다. 정부는 이 같은 결과를 수용해 2010년까지 원전 전부를 폐기하기로 했다. 2018년 현재, 기한은 지키지 못했지만 늦어도 2030년까지는 전부 폐기될 듯하다.

6) 스위스

스위스는 국토는 작은데도 원전을 5기나 가동하고 있다.

1986년 소비에트연방국가였던 우크라이나의 체르노빌에서 원전 폭발사고가 일어나자 방사능이 서풍을 타고 유럽으로 이동하면서 주변국인 체코, 헝가리, 벨라루스뿐만 아니라 독일, 스위스까지 영향을 미쳤다. 그런데 그 후 25년 만에 일본에서 후쿠시마 원전사고가 일어났다. 이 같은 일련의 사고는 스위스 국민에게 원전에 대한 거부감을 증폭시켰다.

1969년에 원전을 처음 가동한 스위스는 전체 전원 중 원전의 전기 생산량이 36.4%를 차지한다. 이는 유럽에서 프랑스 다음으로 높은 수준이다. 이 때문에 스위스 국민은 평소에도 불안을 느꼈는데 탈원자력발전 바람이 거세게 유럽을 휩쓸고 스위스까지 밀려오자 2016년 실시된 제5차 국민투표에서는 58%가 탈원전 쪽으로 기울었다.

스위스 정부는 2015년부터 이미 태양광, 풍력, 생물자원에 많은 투자를 했다. 아울러 2035년까지 전력생산량을 늘리고 1인당 에너지 소비량을 2000년 대비 43%까지 줄이는 방안을 추진하겠다고 발표했다.

7) 일본

(1) 후쿠시마 원전사고

2011년 3월 11일 도호쿠(東北) 지방에서 지진이 발생하자 후쿠시마 원전은 가동 중이던 1·2·3호기의 운행을 중단했다. 4·5·6기는 점검을 위해 이미 가동 중지 상태였다.

같은 날 3시 27분에 첫 번째 쓰나미(津波, 지진해일)가, 3시 46분에는 15미터의 쓰나미가 원전을 강타했다. 5.7미터 높이의 방호벽은 힘없이 무너졌고 원전 지하실의 발전기를 비롯한 각종 설비가 고장 났다. 이에 대비한 비상 배터리가 가동되었으나 겨우 8시간을 버틸 수 있을 뿐이었다. 결국 원자로는 녹기(*melt down*) 시작했고 1호기는 수소폭발을 일으켰다. 2·3·4호기도 시간 간격을 두고 같이 폭발하면서 엄청난 양의 방사성 물질이 누출되었다.

현지는 방사능으로 크게 오염되었다. 국제원자력기구(International Atomic Energy Agency: IAEA)는 주변 40킬로미터 이내의 주민을 대피시키라고 권고했다. 반경 30킬로미터 이내에 사는 주민은 반드시 대피시키는 것이 원칙이다. 그러나 일본 정부는 원전 주변 20킬로미터 이내의 주민만 대피시켰을 뿐이다. 이러한 일본 정부의 결정은 두고두고 일본 국민의 비난 대상이 될 것이다.

이 사고를 일으킨 당사자 도쿄전력(東京電力)은 주변국의 양해도 없이(물론, 양해를 구할 만한 시간은 없었을 것이다) 방사능에 오염된 물을 태평양에 버렸으며 인근 국가의 비난 대상이 되었다. 한편 일본 정부는 국제사회에 진실을 말하기보다는 사건을 호도하고 은폐하는 데만 급급한 태도로 일관했다. 도쿄전력은 후쿠시마 원전사고

후쿠시마 원전사고는 일본에서 일어난 원전사고로는 가장 피해가 컸으며 '인재'였다고 다마대학 원자력공학 교수인 다사카 히로시 박사가 증언했다.
© 〈교도통신〉(2011. 3. 11)

로 피폭당한 피해자가 현장에서 사망한 4명을 포함해 1,400명 이상에 달한다고 발표했다.

후쿠시마 원전사고는 아직도 중요한 문제점이 많이 남아 있다. 이 중 해결이 어려운 것은 피해자와 도쿄전력 간 소송전쟁이다. 쓰나미를 막을 수 있었는데 원전 앞에 건설되어 있던 방파제의 높이가 불과 5.7미터였기 때문에 10미터가 넘은 쓰나미를 막아 내지 못했다는 피해자 측과 자신의 잘못을 인정하지 않고 버티는 도쿄전력 간 견해차가 크다. 이러한 견해차는 당시 도쿄전력 부사장은 재직 시에 앞으로 발생할지 모르는 대형 사고를 막기 위해 해발 10미터 지점에 10미터의 방파제를 건설할 것을 지시했으며, 방파제 전면에 방조제(防潮堤) 건설도 논의했다고 증언했는데, 이를 일본 검찰 측이 인정하지 않은 데서 비롯된 것이다.

(2) 전문가의 의견

거의 30년에 걸쳐 원자력발전 보수와 점검 업무에 종사했으며 후쿠시마 원전 설계 등의 업무에만 13년간 종사한 베테랑 기술자인 마코토 오쿠라(誠大倉)는 원전기술자만이 아는 원전의 위험과 안전의 한계에 대해 다음과 같이 서술했다.

> 원전에 관한 가장 큰 두려움은, 일반인이 도저히 상상할 수 없는 시스템의 '복잡성'이다. 원전의 설계와 부품 제조는 수많은 기업과 기업 내 여러 부문의 분업에 의해 이뤄진다. 이 때문에 한 전문가가 원전 전체를 아는 경우는 세계 어느 곳이든 단 한 명도 없다. 원전 설계의 복잡한 구조는 인간의 능력을 뛰어넘는다는 사실을 후쿠시마 제1원전을 설계할 때 확신했다. 복잡한 기계일수록 일어날 수 있는 사고의 유형이 더 많아지며 이에 대응하는 매뉴얼을 만든다는 것은 불가능하다. 후쿠시마 원전사고처럼 전원계통을 사용할 수 없는 사고가 발생할 경우, 인간이 대응할 수 없다는 점이 원전의 치명적인 약점이다.[2)]

한편, 도쿄(東京) 대학에서 원자력공학을 전공하고 후쿠시마 원전사고 원인을 규명하는 원자력규제위원회(原子力規制委員会)에서 조사위원을 맡았던 다마(多摩) 대학 대학원 교수 다사카 히로시(田坂広志)는 다음과 같은 제안을 일본 정부에 건의했다.

> 정부가 앞으로 가장 먼저 해야 할 일은 해외의 권위 있는 원자력학자를 원자력규제위원회의 정식위원으로 초빙하는 일이다. 일본의 유수한 전문가끼리 아무리 의논해 봤자 후쿠시마 원전사고의 대응에 미숙한 점은 이미 다 드러났다. 예를 들어, 프랑스나 미국과 같이 원전 경험이 풍부한 나라의 전문가가 필요하다. 원자력공학만 아는 전문가는 원자력에 관해서는 잘 알겠지만, 그 외에도 사회적·도의적 측면에서도 원

---

2) 田坂廣志(2012), 《官邸から見た原發事故の眞實: これから始まる眞の危機》, 光文社新書 참조.

전을 평가할 수 있는 전문가가 필요하다. 그리고 법을 고쳐서라도 고문 자격이 아닌 정식규제위원으로 초빙해야 한다.

일본의 정부 관리나 원자력공학자는 더욱 정교한 안전기술을 개발하면 더 안전하게 원전을 이용할 수 있다고 생각하는데, 이는 진실을 전혀 파악하지 못한 데서 오는 착각일 뿐이다. 원자력공학자나 전문가는 한 울타리에 안에 모여 원전사고를 단순히 기술적 문제라고 해석하며 인적 요인에 대해서는 처음부터 잘 모르는 사람들이다. 왜냐하면 원전사고는 기술적 요인이 아니라 사람의 실수, 즉 원자력에 종사하는 사람들의 조직에 원인이 있기 때문이다.

(3) 후쿠시마 원전사고의 최악의 경우 시뮬레이션

일본 정부는 2011년 3월 25일(원전사고 14일 후), 사태가 최악으로 번졌을 경우를 가정해 시뮬레이션으로 계산해 보았다. 이에 의하면, '최악의 사태'가 일어났을 경우, 강제 이송이 필요한 지역은 사고 지점에서 170킬로미터 이내로 이 지역의 주민은 반드시 피난해야 한다. 또 방사선 농도가 대폭 높아질 경우 250킬로미터 이내의 주민은 피난을 가야 할 가능성이 높다. 만약 시뮬레이션이 맞는다고 가정하면, 결국 수도권에서 약 3천만 명이 피난해야만 하는 상황도 가능했다.

후쿠시마 원전사고는 이제까지의 원전사고 중 가장 컸는데 이는 세계 각 원전 보유국에 심대한 영향을 끼쳤다. 일본은 세계에서 세 번째로 원전을 많이 가진(50기) 나라다. 사고 당시 모든 원전을 가동 중지했지만, 그 후 안전하다는 판정을 받고 원전 2기가 가동되었고 2기가 가동 준비 중이다. 그러나 오사카(大阪) 지역의 원전 2기는 규제위원회의 판결을 받았는데도 해당 지역 주민이 강력히 반발하고 지방법원이 불가 판결을 내리는 바람에 결국 가동이 중지되었다.

아베 신조(安倍晋三) 자민당 정권은 석유, 석탄, 가스의 수입이 과도해지자 원전을 최소한 30% 정도는 다시 가동해야 한다고 생각하고 있는 것 같다. 현재의 집권당인 자민당은 원전을 기간에너지(*basic energy*)로 선언했을 뿐만 아니라 2030년까지 전체 에너지의 22%를 원전으로 충당하겠다는 것을 공식 발표하였다. 그러나 일본 국민의 반발이 거세지자 어느 정도 민심을 반영해 신재생에너지를 24%로 끌어올리겠다는 새로운 제안을 했다.

일본은 이전부터 원자력발전을 '국책민영'(國策民營)이라는 말로 표현해 왔다. 이를테면 국가의 정책에 따라 민간기업인 전력회사가 원전에 투자하고 운영한다는 입장인데, 실제로는 국가가 직접 간섭

〈그림 2-6〉 일본 원자력발전소 분포도

출처: 일본 〈에너지백서〉(2011).

해 온 '기업 아닌 기업'인 셈이다. 도쿄전력(東京電力)과 간사이전력(關西電力) 이외에도 지방의 8개 전력회사 모두 순수한 민간기업은 아니다. 이 중 도쿄전력은 국가가 운영하는 형태로 바뀌었다.

(4) 고이즈미의 탈원자력발전론

고이즈미 준이치로(小泉純一郎) 전 총리는 일본의 '공룡'으로 군림하던 인물이다. 마치 압력기관과도 같은 역할을 했던 우정성(郵政省)을 해체하는 데 성공한 정치인으로서 환경 문제에도 영향력을 발휘해 한때는 국민적인 인기를 누렸다.

고이즈미는 원전 반대론자로도 널리 알려져 있다. 그냥 반대만 하지 않고 직접 발 벗고 활동하기 때문에 일본 정치계에서는 '돈키호테'라는 별명으로 불리기도 한다.

아베 총리와는 각별한 사이로, 총리에서 물러날 때 아베를 후계자로 지명했고 아베가 총리 자리에 앉도록 도와준 사람이기도 하다. 그러나 원자력 문제에서 아베와 고이즈미는 서로 반대의 정책을 펴고 있다. 아베는 현재 정지된 원전 중에서 상당한 양을 회복시키려는 복안을 가지고 있다.

고이즈미는 2018년 1월 10일, 도쿄 한복판에 있는 일본 중의원 의원회관에 의원과 민간으로 구성된 '원전 제로·자연에너지 추진 연맹'(原発ゼロ・自然エネルギー推進連盟)이라는 단체를 설립했다. 그는 기자회견을 열고 "중의원 의원직에서 은퇴했으니 다시는 권력 투쟁에 휘말리지 않겠다. 다만 앞으로 국민의 자격으로 탈원전 운동을 계속하겠다"라고 선언하고 전국을 누비며 활동을 시작했다. 그가 제일 먼저 노린 것은 "원전 제로법안"이다. 일본의 야당에서도 일

연간 매상고 56조 6,687억 원, 그룹 종업원 18만 7,809명(2016년 3월)을 거느린 일본의 대표적 기업 도시바(東芝)가 존망의 위기에 서 있다. 2017년 2월 14일에 2017년 1분기의 결산보고를 연기했을 정도로 거액의 손실이 발생했는데, 그 주요 원인은 해외 원전사업이 7조 1,250억 원의 적자를 봤기 때문이다. 이에 회사경영이 악화되어 해외사업에서 철수하게 되었다. 여기에 반도체 사업도 누적 적자를 견디지 못했고, 결국 도시바는 원전사업과 반도체사업에서 손을 뗄 준비를 하고 있다.

2006년, 도시바는 미국의 원전회사 웨스팅하우스(Westing House)를 시가보다 2배 이상 비싼 6조 원에 인수했다. 지구온난화, 에너지 산업의 신재생에너지화 등이 국제사회의 화두로 떠오른 시기에, 더구나 세계 최대의 원전 대국인 미국도 환경변화에 적응하기 위해 원전사업에서 조금씩 발을 빼고 있는 현실에서 도시바는 오히려 웨스팅하우스를 사는 바람에 밑바닥도 보이지 않는 손실을 보게 되었다.

이에 대해서 여러 원전사업자는 웨스팅하우스 자신도 미국의 유수한 컨설팅회사들의 권고로 원전사업을 포기하고 있을 때, 도시바가 미끼를 덥석 물어버린 것은 도시바 경영진이 원전을 낙관적으로 판단했기 때문이며, 결국 환경변화를 경영진이 인지하지 못한 것이 화를 불러 실패의 원인이 되었다고 분석했다.

〈표 2-1〉 '원전 제로 · 자연에너지 추진연맹'의 "원전 제로법안"

이념	모든 원전을 즉시 폐기하고 자연에너지로 전면적으로 전환한다.
기본 방침	• 현재 운전 중인 원전도 빠른 시일 내에 중지한다. • 현재 가동하지 않는 원전을 재가동해서는 안 된다. • 원전의 새로운 증설은 인정하지 않는다. • 사용이 끝난 핵연료의 중간저장 · 최종처분은 확실하고 안전한 방법을 국가가 책임지고 수행하며 관민이 협력해서 실시한다. • 핵사이클사업에서 철수하고 재처리공장 등의 시설은 폐지한다. • 원전사업에서 해외 수출은 중지한다. • 자연에너지의 비율을 2030년까지 50% 이상, 2050년까지는 100% 달성을 목표로 한다.

출처: 〈일본경제신문〉(2018. 1. 16).

부 동조하는 사람이 있고 여당에서도 일부 의원의 지지를 얻었다.

고이즈미의 장남인 고이즈미 신지로(小泉進次郎) 자민당 의원은 당내에서 상당한 영향력을 가지며 차기 총리 후보로까지 거론되는 인물로, 아베 총리와는 각을 세우고 있다. 고이즈미는 아들 신지로를 설득해 자민당 내에서도 지지세력을 확보하려고 노리고 있다. 아들도 탈원전에 반대하지 않는 입장이다. 고이즈미의 "원전 제로법안"의 내용은 대체로 〈표 2-1〉과 같다.

8) 우크라이나

(1) 체르노빌 원전폭발사고

전 유럽을 공포에 몰아넣었던 체르노빌 원전폭발사고는 1978년 당시 소비에트연방국가였던 우크라이나와 벨라루스 국경 근처의 체르노빌에서 18킬로미터 떨어진 원자력발전소에서 발생했다. 이 사고는 1986년 4월 26일, 원자로 4호기의 비정상적인 핵반응으로 발생한 열이 냉각수를 열분해시키고 그때 발생한 수소가 원자로 내부에서 폭발하면서 발생하였다.

폭발은 원자로 4호기의 천장을 파괴했으며 파괴된 천장을 통해 핵반응으로 생성된 다량의 방사성 물질이 누출되었다. 출력이 급격하게 증가하면서 열에너지가 원자로 내부의 냉각수를 모두 기화(氣化) 시켰으며 증기의 압력이 높아지자 반응로가 압력을 견디지 못하고 폭발하였다. 1차 폭발은 철과 콘크리트로 만들어진, 방어망으로서 구축된 노심을 파괴하여 반응로를 대기에 노출시켰다. 이후 반응로는 한 차례 더 폭발을 일으켰고 원자로 내부의 연료 중 일부가 파편화되어 주변 지역으로 노출되었다.

(2) 방사능 피해

사고 당시 발생한 낙진은 소련이나 벨라루스뿐만 아니라 스칸디나비아 등 북유럽, 영국과 프랑스, 독일 등의 서유럽, 심지어는 스페인 등 이베리아반도까지 영향을 미쳤고 이 지역들에서는 세슘(핵분열 과정에서 얻어지는 물질로, 동위원소 중 '세슘-137'에 노출되면 암 등이 발현할 수 있다) 이 다량 검출되었다. '우라늄 235' 핵분열 생성물 중 하나인 '세슘 137'의 농도로 토양의 방사능 오염을 측정한 결과, 유럽 전체에 걸쳐 19만 제곱킬로미터에 이르는 영역이 제곱미터당 37킬로베크렐〔*kilobecquerel*: 방사능의 국제표준(SI) 단위〕 이상 오염되었다.

특히, 벨라루스는 우크라이나와 근접해 있어서 다른 나라보다 큰 피해를 입었는데 이는 방사능 유출이 심했던 4월 26일과 27일에 낙진을 실어 나른 바람이 벨라루스 쪽으로 불고 있었기 때문이다. 낙진으로 인해 벨라루스 전 국토의 22%가량이 방사능으로 오염되는

그린피스 대원이 소련이 건설한 원전 앞에 항의의 의미로 4천 개의 나무십자가를 심고 있다.

© 〈로이터〉

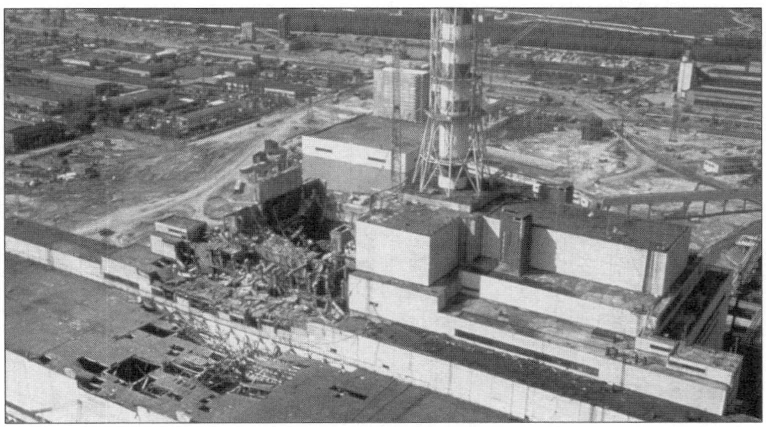

폭발 사건(1986년)으로부터 30년 후(2016년)의 모습. 영국의 〈디플로맷〉은 이때까지 방사능 후유증(암)으로 죽은 사람이 4만 명에 이른다고 조사 · 보도했다.

© 〈디플로맷〉(2016)

비극이 벌어졌다. 그러나 벨라루스는 당시 소비에트연방국이었기 때문에 피해자들은 우크라이나 정부에 정식 손해배상청구도 할 수 없었다.

방사능 오염이 심각한 사고지점 주변 반경 30킬로미터 이내 지역과 그 외 지역에서의 누출방사능 제거 작업은 1992년까지 진행되었다. 이 기간에 약 60만 명이 정화작업을 벌였다. 방사능으로 오염된 도로를 재포장하고 표토를 제거해서 매립하는 방법으로 제염(除染)에 일시적으로는 성공했다. 그러나 시간이 지나면서 방사능에 오염된 식물이 자랐고, 이 식물들이 오염물질을 다시 배출하면서 제염의 효과가 많이 상실되었다.

소비에트연방은 이 끔찍한 사고에 대해 어떡해서든지 축소하고 은폐하려고 했기 때문에 정확한 사건경위는 연방이 붕괴한 이후에도 알 도리가 없었다. 다만, 서방국가들이 여러 데이터를 시뮬레이션을 통해 발표한 바에 따르면 사고가 처음 공표된 4월 30일경에는 사망자 수가 대략 2천 명에서 3천 명에 이르렀을 것이라고 본다. 더 큰 문제는 피폭(被曝) 이후 지금까지 피해가 계속 늘어나고 있는데도 인간의 과학기술로는 해결되지 않는다는 점이다.

소비에트연방국 대통령이었던 고르바초프(Mikhail Gorbachev)는 "우리는 체르노빌 원전폭발사고의 원인을 너무 소홀하게 다루고 있다. 폭발 현장 주변과 우크라이나 지역 내에서 일어난 사고로 국한하려는 계획적인 은폐 의도가 있었다. 그러나 이웃 나라 벨라루스는 우크라이나와 거의 비슷한 피해를 입었고 심지어 스웨덴, 노르웨이, 폴란드 등 서방국가에도 피해를 입혔다. 소비에트연방이 붕괴된 데는 체르노빌 원전폭발이 직접적 원인이 되었다"라고 회고하였다.

9) 중국

중국은 '제 12차 5개년 계획'에서 4천만 킬로와트의 원자력발전 신설이 결정되었으나 일본의 후쿠시마 원전사고 이후 안정성을 재검토하여 1,600만 킬로와트로 수정되었다. 이 계획에 의해 원전 12기가 착공되었는데 애초의 목표는 달성하지 못하고 있다. 한편 '제 13차 5개년 계획'에서는 5년 동안 3천만 킬로와트의 신설이 계획되었으나 이제까지 착공한 원전은 1기에 불과하다.

이러한 동향은 일반적으로 알고 있는 것과는 달리, 중국의 에너지 정책이 반드시 원전을 중심으로 세워지지는 않음을 시사한다. 중국도 태양광·풍력발전과 같은 신재생에너지 그리고 원자력발전, 이 두 에너지에 역점을 두는 정책을 세우고 있다. 중국은 2050년까지 신재생에너지를 끌어올린다는 목표를 세웠다. 미국이나 독일, 덴마크, 스웨덴 등의 국가와 똑같은 목적이다.

〈그림 2-7〉 중국 원전 분포도

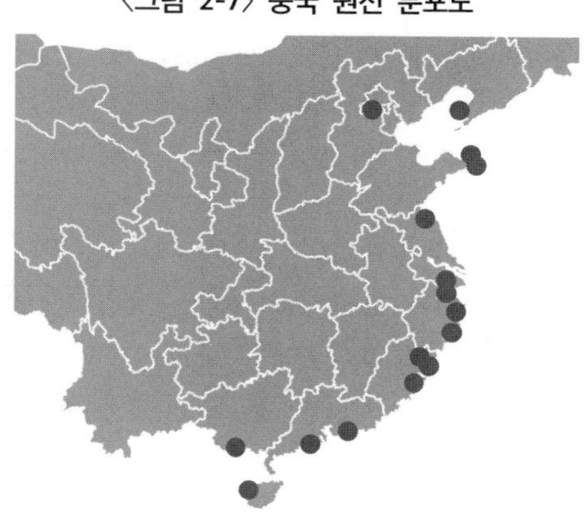

출처: 국제원자력기구(IAEA).

3. 한국의 원전

1) 한국의 원자력발전

파리 기후변화협약에 서명한 국가는 196개국이나 되며 선진국들은 미국만 제외하고 모든 국가, 심지어는 중국까지도 앞으로 에너지 정책의 방향을 청정한 에너지로 전환하겠다는 확고한 의지를 밝혔다. 여러 국가가 적어도 2050년까지는 어떻게든 모든 화석연료발전소를 폐기할 것임을 명시하고 있다.

발전을 중지하려면 계산하기도 어려운 단위의 돈이 필요하며 그 밖에도 건설지역 주민의 반응, 이 일에 종사하는 근로자의 생계 문제, 지방자치단체의 반응, 사업을 중지하는 데 따른 지원금 문제 등 해결하기 어려운 과제가 산더미다. 즉, 정부가 당장 눈앞에 닥친 난

〈표 2-2〉 한국 원자력발전소 분포

	건설위치	원전개수
현재 운전 중	전라북도 영암	6기
	부산광역시 고리	6기
	경주 월성	6기
	경상북도 울진	6기
	합계	24기
건설 중	경상북도 울진	2기
	부산광역시 고리	2기
	합계	4기
준비 중	경상북도 울진	2기
	부산광역시 고리	2기
	합계	4기
총 합계		32기

제는 제쳐 놓고 대책을 준비하지 않은 채 탈원전 정책을 밀고 나가는 것에는 확실히 모순이 있다.

다만, 탈원자력발전, 탈석탄발전이 국가의 장래를 위해 비껴갈 수 없는 길인 것만은 틀림없다. 특히, 탈석탄발전은 이른 시일 내에 착수해야 하므로 정권은 모든 지혜를 총동원해야 한다. 이 방대한 국가적 사업을 지금 당장 시작한다 하더라도 2030년까지 신재생에너지의 20% 정도를 확보하는 것도 어려울 것이다. 신재생에너지가 주요전원의 역할을 하기까지는, 특히 우리나라의 경우는 좀더 시간이 필요하다.

다시 한번 더 강조하지만, 이 과제는 단순히 에너지 전문가만의 문제가 아니다. 사회, 경제, 윤리적 문제, 환경 문제 등 각계 인사가 함께 참여하지 않으면 절대로 옳은 답이 나오지 않을 것이다.

2) 원전 폐기의 어려움

우리나라에서 원전을 당장 폐기하는 것은 문제가 있다. 원전을 대체할 만한 에너지가 아직 보이지 않기 때문이다. 미세먼지를 뿜어내고 대기오염의 주범으로 각종 질병을 유발해서 생존을 위협하고 있는 것은 석탄이다. 이러한 석탄을 이른 시일 내에 추방하는 것은 바람직한 일이지만 석탄은 우리가 사용하는 모든 에너지 중 가장 비중이 높기도 하다. 석탄을 퇴출할 경우, 이 공백을 무엇으로 매워야 하는지 아직 해답이 나오지 않았다. 따라서 원전을 당장 폐기하기에는 어렵다. 다만, 당분간이라고 하지만 앞으로 얼마의 시간이 필요한지는 누구도 장담할 수 없을 것이다.

〈그림 2-8〉 원전 보유 상위 5개국의 원전 밀집도

[단위: 국토 면적 1제곱킬로미터당 원전 설비용량(킬로와트)]

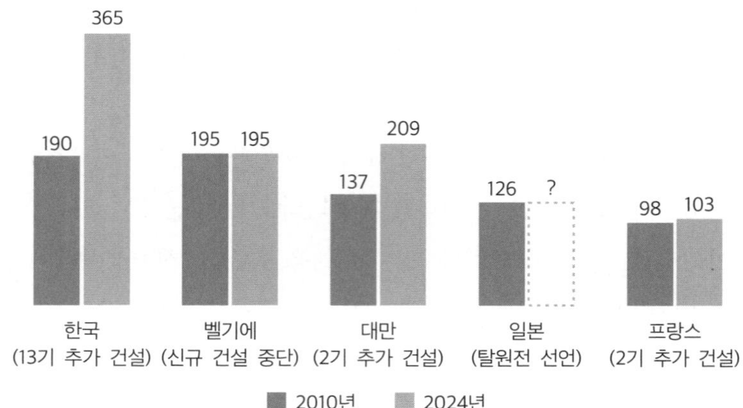

출처: 세계원자력협회(WNA); 한국수력원자력.

현재 신고리 5·6호기의 건설이 진행되어 28% 정도 완성되었는데, 새 정권 들어 탈원자력발전을 에너지 정책이라 발표한 것이 문제가 되어 많은 원자력 전문가, 공학과 교수와 원전사업자가 반발하고 성명서까지 발표하고 있다. 이에 공청회까지 만들었으나 원자력 전문가가 포함되지 않아 정부와의 공방전이 거세게 일어났다. 현재까지 건설비가 1조 6천억 원이 투입되었다고 하니 그야말로 '빼도 박도' 못하는 상황이 되어 버렸다. 게다가 건설 중인 원전을 폐기하는 비용까지 합친다면 어마어마한 비용이 한꺼번에 나갈 수 있으므로 정말 판단하기 어려운 선택을 정부가 떠맡게 되었다.

에너지 문제에 관한 한 정부는 국민이 관심을 두도록 조치를 취해야 한다. 정부가 솔선해서 아주 명료한 새로운 정책을 발표하고 많은 예산을 투입해 정부의 의지가 무엇인지 국민 앞에 내놓아야 한다. 에너지, 특히 전력이 어느 특정한 몇몇 사람의 전유물이 아니라

우리 원자력발전에 대한 해외 전문가의 경고

2016년 9월 12일, 우리나라 지진 역사상 최대 규모인 진도 5.8의 지진이 경상북도 경주 지역에서 발생하여 우리나라도 지진지대 영역에 있음이 확인되었다. 이 정도의 지진이라면 꽤 높은 강도다. 그런데 1년 5개월이 채 안 된 2017년 11월, 포항에서 다시 지진이 일어났고 수십 번에 걸쳐 일어난 여진 때문에 포항과 인근 주민은 공포에 휩싸여 있다.

정부와 한국전력공사는 현재 우리나라의 원전에 진도 7.4 정도의 지진에도 견딜 수 있을 만큼의 내진설계가 되어 있다고 발표했다. 지진이란 지각 내부의 급격한 변화로 일어나는 진동 현상으로, 지진이 언제 일어날지, 규모는 어느 정도일지는 지질학자도 사전에 탐지하기가 매우 어렵다. 최근 일련의 지진은 환태평양 지진대와 연관이 있는 도호쿠(東北) 지방의 진도 7.4 대지진, 역시 일본 규슈(九州) 지역에서 빈번하게 일어나는 지진과도 분명히 연관성이 있을 것이라고 많은 국민이 의심하고 있다.

한편, 일본의 〈교도통신〉(共同通信)은 2017년 5월 20일, 재미 핵물리학자 강정민 박사가 발표한 "한국 원전에서 사용 후 핵연료의 화재를 동반한 사고가 일어나면 국민 중 2,400만 명이 피난해야 하는 상황도 일어날 수 있다"는 논문 연구결과를 보도했다.

미국 자연보호협회(Natural Resources Defense Council)에서 자연에너지를 연구하는 강정민 박사는 부산의 고리 원전 3호기에서 사용 후 핵연료가 냉각기능을 잃어 화재가 발생하고 이로 인해 방사성 물질이 대량으로 방출되는 상황을 가정했다.

일본 〈교도통신〉은 강 박사가 예측한 사고는 지진이나 쓰나미와 같은 자연재해뿐만 아니라 테러나 북한의 미사일공격 등 최악의 사태와 연결되는 것도 배제할 수 없을 것이라며, 연구결과 중에는 북한이나 중국에서도 일어날 수 있는 시나리오도 있다고 말했다.

강 박사의 연구는 다소 과장되었다고 생각되지만 일본 후쿠시마 원전사고에 대한 다사카 히로시 교수의 앞선 증언을 보면 충분히 가능성은 있다. 만약 이런 사태의 백 분의 일만큼의 피해 규모(24만 명의 피난 상황)만 발생해도 전국은 패닉 상태에 빠질 것이다. 우리는 낡은 원전이 많은 데다 한 지역에 6기가 몰린 곳이 네 군데나 되기 때문에 본격적인 경계에 들어가야 하는 것은 너무나 당연하다.

강 박사는 지난 2017년 12월 29일, 한국 원자력안전위원회 위원장으로 취임했다. 강 박사는 2017년에 있었던 원전 건설 공론화 과정에서 신고리 5 · 6호기 건설에 반대하는 입장에 섰다. 앞으로 한국의 원전 정책에 바람직한 영향력을 행사할 것으로 기대된다.

우리는 북한과 일촉즉발의 위기상황에 놓여 있다. 벌써 오래전, 북한이 소형미사일 개발에 성공했다는 보도가 있었다. 만약에 핵연료 풀(*pool*)을 타깃(*target*)으로 한다면 그야말로 끔찍한 돌발 상황이 일어나 전 국민에게 직접적 피해를 주게 될 것을 경계해야 한다.

국민의 소유, 그래서 소규모 기업인도 비즈니스가 가능한 미래 산업임을 홍보해야 관심을 끌게 될 것이다. 정부가 확고부동한 정책을 펴지 않고 지금처럼 방치한다면 원자력발전은 적어도 20년 이상 필요할 것이라고 생각한다.

이 같은 이유로 신고리 5 · 6호기는 건설하는 것이 에너지의 균형을 맞추는 데 도움이 될 것이다. 다만, 신고리 5 · 6호기 건설을 중단하거나 진행하거나를 막론하고 청정에너지 시대를 향한 세계적 대세에는 앞으로 적지 않은 부담이 될 것이다.

4. 최종처리가 어려운 핵폐기물

원자력발전의 골칫거리인 핵폐기물의 처분 장소 건설은 원자력발전소에서 나오는 폐기물 문제뿐만 아니라 핵 불확산(不擴散)의 관점으로도 그 중요성이 점점 더 커지고 있다. 신흥국에서 개발도상국에 이르기까지 원전 건설계획이 증가하고 있고, 이에 따라 핵병기의 재료가 되는 플루토늄(*plutonium*: 희귀한 우라늄 방사선 동위원소)을 1% 포함한, 사용이 끝난 연료도 증가하고 있으며, 이는 핵 불확산 정책에 문제를 일으키고 있다.

핵폐기물 처리는 원전 보유국이 짊어진 가장 무거운 짐이다. 전문가들은 핵폐기물을 처리하는 데에는 원전 건설보다 비용이 더 많이 들어갈 것으로 예측한다. 그 이유는 다음과 같다.

첫째, 핵폐기물의 처리 방법은 현재의 과학기술로는 해답이 나오지 않았다. 둘째, 국가마다 핵폐기물은 임시처리장에 보관하며 최종처리장이 마땅하지 않다. 마지막으로, 핵폐기물에서 방사능이 완전히 제거되는 데 10만 년 이상 걸린다.

한편, 신문이나 TV에서 핵폐기물을 다룬 기사는 보기가 어렵다. 그러나 수년 이내에 폐기물에 관한 뉴스도 자주 접하게 될지 모른다. 강도에 따라 핵폐기물을 분류하면 다음과 같다.

- 저준위폐기물(*low level waste*) : 원자력발전소에서 사용한 장갑, 걸레 등의 비품
- 중준위폐기물(*intermediate level waste*) : 방사성 차폐복(遮蔽服), 원자로 부품과 같이 방사능에 직접적으로 영향을 받은 부품
- 고준위폐기물(*high level waste*) : 핵연료봉, 사용 후 핵연료 등

현재 경주 방폐장에서 보관 중인 것은 저・중준위폐기물이다. 고준위폐기물 처리를 대수롭지 않게 생각하는 사람이 의외로 많지만, 고준위폐기물은 방사선의 농도가 워낙 강하고 반감기가 수만 년에 이를 정도로 길다. 현재 한국은 핵폐기물 영구처리장은 거의 없다고 보아야 한다. 스웨덴이나 핀란드의 거의 완벽한 시설을 보면 우리나라에는 적합지가 없다고 보는 것이 맞다고 생각한다.

1) 각국의 핵폐기물 처리

(1) 미국

미국의 핵폐기물은 35개 주 80여 개의 장소에 일시적으로 분산 보관되어 있다(2014년 기준). 캘리포니아, 코네티컷, 일리노이 등 9개 주

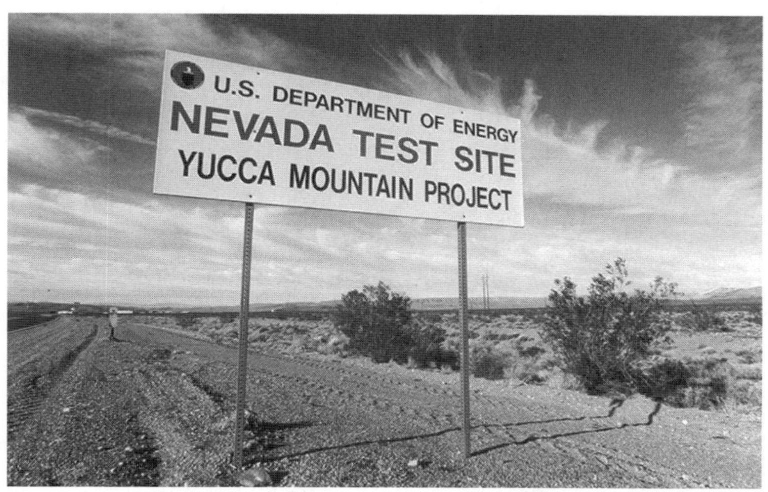

미국 에너지부가 미국 내 원전의 핵폐기물 처리장으로 가장 적합하다고 지정한 네바다의 유카 마운틴.
© Chris Polydoroff(2015. 9)

는 폐기물의 최종처리가 가능해질 때까지 신규 원전 건설이 금지되었다. 미국 내 원자력발전소만으로도 연간 2천 톤 이상의 핵폐기물이 배출되며 현재는 7만 톤 이상이 미국 내 원자력발전소 100개소 내에 보관 중이다.

핵폐기물의 관리는 원전을 운영하는 전력회사나 주정부에게는 골치 아픈 존재다. 미국의 연방정부는 네바다의 라스베이거스에서 약 145킬로미터 떨어진 유카 마운틴(Yucca Mountain)에 핵폐기물 최종처리장을 조성해 미국 원전에서 나온 방사능 폐기물을 저장할 계획을 잡았고, 1987년 유카 마운틴은 미국에서 유일한 고준위폐기물 최종처리장 후보지로 지정되었다. 정부는 90억 달러의 예산을 세우고 공사에 착수했지만 주지사뿐만 아니라 현지의 유지 그리고 주민까지 합세해 거부 운동을 벌이는 바람에 2009년(오바마 정권)에 건설 일시중지를 결정하였다. 애초의 건설 착공 계획은 1998년이었으나 2017년, 그리고 다시 2020년으로 연기되었다.

(2) 프랑스

원전이 가장 많은 나라는 미국이지만 프랑스는 국토 면적, 인구와 비교했을 때 그 비중이 높아 원전 대국으로 불린다. 프랑스는 원전을 1959년부터 상업적으로 이용했으며, 현재 생산용량은 총 129기가와트(1억 2,900만 킬로와트)로 프랑스 전력의 75%를 차지한다.

프랑스는 현재 원전을 가동 중인 국가들의 핵폐기물 처리도 도맡고 있다. 사용 후 핵연료에서 발생한 고준위폐기물을 유리와 함께 처리장의 용광로에서 함께 녹인 후, 그것을 다시 고체화해서 유리형태(*verification*)로 만든다. 이 물질은 드럼(*drum*)에 담아 10년 이상 보관하고 폐기장으로 보낸다. 1976년부터는 자국뿐만 아니라 원전을 가동하는 유럽국가의 핵폐기물 중간 저장도 하고 있다. 우라늄의 혼합산화물(混合酸化物, *mixed oxide*)을 얻기 위해 사용이 끝난 핵연료의 재처리를 맡고 있다. 여기서 처리할 수 있는 능력은 연간 1,700톤으로, 원전 80기 정도를 처리할 수 있는 거대 공장이다.

프랑스의 아레바(AREVA)는 핵폐기물 처리업 분야에서는 세계에서 제일 큰 규모의 회사로, 프랑스 정부가 주식의 75%를 소유한 반관반민 기업이다. 아레바는 독일, 일본 등에서 들어온 핵폐기물을 재처리하여 다시 생산국에 돌려보내는 사업으로 이제까지 상당한 수익을 올렸다.

그런데 이제는 상황이 변하고 있다. 유럽국가들이 원전을 줄이고 있는 데다 독일이나 스위스와의 계약은 만기가 되었는데도 재계약

프랑스에서 사용이 끝난 핵연료를 보관하는 핵연료 풀. ©〈로이터〉

을 하지 않을 예정이다. 이탈리아와 네덜란드 정도가 고객으로 남아 있는데, 이들마저도 원전을 차츰 줄여 나갈 계획이다.

여기에 핵보유국이 임시 보관하던 저장소가 평균 70% 이상 사용된 바람에, 폐기물 처리를 의뢰하던 국가들이 반송하지 않는다는 조건의 계약을 원하고 있다. 아레바로서는 받아들이기 어려운 일이다.

핵폐기물 운송도 까다로워지고 있다. 핵폐기물은 최상등급의 위험물로 지정되며, 육지로(陸地路) 운반의 경우 특별히 제작된 기차 혹은 화물차로 운반된다. 이때 사용하는 도로는 일반도로와 구별해야 하며, 도로 주변에 동네가 있거나 공장시설이 있다면 통행 시간을 알려 줄 의무가 있다. 일본의 핵폐기물은 운반에 필요한 안전장치가 설치된 전용 선박으로 옮겨야 하며, 처리장과 가까운 항구에서 인도해야 한다.

최근 아레바는 사명을 오라노(Orano)로 변경했다. 원전 건설사업은 프랑스 국영회사인 EDF에 이관하고, 원자로 해체와 핵연료 재처리사업에 주력하겠다고 밝혔다.

(3) 독일

최근 들어 독일에서는 40여 년 전 설립되었던 핵폐기물 저장소를 폐쇄할 가능성이 커졌다. 2022년까지 남은 원전 8기도 폐기한다는 독일 정부의 결정에 따라 핵폐기물 처리를 위한 펀드(*fund*)가 조성되었으며 원자로는 현재 해체 작업이 진행 중이다.

유럽의 거대 전력회사인 에온(E. On), RWE, 바텐팔(Vattenfall), ENBW는 원전과 석탄으로 전력을 생산해서 재벌급으로 올라선 회사들이다. 이들은 신재생에너지와 천연가스를 사용하지 않아 독일 정부로부터 많은 불이익을 받았는데, 그 후로는 전력 산업의 방향을 180도 전환해서 지금은 신재생에너지, 특히 북해의 풍력을 중심으로 한 신재생에너지로 이익을 내기 시작했다.

유럽뿐만 아니라 세계의 핵보유국이 핵폐기물의 해체작업을 시작하자 관련 시장은 크게 성장했고, 이 기회를 타고 폐로 산업에 뛰어들기도 했다. 전력 산업의 탄탄한 기술력과 자본을 동원하면 핵폐로 산업에서도 경쟁력을 발휘할 수 있을 것이다.

(4) 일본

원전사고 이후 폐로 처리 문제는 가장 심각한 문제가 되었다. 원전을 폐기하려면 적어도 10~20년이 걸리며 비용도 약 6천억 엔 정도로 추산된다. 이와는 별도로 후쿠시마 주변 지역의 제염(除染)이나 현재 도쿄전력이 계속 지불하고 있는 피해주민의 재산・정신적 고통 등에 대한 배상 등을 전부 합치면 비용은 4조 엔까지 올라갈 수 있다.

일본 원자력규제위원회는 지난 2017년 4월 19일, 원전 5기의 폐로를 인가했다. 원전의 운행기간을 40년으로 제한하는 규정을 도입한 이래 첫 사례로서 일본도 본격적인 '폐로 산업 시대'로 들어섰다. 폐로작업은 원전 건설보다 위험도 더 크고 전문기술이 요구되므로 처음에는 외국, 특히 프랑스, 독일, 미국에 많이 의존해야 한다. 일본은 현재 미국의 핵폐기물 전문 해체업체인 에너지 솔루션(Energy Solution), 프랑스의 아레바와 제휴를 이룬 상태다.

일본은 앞으로 1년에 1기 혹은 2기의 원전을 정기적으로 폐기할 것이다. 그러나 1기당 폐로 비용이 약 6천억 엔에 달하고 대부분의 비용을 정부가 떠안아야 해서 일본 정부는 점점 더 어려운 처지에 놓이게 되었다.

일본에서도 고준위폐기물은 2011년에 일어난 후쿠시마 원전사고 이전부터 찬반여론이 대립하던 '뜨거운 감자'였다. 그러나 논쟁만 커지고 결론은 나오지 않자 원자력규제위원회는 원자력 전문가, 환경학자, 지질학자, 천문기상학자들로 구성된 일본학술회의에 결론 도출을 위한 의뢰를 하였다. 2018년 4월 11일, 오랜 기간에 걸쳐 조사・연구를 거듭한 끝에 일본학술회의는 '일본에는 환태평양지진대 이외에도 위험지역이 산재해 있어서 땅속에 핵폐기물을 묻는 것은 매우 위험하며, 지진과 화산활동이 활발한 일본 영토에서 수만 년 동안 안전한 지층을 찾기는 불가능하다'고 결론을 내리고 정부에 전달했다.

원래 일본 정부는 지하 300미터 정도에 저장소를 만들 적당한 후

보지를 찾고 있었다. 그러나 정부가 어느 지역이 후보지라고 말만 꺼내면 지역주민들이 거센 반발을 하는 바람에 정부는 직접 관여하는 것은 위험하다고 생각하고 손을 떼기로 결정했다. 2000년에는 원전환경기구가 핵폐기물 최종처리장 부지를 선정하기 위해 지방자치단체와 협의해서 아주 유리하게 지원해 준다고 했으나 어느 곳도 무조건 반대만 하는 바람에 손을 들고 말았다. 이에 따라 원전환경기구를 없애고 방향을 바꾸어서, 사용 후 핵연료에서 플루토늄을 추출해 재처리를 한 다음, 남은 중・저준위폐기물을 저장소에 보관하는 방식을 선택했다. 이 저장소는 현재 아오모리현(青森縣)의 무쓰(むつ)시에 있다.

고준위폐기물 최종처리장을 만들 수 없다면 핵폐기물 관리 법안 등도 의미가 없어지기 때문에 새로 마련해야 한다.

2) 한국의 핵폐기물 처리

2016년 5월, 산업통상자원부는 지방자치단체 및 주민의 양해를 구한 다음 2028년까지 고준위폐기물 처리장 부지를 선정하고 가능한 시기에 본격적으로 가동한다는 중장기 계획을 발표했다.

한국의 원전도 해외의 원전과 다르지 않으나 운전 시의 안전성, 핵폐기물 처리장은 다른 보유국과 비교했을 때 더욱 악조건에 있다. 우선, 국토가 좁다. 한국만으로 따지면 일본의 4분의 1밖에 안 될 정도로 좁은 땅이다. 일본은 남쪽은 아열대 지방, 최북단은 부분적으로 한대와 가까운 기다란 섬으로, 지난 후쿠시마 원전사고는 국토의 중부에서 일어나 남단의 규슈지역과 북단의 홋카이도지역에서는 비

경주의 방사성폐기물 처리장. © 신소영, <한겨레>(2015. 7. 13)

교적 큰 피해가 나지 않았다. 그러나 우리나라처럼 직사각형 모양의 국토는 어디서 지진이 발생해도 전국이 패닉 상태로 빠질 만큼 불리한 조건이다.

또한 우리나라는 핵폐기물 영구 저장이 전혀 불가능한 조건이다. 방사성폐기물의 중간처리장소(방폐장)도 처음에는 전라북도 부안으로 지정했지만 주민의 맹렬한 반대로 경상북도 경주에 다시 부지를 지정하고 주민을 회유해서 건설할 수 있었다. 그러나 이것은 단지 저준위폐기물의 저장소다. 경주에는 단지 원전 내에서 방사능에 노출된 비품, 가령 여러 원전에서 사용된 보조장비 등이 보관될 뿐이다. 핵연료봉 같은 고준위폐기물은 폐기장소를 정하지 못해 원전 내에 보관된다.

2016년 9월에 발생한 규모 5.8의 강진은 매우 위험한 상황이었다. 전국 26기의 원전 중 16기가 지진이 일어난 경주 인근에 몰려

〈그림 2-9〉 사용 후 핵연료 저장 현황

(현 저장량은 2012년 12월 말 기준, 단위: 다발)

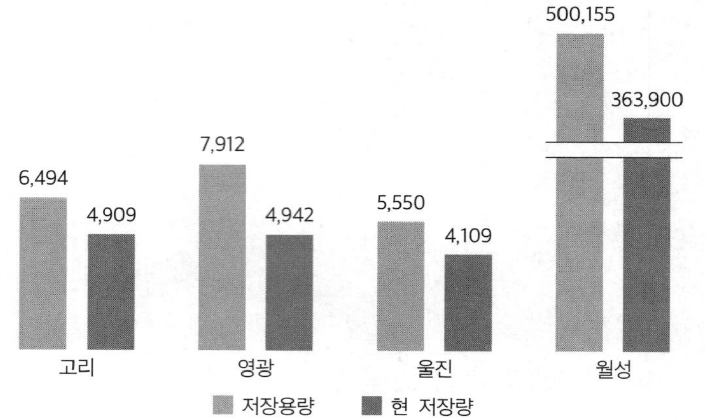

주: 여기에 저장된 핵폐기물은 단순한 저준위 폐기물이다. 고준위 핵폐기물 저장 장소는 아직 정해지지 않았다.

출처: 한국수력원자력.

있다. 처음 건설 당시에는 그 지역이 지진 가능지대인 줄 모르고 건설했겠지만 지금은 국민이 위험을 떠안게 되었다.

우리나라에서 최초로 폐기될 원전은 부산시 기장군에 있는 고리원전 1호기다. 고리 1호기는 2017년 6월 17일 오후 6시부터 발전기 계통 분리가 시작되었으며 18일 자정에 저온 운전 정지상태에 이르렀다. 이후 약 20여 년에 걸쳐 제염, 해체, 폐기물 처분, 환경 복원 등의 단계를 거칠 예정이다. 고리 1호기의 설계용량은 58만 7천 킬로와트로 국내 총수요량 중 0.6% 정도이기 때문에 대세에는 지장이 없다는 게 한국수력원자력의 설명이다.

에피소드 모 언론사 논설위원의 재미있는 발상

지난 2015년 8월에 어느 신문기자가 쓴 칼럼이 화제가 되었다. 이 칼럼에서는 "사용이 끝난 핵연료 처분은 매우 어려운 과제다. 가령 처분장을 산악관광특구에 지하 깊숙이 땅을 파서 보관한다면 그야말로 일석이조가 아닐까"라고 제안했다.

기자는 "우리나라는 영국이나 여타 국가에 비해 전 국토의 70%가 산림지대인데도 활용을 잘 안 한다. 그러니 산악관광 진흥지역을 지정해 이것과 핵폐기물 최종처리장 입지와 연계하면 어떨까"라고 제안했다. "사용 후 핵폐기물 처리장을 5년 이내에 결정해야 한다고 정부에 건의했는데, 1985년에 착수한 이래 2005년이 되어서야 경주에 중 · 저준위 방사성폐기물 장소(방폐장) 입지를 구했다. 고준위폐기물 저장장소를 빨리 구해야 한다"고 말했으며, "이 같은 어려움을 극복하려면 지질 조건과 상응하는 후보지를 선정해 주민의 동의를 받을 때 산악관광특구 선정에 주민이 참여하고 정부의 지원금, 기업의 지원도 끌어들여 자연풍광과 철저히 조화를 이루는 방향으로 세계적 수준의 친환경 산악관광 휴양소를 조성해 보면 어떨까"라고 의견을 제시했다.

현재 원전을 보유한 국가들의 가장 큰 숙제는 최종처리장을 어디로 정할 것인가의 문제다. 미국도 광대한 국토에 화강암이나 석회암으로 구성된 지역이 많아 핵폐기물 저장장소를 일부 선정했으나 최종 결정은 아직 못 하고 있다.

이 문제는 미국뿐만 아니라 모든 선진국이나 중진국이 짊어지고 있는 납덩어리 같은 존재다. 그런데 이것을 관광지역에 매장한다고 하니 끔찍하다. 설마 농담 삼아 한마디 한 것은 아닐 테고 정말 황당하다는 생각이 들었다.

5. 탈석탄발전

1) 기로에 선 석탄화력발전

석탄은 석유나 천연가스보다 값이 싸다. 반면, 이산화탄소 배출이 다른 에너지와 비교했을 때 가장 많다. 단적으로, 석탄의 이산화탄소 배출량은 천연가스의 약 4배가 넘는다. 전 세계적으로 보면 석탄발전은 여전히 에너지 중 40~50%를 차지하며 대부분 중국과 인도, 기타 개발도상국이 생산한다.

석탄은 개발도상국은 물론이고 선진국에도 없어서는 안 되는 에너지원(源)이며 사용량도 매년 증가하는 추세다. 예를 들어 경제가 빠른 속도로 성장하고 있으며 인구가 13억이나 되는 인도의 경우, 아직 전기가 들어오지 않는 오지가 있어 석탄화력발전은 앞으로 상당한 기간 원자력발전과 함께 중요한 에너지발전 방식으로 남을 것이다. 한편 선진국에서는 환경이 극도로 나빠지고 있고 온실효과가 크기 때문에 석탄에 대한 포위망을 좁히고 있다.

2) UN의 석탄발전 규제권고

2013년 말, 반기문 UN 사무총장은 세계 각국의 정상이 모인 UN 총회에서 "인류의 평화, 번영, 지속가능한 개발을 위한 인류의 노력에서 기후변화만큼 위협적인 존재는 없을 것이다"라고 말했다. 이어서 그는 "앞으로 기후변화 문제와 관련해 모든 국가가 합심해서 조속한 시일 내에 강력한 조치를 취해야 한다. 기후변화는 미래의 일

〈그림 2-10〉 세계의 석탄매장량 분포

(단위: 백만 톤)

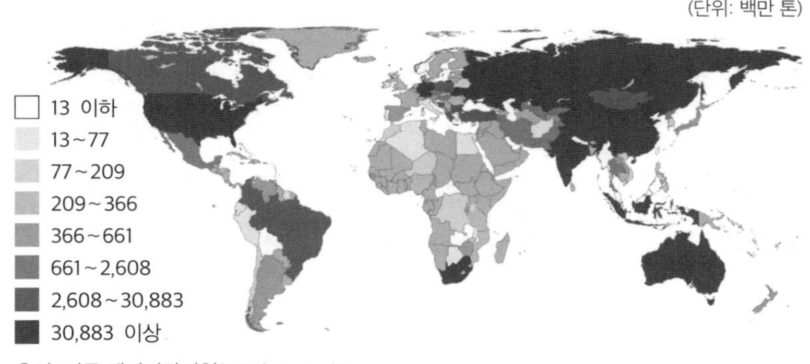

출처: 미국 에너지관리청(2011). Actualitix.com.

이 아니고 현재형이 되었다. 지구의 기후를 안정시키기 위해서는 석탄화력발전소의 폐쇄가 가장 시급하다. 석탄화력발전소가 이산화탄소의 세계 최대 진원지이기 때문이다"라고 하였다.

이러한 반기문의 희망대로 석탄 사용량이 많은 선진국은 석탄에너지를 되도록 사용하지 않는 방향으로 정책을 수정하고 있다. 미국과 EU 회원국은 2014년, 각국의 사정에 따라 약간의 차이가 있겠지만 2025년까지 이산화탄소 배출량을 2005년 대비 약 30% 내외 삭감한다는 목표를 발표했다. 특히, 프랑스와 영국은 2020년에서 2030년까지는 석탄발전소를 완전히 폐쇄한다는 결정을 내렸다. 가장 많은 이산화탄소를 뿜어내는 중국에서도 국가 정책을 통해 석탄 사용량을 줄여 가고 있으며, 전문가들은 2025년까지 약 20% 정도 감소할 것으로 예측한다.

여기서 왜 석탄발전에 더 이상 의존해서는 안 되는지 몇 가지 짚어보자. 첫째, 아직은 기술적 한계 때문에 석탄발전소에서 발생한 이산화탄소를 저장할 장소에 관해 대책이 없다. 둘째, 이산화탄소를 지하 깊숙이 저장할 수는 있지만 장기적으로는 보관할 수 없다. 핵연료의 최종저장소를 결정하지 못하는 경우와 다르지 않다. 이산화탄소를 회수 및 저장(Carbon Capture & Storage: CCS)하는 것보다는 포획된 이산화탄소를 유용하게 사용하는 기술을 개발하는 것이 더 중요하다. 셋째, 기술 개발에 성공해서 포획된 이산화탄소를 이용할 수 있는 단계에 왔다고 해도 당장 경제성을 따질 수 없다. 즉, 채산성이 있는 단계까지 가려면 아직 여러 단계를 거쳐야만 한다. 따라서 현재는 가능성을 열어 놓은 장기적 프로젝트의 단계라고 보아야 한다.

3) 석탄발전의 경제성

최근까지도 세계의 소비자는 석탄이 매우 경제적이라고 알고 있었다. 그런데 하버드대학 의학부의 폴 엡스타인(Paul Epstein) 교수 연구진은 2016년, "석탄을 땅속에서 채굴해 정제 과정을 거친 후 발전에 사용하기까지의 비용은 연간 약 3,250억 달러이며 엄청난 간접비용이 미국경제에 부담을 주고 있다"는 연구결과를 발표했다.

여기에 들어가는 비용 대부분은 대기오염 때문에 발생하는 의료비 부담과 기후변화의 영향으로 인한 비용이다. 연구진은 기후변화의 일등공신(?)인 석탄의 실제 시장가격은 막대하다고 지적하면서, 석탄 사용이 사회에 끼치는 간접비용까지 고려한다면 가격이 2배 내지는 3배가 되어 앞으로 풍력이나 태양광발전에 의한 발전보다 더 비싸질 것은 명백하다고 주장했다.

아울러, 선진국의 탈석탄발전 정책 도입으로 석탄화력 의존도가 높은 국가의 전력회사나 석탄 관련 주가가 하락할 기미를 보이고 있다. 석탄화력발전소가 폐쇄될 가능성이 높아져 탄소자산(炭素資産)에 의존하는 기업은 기업의 가치하락 리스크에 신경을 곤두세우고 있다. 시장에는 탄소자산 리스크란 신조어도 떠돌고 있다.

2014년 3월 말, 최대 석유기업 중 하나인 엑손모빌(ExxonMobil)은 〈에너지와 기후〉, 〈에너지와 탄소자산 리스크〉라는 보고서를 연속해서 출간했다. 〈에너지와 기후〉는 깨끗한 에너지가 인간 생존에 절대적 요소라고 서술하면서 화석연료, 특히 석탄발전은 인류에게 심각한 위험을 초래할 것이며 자사도 이 점을 충분히 인지하고 있음을 강조했다.

독일은행의 자산운용 부문 통괄책임자인 케빈 파커(Kevin Parker)도 "석탄은 얼마 안 있어 시체처럼 될 것이다. 은행은 석탄발전소에 융자하지 않을 것이고 보험회사는 보상 대상에서 제외할 것이다. 아무리 석탄을 청정(*clean*)하게 하려고 애써도 아마 노력은 헛될 것이다. 현재 독일이 시도하고 있는 청정석탄(*clean coal*)이 성공한다고 해도 당장은 경제성을 기대할 수 없다"라고 말했다.

석탄이 경제성을 회복할 가능성은 제로에 가까우므로 석유재벌도 석탄사업에서 손을 떼고 있으며 금융기관도 석탄 관련 사업에 융자를 꺼리고 있다. 소비재기업이 석탄과 관련 있는 상품을 취급하지 않는 사례도 늘어나고 있다.

4) 석탄발전의 위험성

석탄은 천연가스와 비교할 때 대기오염 배출량이 압도적으로 많다. 석탄화력발전소는 액화 천연가스에 비해 황산 산화물은 100배, 초미세먼지는 4배 이상을 뿜어낸다. 그래서 사람들은 석탄이 기후변화의 주범일 뿐만 아니라 인간은 물론이고 모든 동식물의 성장에 악영향을 끼친다고 우려하고 있다. 세계 최대의 수출국인 중국에는 엄청나게 많은 중소공장이 있고 여기서 뿜어내는 이산화탄소는 우리의 상상을 넘어선 수준이다. 세계의 경제 강국인 미국, 중국, 일본 등을 비롯해 많은 국가가 이를 인식해 이른바 신재생에너지로의 이행을 가속하고 있다.

광부에게는 채굴 시 나오는 오염물질이야말로 두려운 존재다. 그중에서도 흑폐진증(黑肺塵症)이 가장 악질적이다. 흑폐진증은 석탄광의 분진(粉塵)을 많이 마셔 폐 조직이 흑화(黑化)하는 병으로, 80% 이상이 탄광부에게서 발병한다. 탄진을 계속해서 마시는 탄광부에게 주로 일어나는 이 병은 예방할 수는 있지만 일단 걸리면 치료법이 없는 병이다. 이로 인해 사망한 광부는 미국의 경우에만 7만 6천 명이 넘는다. 미국보다 탄광이 많고 안전관리가 허술한 중국에서는 2014년 현재 미국의 10배가 넘는 사람이 이 병을 앓고 있다는 비공식 소식도 있다. 어디까지 믿어야 하는지 모르겠으나 매년 1천 명이 죽었다는 비밀 통계도 있다.

미국에서는 매년 석탄발전에 의한 대기오염 때문에 호흡장애를 일으키거나 천식과 같은 병에 걸려 수년 또는 수십 년을 앓는 사람이 많아졌고 죽음에까지 이르는 사람도 많이 증가했다. 이런 난치병은 미국 동부지방 중 석탄 의존도가 높은 지역에서 주로 발생한다. 석탄 오염으로 유발되는 심장발작을 겪는 사람은 세계적으로 연간 2만 명이 넘고 천식 때문에 목숨을 잃는 사람도 21만 명이나 된다.

석탄발전소는 미세먼지를 포함해 장기적으로 몸에 쌓여 병이 걸릴 때까지는 원인을 정확하게 진단할 수 없는 악질적인 독소를 뿜어낸다. 다른 화석연료와 비교해도 온실가스 배출량 2.5배, 미세먼지 1,235배, 초미세먼지 1,682배, 질소산화물 3,226배 등 상상을 초월하는 수준이다.

석탄화력발전소나 공장의 대형보일러 등에서 나오는 황산화물(SOx)과 질소산화물은 대기 중에서 다른 오염물질과 섞여 미세먼지가 된다. 미세먼지 농도는 오염원의 발생, 바람에 따른 이동대기의 정체(停滯) 등에 의해서 결정된다. 오염이 어느 지역에서 발생하든 미세먼지는 바람을 타고 옮겨 다니는데, 우리나라는 중국에서 발생한 미세먼지의 영향을 많이 받는다.

미세먼지는 바람을 타고 멀리까지 이동하기 때문에 다른 어떤 공해물질보다도 무서운 존재다. 미세먼지는 코나 기도(氣道)를 거치지 않고 폐에 바로 침투하며 이때 함께 들어오는 중금속은 폐를 뚫고 혈액으로 들어와 뇌나 신장에 영향을 미치고 각종 질병발생의 원인이 된다. 중금속 중 납, 수은, 카드뮴(*cadmium*)은 인체에 치명적인 병을 일으키며, 특히 납은 뇌로 연결된 신경에 나쁜 영향을 주어 지능저하나 뇌 마비증세로 이어진다. 카드뮴이 신장에 축적되면 신부전증을 일으켜 생명을 위협한다.

이와는 반대로 액화천연가스(LNG)는 석탄보다 값이 비싸다는 이유로 감소하고 있다. 단가는 비싸더라도 LNG 가스발전이 권장되어야 한다. LNG는 미세먼지도 석탄의 10분의 1 정도의 양만 배출한다. 그리고 일부 전문가는 멀지 않은 시기에 LNG 가격이 석탄보다 싸질 것으로 전망하고 있다.

5) 미국, 석탄발전의 경제성 하락

미국 대부분의 석탄발전소는 이제 퇴장이 얼마 남지 않았다. 일반적으로 석탄발전소는 30~40년간 발전할 수 있다. 이 같은 수명은 원전과 거의 흡사하다. 미국 에너지부(Department of Energy)에 의하면, 미국 내 석탄발전소의 74% 이상이 30년 넘게 가동했기 때문에 10년에서 20년 이내에 가동을 중지해야 한다.

미국은 석탄발전에 세계에서 가장 많은 보조금을 주는 나라다. 지난 10년간 석탄광에 쏟아부은 돈만 해도 5,020억 달러를 넘어섰다. 그러나 이러한 미국에서도 많은 전력회사가 천연가스, 풍력, 태양광발전으로 전환하여 석탄 산업은 사양길을 걷고 있다.

2014년 말까지 미국 대학 캠퍼스 내에 있는 석탄화력발전소 중 3분의 1은 폐쇄되었다. 이를 계기로 미국에서 가장 강력한 환경보호단체인 시에라 클럽(Sierra Clubs)과 산하기관인 대학연합이 화석연료 문제에 관한 캠페인을 확대하고 석탄·석유·천연가스를 캠퍼스에서 사용하지 않도록 하는 캠페인을 벌였다.

미국 거대금융회사인 골드만삭스(Goldman Sachs)도 석탄에 대해서는 무척 부정적인 평가를 한다. 분석가(*analyst*)들은 "현재 세계 발전연료 구성 중 최상위에 있는 석탄을 수요자가 서서히 기피하고 있다. 앞으로 석탄사업자는 석탄 성장계획을 다시 재편해야만 할 것이다"라고 지적했다. 그 이유는 다음과 같다.

첫째, 석탄 사용에 대한 정부의 규제가 한층 까다로워지고 있다. 둘째, 천연가스・태양광・풍력과 같은 무공해발전업자 간 경쟁이 점점 더 가열되고 있다. 셋째, 에너지 효율 개선에의 투자 부문에서 보면, 투자자가 석탄발전에의 투자를 꺼리고 있어 석탄의 자산가치는 점점 더 떨어지고 있다.

한편, 점점 더 격렬해지는 석탄 반대시위 때문에 시중에서는 이익률이 감소하기도 하고, 제로가 되는 경우도 있다. 미국의 많은 석탄 관련 기업 주가가 급락하고 있다. 2011년 4월부터 2014년 9월 사이에 'S&P 500' 지수는 50%가량 상승한 데 비해 석탄 관련 사업을 주요사업으로 하는 '스토 글로벌 콜 지수'(Stowe Global Coal Index)는 무려 70%까지 하락했다.

미국 최대의 석탄회사인 피보디 에너지(Peabody Energy)는 이러한 상황을 단적으로 보여 준다. 피보디 에너지의 시가총액은 2006년 11월에는 100억 달러였는데, 2014년 9월 중순경에는 39억 달러로 61%나 하락해 충격을 주었다. 2014년 상반기 다우존스 '글로벌 에너지기업 지수'(Dow Jones Global Energy Index)는 12%가 올랐는데도 피보디 에너지의 시가총액은 17% 하락했고 결국 S&P 500 지수에서 제외되었다.

세계 각국에 영향을 주고 있는 국제에너지기구(International Energy Agency: IEA)는 2017년 3월 '2016년도 세계의 이산화탄소 배출량'을 발표했다. 이에 따르면 이산화탄소 배출량은 32.1MtCO_2에 머물렀다. 이는 세계 경제가 3.1% 성장했는데도 3년 연속 평탄한 수치를 보였다는 반가운 소식이었다. 보고서는 그 이유로 '신재생에너지의 보급', '석탄에서 천연가스로의 전환', '에너지 절감효과', '산업구조의 변화' 등의 요인이 작용했다고 지적했다.

이 보고서가 발표되기 하루 전날, 미국의 트럼프 대통령은 제 18회계연도(2017년 10월부터 12월)의 예산안 개요를 의회에 제출했고, 환경보호국(United States Environmental Protection Agency) 예산을 31%나 삭감했다. 이 예산안이 통과되면 지구온난화 대책을 위한 부처에서 수행하는 50개의 사업이 중지되고 직원 5명당 1명꼴(약 3,200명)로 직장을 잃게 된다.

오바마 대통령 재임 시에는 10%의 경제성장률을 달성했고 집권 8년 동안 태양광발전은 10배 성장했다. 풍력발전은 1990년대에 100만 킬로와트였던 것이 2012년에는 6,300만 킬로와트라는 경이로운 실적을 달성했으며 미국풍력에너지협회(American Wind Energy Association: AWEA)는 2020년에는 1억 킬로와트에 달할 것이라 발표했다. 오바마 대통령은 2030년까지 신재생에너지 비율을 30% 이상으로 올린다면 미국의 경제구조와 사회구조가 새로운 시대를 맞을 것이라 예측했다.

또한 오바마 정권은 환경규제인 CPP(Clean Power Plan)를 계획했는데, 이는 화력발전소의 이산화탄소 배출량을 2030년까지 2005년 대비 약 30% 삭감을 의무화하고 그 대신 신재생에너지를 강화한다는 취지에서 발령되었다.

그러나 트럼프는 예상한 대로 선거 시에 공약한 탄광지원책을 실천 중이다.

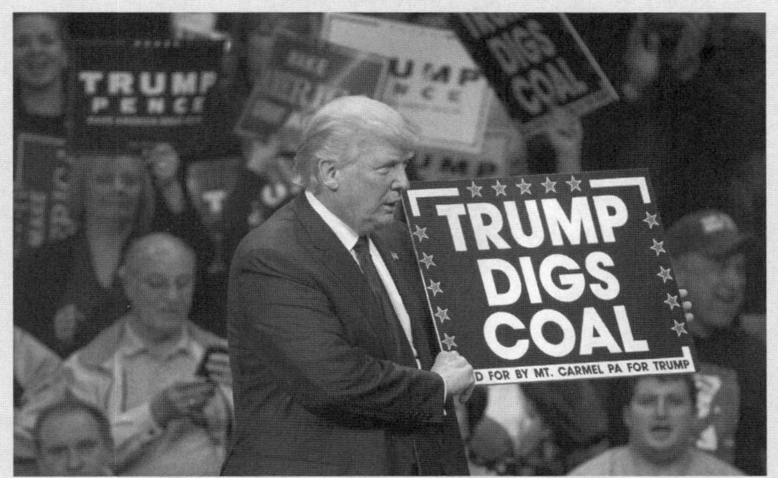

와이오밍 석탄광산에서 광부들에게 석탄의 중요성을 강조하는 트럼프 대통령. © CNBC

후보 당시 공약했던 '탄광을 구하자'는 구호를 토대로 오바마 전 정권이 실행에 옮겼던 것을 백지화하고 환경규제(CPP) 등을 철폐한다는 대통령령(슈)에 서명했다. 한술 더 떠서 트럼프는 "석탄은 값이 가장 싼 에너지로 광부의 생활에 없어서는 안 되는 존재"라며 폐광 직전까지 간 탄광도 광부의 실업을 막기 위해서 오히려 지원해 주겠다는 약속까지 했다. 트럼프 대통령은 광부가 얼마나 혹독한 생활을 하는지 아랑곳하지 않고 고용을 늘릴 생각만 하고 있다.

트럼프 대통령은 석탄광산의 소유주와 광부에게 석탄발전을 계속해서 장려하겠다는 황당한 약속을 했지만, 현재 미국에서 셰일가스 등의 천연가스가 석탄보다 더 싸지고 있기 때문에 대통령 마음대로 장려하기는 어려울 전망이다.

6) 독일의 청정석탄 개발

석유나 가스보다 석탄 사용량이 더 많았던 독일은 청정국가로서 이산화탄소 배출 감축을 국가의 제 1목표로 정하고 1970년대부터 '이산화탄소가 없는 석탄', 즉 청정석탄(*clean coal*)의 연구·개발에 전념해 왔다.

청정석탄 개발이 실제로 성공한다면 인간이 이산화탄소를 제거하기 위해 노력했던 역사상 가장 획기적인 전기를 마련할 수 있을 것이다. 독일은 어떤 나라보다도 훨씬 앞서 기술개발과 발명을 진전시켜 '석탄액화' 등 석유화학의 수준을 현재보다 수십 배 이상 높이는 성과를 냈다. 이의 성과로 앞으로 청정석탄의 개발을 완성될 수 있다는 자신감을 보이기 시작했다. 석탄을 계속해서 이용할 수 있는 길을 열 수도 있을 것이다.

2017년 들어서 비약적인 기술 향상으로 청정석탄의 실용화가 앞당겨질 것이라는 조심스러운 낙관론이 독일 내부에서 일어나고 있다. 이는 독일에서 청정석탄을 오랜 기간 연구하고 있는 연구소에서 나온 정보로, 개발에 성공한다면 독일은 기술을 먼저 수출할 계획인 것으로 알려져 있다.

그러나 독일의 일부 학자나 전문가는 석탄이 청정에너지로 성공한다 해도 결코 경제성은 좋아지지 않을 것으로 본다. 청정석탄이라고 하지만 100% 청정할 수는 없고 이산화탄소를 조금 줄일 뿐이라는 저평가다. 즉, 'CCS(이산화탄소의 회수 및 저장)도 경제적 단계까지 올리는 것은 어렵다'는 주장이다. 영국의 CCS 전문가도 똑같은 의견을 내놓았다. "석탄화력에서 CCS는 효과가 없다. 있다고 하면 천연가스뿐이다. 석탄은 미래가 없다. 석탄화력은 사회환경의 변화로 가치가 훼손되고 있다"는 입장이다.

7) 중국의 석탄발전, 그리고 물

전 세계가 석탄 채굴로 인해 물이 고갈되어 물 위기에 처했다. 그중에도 대표적인 나라는 중국일 것이다. 중국은 세계인구의 거의 20%를 차지하지만 담수 저장비율은 7%밖에 되지 않는다. 산업인구의 급속한 성장으로 인해 강과 대수층(帶水層)의 물을 유지하지 못할 정도로 많이 끌어다 쓰는 중이다.

석탄화력발전소는 대량의 냉각용수(冷却用水)를 사용한다. 곡창지대인 화베이(華北)성의 평원에서는 지하수가 급속하게 내려가고 있는데도 많은 석탄발전소가 건설 중이다. 그렇지 않아도 물이 부족해 곤란을 겪는 농민에게 이는 적지 않은 부담인데, 이대로 가면 지하수는 더 낮아지고 결국에는 대수층이 고갈될 것이다.

이처럼 큰 문제를 안고 있는 물과 석탄 생산지역의 괴리 때문에 중국 정부는 620억 달러라는 예산을 투입해 역사상 최대의 물 이동 프로젝트를 추진 중이다. '남북 간 물 이동 프로젝트'는 양쯔(揚子)강 유역에서 448억 세제곱미터의 물을 건조한 북부지역으로 이송하는 공사다. 수천 킬로미터의 운하와 터널, 강과 저수지를 포함한 대규모의 프로젝트다.

한편, 중국은 현재의 물 부족 문제도 이른 시일 내에 해결해야 한다. 농업 부문에 사용되는 담수량이 2010년의 60%에서 2020년에는 54%로 줄어들 것으로 예측되는 가운데, 제한된 물을 발전용 냉각수로 사용할 것인지, 혹은 쌀이나 밀을 위한 관개용으로 사용할 것인지를 선택해야만 한다.

중국의 탄광은 북부, 북서부 지역에 몰려 있다. 그런데 이 지역은 중국 내에서도 담수량이 5%밖에 되지 않는 곳이다. 따라서 동남 지역에서 물을 끌어다 쓰는 데 상당한 비용을 투입하고 있다.

한편, 중국은 2014년에 미국과 함께 이산화탄소 배출량을 제한하자는 획기적인 약정에 서명하였고, 3개의 성(省)과 베이징(北京), 상하이(上海) 등 대표적인 도시는 2017년부터 석탄 사용량을 대폭 감축하겠다는 공약을 했다. 중국의 수도인 베이징에서는 2020년부터 석탄의 사용과 판매가 금지된다.

중국은 세계 최대의 석탄 사용국이자 석탄 매장량이 세계에서 세 번째로 많은 나라이며, 한편으로는 세계 최대의 석탄 수입국이기도 하다. 그러니 중국의 석탄 수입 정책은 세계 에너지 동향에 막대한 영향을 끼친다는 것이 전문가의 판단이다.

8) 한국의 석탄발전

1930년, 국내 최초로 서울 마포구 당인리 석탄발전소가 가동을 시작했다. 이 발전소는 석탄발전을 시작했을 뿐만 아니라 우리나라 최초로 전력을 생산했다. 이를테면 원조 격이다. 당시는 일제 지배하에 있었기 때문에 일본의 조선총독부가 발전소 건설을 맡았다. 서울과 인천 간의 전차도 이즈음 우리나라 최초로 운행되었다.

2017년 새 정부가 들어서면서 에너지 정책에 변화를 예고했으며 세부계획까지 세웠다는데, 이 세부계획이 현재의 실정에 맞는지 판단하려면 좀더 시간이 필요한 듯하다. 현재 정부는 탈석탄발전 정책을 기본으로 두었으며, 2017년 말 현재 전체 전원 중에서 45.3%에 달하는 석탄 사용을 2030년까지 36.1%로 축소할 계획을 세웠다. 석탄과 함께 원전의 비중 또한 30.35%에서 23.9%로 조정하겠다고 발표했다.

그러나 이러한 계획은 현실과는 괴리가 있다. 우리나라의 국토면적 대비 석탄발전 용량은 이미 경제협력개발기구(OECD) 회원국 중에서 가장 크다. 한국전력 산하의 6개 석탄발전소는 앞으로 첨단기술을 활용한 친환경적 석탄 공급을 하겠다고 소비자에게 장담했으나 이를 곧이곧대로 믿을 수는 없다. 일례로 독일이나 일본은 벌써 오래전부터 정부의 후원하에 연구를 계속했지만 아직도 성과는 나오지 않았다. 만약 성공한다고 해도 경제성에 대해서는 아무도 장담하지 못한다. 세계 어디에도 석탄만큼 매장량이 많은 에너지 자원은 없기 때문이다.

한편, 석탄발전은 미세먼지 발생에도 큰 영향을 미친다. 미세먼지의 폐해는 점점 확실해지고 있다. 온 국민이 하루하루를 불안하게 살아가고 있지만 미세먼지는 줄어들 기미가 보이지 않으며 오히려 재앙에 가까운 질환까지 일으키면서 그 위험성이 날이 갈수록 심각해지고 있다.

게다가 우리 국민은 미세먼지의 원인이 무엇인지 정확히 모르고 있다. 지금까지 미세먼지는 단순히 중국에서 건너오는 황사의 영향이라고 생각해 왔다. 그러나 실제로는 중국의 영향이 약 50%, 국내 영향이 약 50%라고 한다. 우리가 일상에서 늘 숨 쉬었던 도로 혹은 버스 안, 등산길, 심지어는 자택 등 안심하던 공간이 거의 중국산과

〈그림 2-11〉 석탄화력발전소 (초)미세먼지 배출량

(2011년 기준, 단위: t)

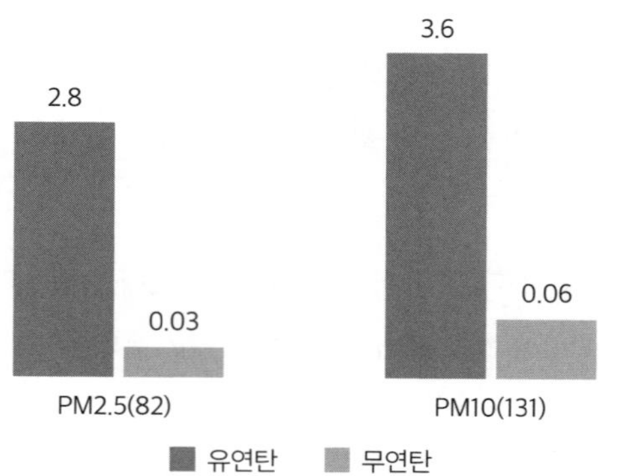

주: 괄호 안은 전국 총배출량.
출처: 한국국립환경과학원.

자국산(?) 미세먼지에 잠식당한 것이다.

화석연료 중에서도 미세먼지를 공기에 뿌려 대는 주범은 석탄발전이다. 그런데도 당국은 가장 값이 싸고 유통과정도 단순하다며 석탄발전을 선호할 뿐만 아니라 현재도 우리가 모르는 사이에 이 좁은 국토에 여기저기 석탄발전소를 건설하고 있다고 하니 더욱 아연할 수밖에 없다.

정부는 이에 확실한 대답을 해야 한다. 정부는 환경문제에 민감하게 반응하겠다고 했으나 실제로는 석탄화력발전소가 더 많이 건설되고 있다. 국민의 대다수가 탈원전을 반대하는 이유는 원자력발전소보다 석탄발전소의 수를 줄이는 일이 더 시급하기 때문이다.

하지만 민간 발전사는 현재 진행 중인 발전소 공사를 중단하면 수천억에서 조 단위의 손실을 감당해야 할 것이라며 강하게 반발하고 있다. 사업자들은 "이미 수천억 원을 투자한 데다 앞으로 발생하는 이익까지 계산한다면 손실 규모가 조 단위가 될 것"이라면서 정부를 압박하고 있다.

사업자가 주장하는 손실금액 계산 방법에는 '앞으로 발생할 이익'까지 포함되어 있다는 점에 주목해야 한다. 그러나 석탄발전은 미세먼지 등의 건강 문제를 일으킬 뿐만 아니라 석탄발전의 경제성도 하락하고 있다. 미국 같은 나라에서는 금융기관 대출도 어려워지고 있으며 증권가의 평가도 낮아지고 있다. 장래성이 없어져 간다는 증거다. 따라서 손실금액이 상당하다는 사업자의 주장은 오히려 효율성을 중시하는 정부의 혁신사업을 추진하도록 빌미를 제공한 것이나 다름없다.

물론 정부도 탈석탄 정책을 세우는 일에 부심하고 있다. 지금은 정책당국자가 결단을 내릴 수 있는 적절한 시기이며 이제는 정부가 건설기간이 짧은 발전소부터 건설을 중단하도록 행정명령을 내려야 한다. 그 손실은 물론 합리적인 방법으로 해결해야 할 것이다.

제 3 장

21세기의 에너지, 태양광과 풍력

1. 태양광에너지의 밝은 미래

태양에너지는 궁극적인 에너지원이자 신재생에너지이다. 이 에너지는 복사광선과 태양으로부터의 열에너지로 구성된다. 태양에서 방출되는 모든 에너지 중 단지 적은 양의 에너지만이 지구에 흡수되며, 이 적은 양의 태양에너지만으로도 우리가 필요로 하는 모든 에너지를 충족할 수 있다. 지구에 도달하는 태양에너지 일부는 전기를 생성하는 데 사용 중이다. 그러나 현재 지구에서 태양에너지를 사용하여 충족하는 에너지 수요는 매우 적다.

1) 신재생에너지의 선두주자 태양광발전

저명한 미래학자들은 한결같이 태양광이 신재생에너지 가운데서도 아주 현격한 진화과정을 겪을 것이라 예측한다. 제러미 리프킨, 토머스 프리드먼(Thomas Friedman, 미래학자, 〈뉴욕 타임스〉 논설위원)

〈그림 3-1〉 세계의 태양광발전 설치량 전망(2017년)

(단위: 메가와트)

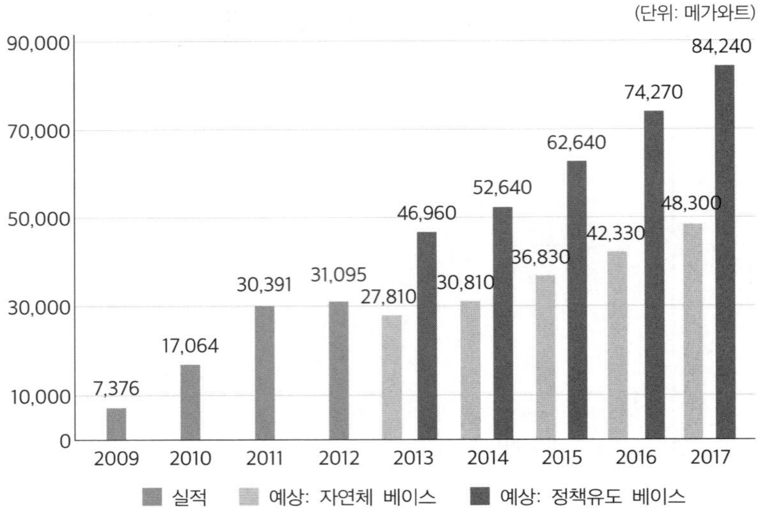

출처: 유럽 태양광산업협회(European Photovoltaic Industry Association: EPIA)(2015. 5).

〈그림 3-2〉 세계 태양광발전 수요

(2015년 이후로는 전망치, 단위: 메가와트)

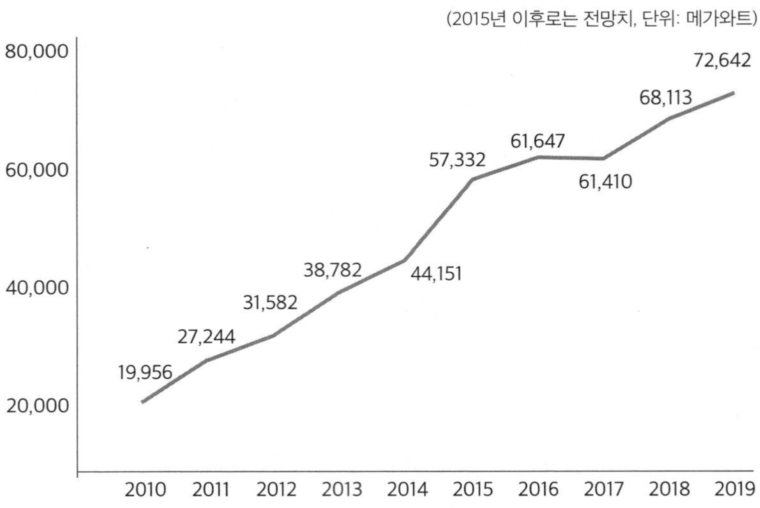

출처: IHS.

등 일련의 석학은 신재생에너지가 예상을 훨씬 뛰어넘는 속도로 미국과 유럽을 중심으로 하여 석탄·석유를 대신해 주력으로 등장할 것이라 주장했다.

이유는 매우 간단하다. 자연에너지 설비는 대형 자본가가 운영하는 화석연료 설비보다도 훨씬 적은 자본으로 시작할 수 있기 때문이다. 화석연료에 의한 에너지 생산에는 막대한 자본이 필요하다. 그러나 자원의 지속적 감소로 인해 1갤런의 연료를 추출하는 데 드는 비용은 계속해서 증가한다. 앞으로는 세계 곳곳에서 비교적 소형 모듈러(*modular*) 식 설비로 전력을 생산할 수 있을 것이다.

이 같은 경향이 자리 잡으면 수송(輸送)이나 공조(工曹)는 점점 더 에너지 절약형으로 바뀔 것이다. 2030년대 초에는 새로운 축전지가 분산·배치되어 대학이나 도시, 기타 국지적인 네트워크에 전력을 공급하는 마이크로그리드(*microgrid*)가 기초가 될 것이다.

처음에는 수력발전과 풍력발전이 가장 많은 비중을 차지하겠지만 2025년에서 2030년 사이에는 태양광발전이 대표 격 에너지원이 될 것이고 2050년에는 최대의 전력원이 될 것이라 예측된다. 21세기 중반을 맞을 즈음에는 지구에 내리쬐는 태양광이 가장 안정적이고 신뢰할 수 있는 에너지원이 될 것이다.

태양광은 인류에게 무한한 혜택을 줄 수 있으며 폐기물 처리비용도 최소한이다. 환경 개선을 위한 활동 중 가장 훌륭한 사업이라 할 수 있다. 태양광에너지는 소비자가 살거나 일하는 장소와 매우 근접한 지역에서 발전할 수 있으며 지속가능한 형태이므로 적어도 수십 년 이상 안정적으로 전력을 공급할 수 있다. 또한, 마이크로그리드와 전국 규모의 전력망(*national grid*)을 연결함으로써 시간에 따라

변동되는 가격에 맞춰 자유롭게 거래할 수 있을 것이다. 2020년에서 2050년 사이 세계 시민이 물 부족 또는 기후 변동으로 고통받더라도 태양광발전은 놀라울 정도의 진화를 거듭할 것이다. 이 같은 변화는 태양광발전의 투자 위험도가 낮아지면서 점점 더 빠르게 촉진될 것이다.

2) 태양광발전 관련 시장의 급성장

미국의 조사회사인 '마이크로 마켓 모니터'(Micro Market Monitor)는 2014년 6월, 세계의 태양광발전 관련 시장의 동향에 관한 보고서를 발표했다. 이 보고서는 2019년에는 태양광발전 투자액이 792억 5천만 달러에 달하며, 2014~2018년 연평균 성장률은 11.7%에 달할 것이라 예측했다.

조사를 살펴보면 세계적으로 태양광발전 관련 시장이 확대되면서 신재생에너지 발전 시스템에 대한 투자 의욕이 높아졌고, 불안정한 신재생에너지의 안정화를 위한 기술 투자가 증가했으며, 운영자금에 대한 적극적 투자가 눈에 띄게 증가했음을 알 수 있다.

마이크로 마켓 모니터는 태양광 분야에서 미국과 중국이 세계시장을 압도할 만큼 성장할 것이라 추정했다. 한편, 독일과 이탈리아를 포함한 유럽시장 규모도 2013년의 383억 8,840만 달러에서 2018년에는 638억 8,640만 달러로 확대될 것으로 예측했다.

3) 21세기를 위한 신재생에너지 정책네트워크의 보고서

프랑스 파리에 본부를 둔 '21세기를 위한 신재생에너지 정책네트워크'(Renewable Energy Policy Network for the 21st Century: REN21)

〈그림 3-3〉 세계의 태양광 설치 10개국 현황(2014년 말)

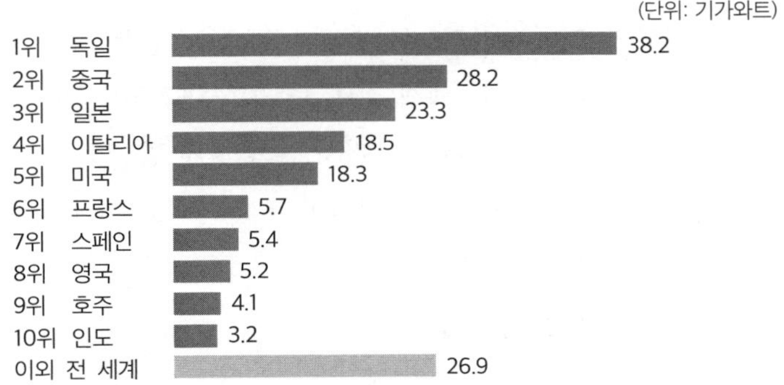

출처: 기후현실프로젝트(Climate Reality Project)(2013).

〈그림 3-4〉 세계의 태양광발전 설치량 추이 누계

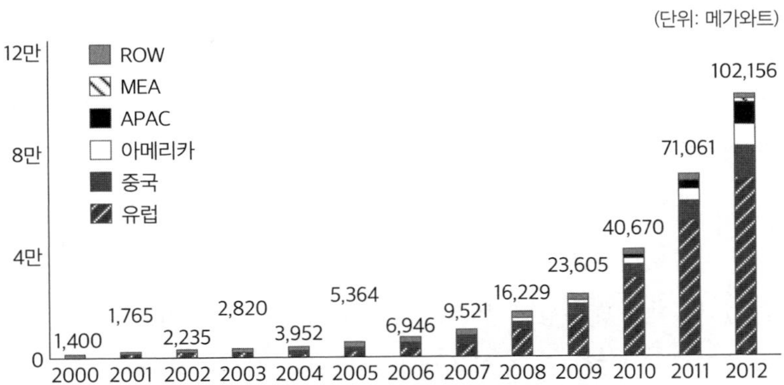

주: ROW = 기타 세계; MEA = 중동 및 아프리카; 아메리카 = 미국, 캐나다, 멕시코 등; APAC = 아시아 · 태평양 지역

출처: 유럽 태양광산업협회(2014). "Global Solar Outlook".

가 2014년 6월에 발행한 《신재생에너지 세계백서 2014》(*Renewables 2014 Global Status Report*)에 의하면 2013년 말 세계 전체 태양광발전량은 100기가와트(1억 킬로와트)로, 1년 동안 발전량이 29.4기가와트만큼 증가했다. 이 중에서 1기가와트를 넘어선 국가는 유럽 8개국, 아시아 3개국(중국, 일본, 인도) 그리고 미국과 호주였다.

한편 2013년 6월까지의 통계를 보면, 약 90개소의 발전소는 30메가와트 이상의 규모였고 약 400개소의 발전소가 10메가와트 규모였다. 이 중에서 50개소는 세계 최대급 발전소로, 2013년의 누적 발전용량이 4기가와트에 달했다. 가장 큰 용량의 발전소는 미국 애리조나에 있는 250메가와트급의 박막형(薄膜型) 발전소였다.

4) 유럽 주도로부터 세계로

태양광발전은 2011년까지는 독일을 중심으로 한 유럽이 주도했다. 그러나 그 이후 미국, 중국, 일본 등 세계 전체로 확산되었으며 이제는 본격적인 보급 시대로 들어섰다는 조짐이 여기저기서 나타난다. 2013년에 들어서면서 태양광발전 설비를 위한 기기, 장비 업체가 서서히 적자의 늪에서 벗어나고 있다.

개발도상국, 특히 전기가 공급되지 않는 오지에 태양전지를 설치하면 각 가정이 전기, TV, 세탁기 등 문명의 이기(利器)를 사용할 수 있다. 이는 태양광발전의 또 다른 긍정적인 측면이다. 빈곤 지역의 생활이 개선되도록 도와주는 것이야말로 선행되어야 할 일이다.

그러나 물론 이 같은 선행이 공짜로 제공되기는 어렵다. 독일과 일본의 정부, 세계기후기금(Global Climate Fund), 국제통화기금

아프리카 서부에 위치한 말리(Mali)공화국에 설치된 태양광패널. © IRENA

(IMF), OECD, 아시아인프라투자은행(Asian Infrastructure Investment Bank), 아시아개발은행(Asian Development Bank) 등과 같은 단체, 그리고 빌 게이츠처럼 기후변화와 환경 문제에 관심이 많은 기업가가 상당한 지원을 할 것으로 예상된다. 벌써 선진국은 갖가지 기술상품의 수출 준비를 서두르고 있다.

5) 지구 주위를 도는 무선 태양광에너지 발전소

2022년부터는 주택용 소규모 시설에서부터 거대 시설에 이르기까지 모든 형식의 태양광발전 실험이 시작될 것이다. 아울러 2035년쯤에는 1기가와트의 발전 능력과 무선으로 지구에 송전하는 능력을 갖춘 우주발전소가 지구 주위를 돌 것으로 예측된다.

미국 해군은 지구 궤도 위에서 태양광발전을 한 후 이를 지구에 마이크로파(波)로 송전하는 기술을 개발 중이다. 이 프로젝트가 성공하면 에너지가 크게 절감될 것이며 전략적으로도 큰 변화가 올 것이다. 이 같은 기술혁신은 산·학 협동으로 진행 중이며, 이보다 5년 후(2040년)에는 새로운 프로토타입(*prototype*)이 등장할 것으로 전

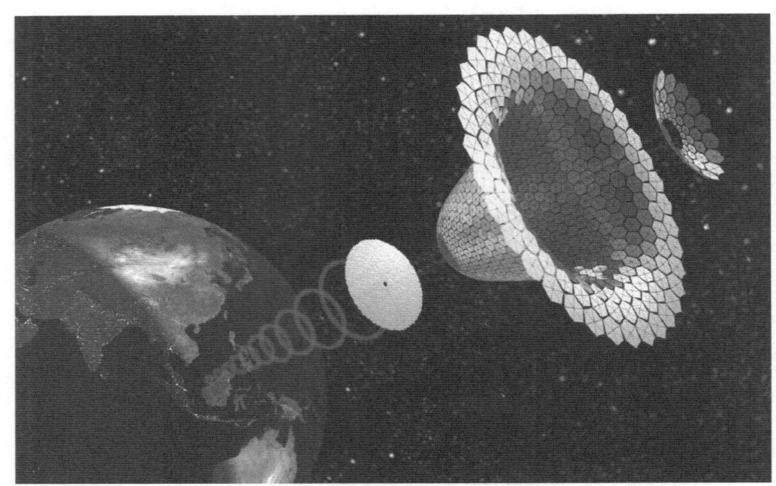

미국은 우주 태양광발전을 통해 상당한 국방비를 절약할 것으로 기대하며 군 이동이나 확장까지 용이할 것이라고 예측한다. © 미 해군연구소(US Naval Research Laboratory)

망된다. 태양의 움직임을 자동으로 추적하는 2천 제곱미터의 태양 전지판은 연평균 4테라와트시의 전기를 생산할 수 있다.

2. 각국의 태양광발전 현황

1) 미국

(1) 태양광에너지에 미래를 건 바이든

미국은 신재생에너지 정책의 역사는 유럽보다 뒤져 있지만 태양광과 풍력이라는 천혜의 자원이 유럽보다 우위에 있고 셰일가스 개발 기술 등 기술 측면에서도 우월하다. 이 경쟁에서 누가 선두가 될지

북미 태양광 전시회에서 연설하는 바이든 부통령. © Solar Energy Trade Shows

는 이미 판가름 난 것이나 다름없다.

2015년, 미국 부통령 조 바이든(Joe Biden)은 캘리포니아 애너하임에서 개최된, 세계에서 가장 큰 규모인 '북미 태양광 전시회'(Solar Power International 2015)에 미국 부통령으로는 처음으로 참석했다. 그는 8천 명이 넘는 참가자 앞에서 "태양광은 인류의 새로운 에너지 전기(轉機)를 가져오고 있다"고 강조하면서 다음과 같이 의견을 피력했다.

이제는 많은 시민이 태양광발전의 가능성을 믿기 시작했습니다. 앞으로도 더 많은 시민이 동조할 것입니다. 태양광발전으로 인해 우리 생활에 어떤 변화가 올 것인지 여러분도 궁금하시겠지요. 저도 어떤 변화가 올 것인지에 대해 전문가에게 보고를 받습니다. 그래서 태양광발전은 전력 사용이 편리해지는 정도로 끝나지 않는다는 사실을 알게 되었습니다.

예를 들면, 얼마나 많은 미국 시민에게 새로운 직장을 제공할 수 있을지 또는 얼마나 청정한 분위기에서 일할지 그리고 태양광전력으로 심장병이나 천식으로 고통을 받는 환자에게 새로운 희망을 제공할 수 있을지 또는 기후변화 방지에 확실한 공헌을 할 수 있을지 등을 알게 되었습니다. 전력 사용 이외에도 우리가 크게 기대할 만큼 분명히 가능성이 있다고 생각합니다.

오바마 대통령과 제가 취임한 이래 신재생에너지의 사용은 20배로 확대되었습니다. 고용창출 부문을 보면 17만 4천 명이 태양광 분야에 종사하고 있으며 앞으로는 더 많은 미국 시민이 새로 직장을 얻을 것입니다. 태양광발전 수로 보면 2009년에는 2만 건이었으나 2014년에는 100만 건에 달했습니다. 이러한 믿기 어려운 상황이 미국에서 일어나고 있습니다.

2040년까지 미국의 인구밀도가 높은 지역에서는 전력에 의한 수송 및 교통 시스템이 일반적으로 자리 잡을 예정이다. 많은 가정과 업체에서도 화석연료를 사용하는 냉난방기구를 신재생에너지(주로 태양광에너지)에서 얻은 전기를 이용하는 기구로 전환할 것이다.

(2) 미국 국방부, 신재생에너지에로의 이행 가속화

신재생에너지 산업은 최근, 오랜 역사와 막강한 전력을 가진 미 군(軍)부와 새로운 관계를 형성하기 시작했다. 현재 미 군부는 신재생에너지의 고도화한 기술을 계속해서 도입하고 있다. 미 군부가 신재생에너지를 앞으로의 가장 중요한 에너지로 결정하면서, 미국의 에너지 산업계도 경쟁 국면으로 돌입했다. 미국 국방부는 미국 내 군사기지와 해외 주둔 군사기지에 첨단기술을 도입해 병사의 안전을

〈그림 3-5〉 솔라 아메리카 이니셔티브(Solar America Initiative)의 태양광발전 목표 비용

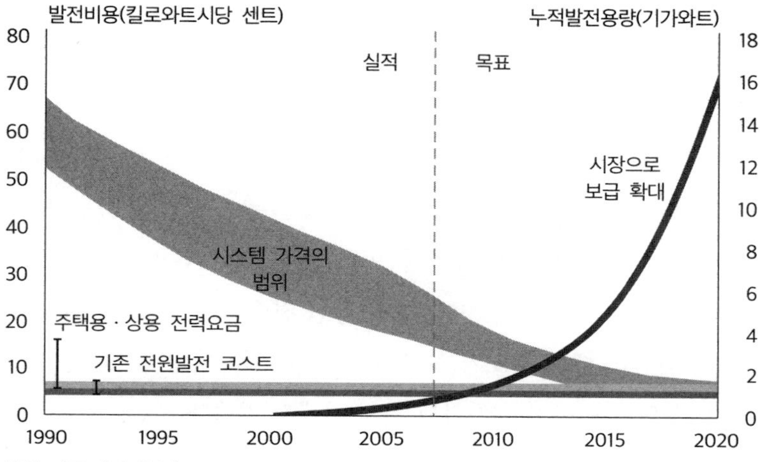

출처: 미국 에너지부. "Solar America Initiative".

〈그림 3-6〉 미국의 태양광발전 설치량

[단위: 설비 용량(메가와트)]

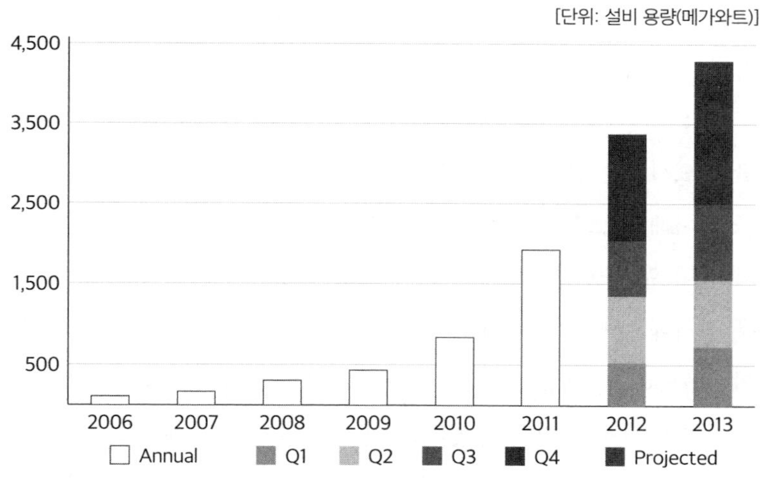

주: Q = 분기(quarterly).

지키고 군에서 소비하는 에너지를 줄일 수 있다는 점에 착안해 이 같은 결정을 했다.

군부는 전투에 빠르게 대응하기 위해 항상 발전 설비와 연료를 이동한다. 그러나 이 같은 설비나 자원이 언제 사용이 불가능할지, 그래서 작전을 방해할지는 알 수 없다. 군사작전에서의 전력(電力)은 절체절명(絶體絶命)의 위험에 닥쳤을 때를 위한 필수품이다. 병사는 지속가능한 전력원을 휴대해 임무수행 시의 위험을 경감하며 사이버 공격에도 대비한다. 송전망을 통한 전력에만 의지하면 사이버 공격이나 적군에게 정보가 누출되는 일이 자주 발생하므로 송전망에 의한 위험을 방지하기 위해 기지 내에서 전력을 생산, 공급하는 시스템이 절실하게 필요하다.

이를 가능하게 해주는 것이 바로 태양광패널이다. 여러 전문가는 태양광발전의 축적기술이 2010년과 비교해 2015년에는 3배 정도 향상되었으며, 기술개발 속도도 빨라져 2020년까지는 이보다 두 배 정도의 축적 가능성이 생긴다고 추정한다.

미국 국방부가 신재생에너지에 총력을 기울이는 이유는 안전보장을 중요시하는 전략상의 중요성 때문이다. 기지 내에 분산형 발전소를 설치해서 노후화(老朽化)한 송전・배전 인프라를 전환하면 현재와 같이 원거리 발전소에 의존하지 않고도 재해나 적국의 갑작스러운 공격에 재빨리 대응할 수 있으며 해킹에도 대비할 수 있다. 미국의 육군, 해군, 공군, 해병대 등 4개 군을 통괄하는 국방부는 2025년까지 태양광을 포함해 수입하는 연료의 안전 보장과 지속가능성을 높이기 위한 계획을 추진 중이다.

2015년 5월에 미 국방부가 발표한 '에너지 관리보고'(*Energy Man-*

미군의 통신 개념이 바뀌어 가고 있다. 간편하게 태양광 배터리로 휴대할 수 있어 앞으로는 작전의 개념이 달라질 것이다. 미국 국방부는 2025년까지 전 군이 쓰는 에너지 중에서 25%를 신재생에너지로 전환하겠다고 발표했다. © 미국 국방부

agement Report) 에 의하면 2014년도 시점에서 공군은 6.7%, 육군은 11.3%, 해군은 26.5%를 신재생에너지에 의존했다. 국방부 전체로는 12.3%로, 목표인 25%의 절반 가까운 성과를 냈다. 아울러 국방부는 2014년도 시점에서 1,340개 항목에 이르는, 신재생에너지를 응용한 프로젝트를 진행 중이었다. 지질적 이유로 의외로 지열발전이 많이 차지하여 발전량 전체의 약 절반을 차지했으며, 육군은 60메가와트의 생물자원을 도입해 생물자원의 비율이 21%까지 올랐다. 다음은 태양광발전으로 11%를 차지했는데, 앞으로는 태양광발전이 가장 장래성이 높은 에너지가 될 것으로 전망했다.

미국 육군은 운수·수송을 공군과 해군에 의존한다. 3군 중에서 에너지 비용은 비교적 낮은 편이지만 그래도 연간 13억 달러의 전력 비용이 발생한다. 육군은 현재 도입을 마친 것과 설치 중인 것을 합

쳐 400메가와트 이상의 태양광발전 공급계약을 체결했다. 아울러 육군은 2015년 4월 약 161만 5천 제곱미터에 달하는 메릴랜드 기지에 6만 장의 태양광패널을 설치하는, 총 39억 달러의 프로젝트를 착공했다. 이 기지는 네트제로 커뮤니티(Net Zero Community)를 지향하므로, 태양광발전뿐만 아니라 풍력발전도 도입할 예정이다.

미국 해군도 이러한 프로젝트를 실천에 옮기고 있다. 해군은 첨단기술을 갖춘 기업과 장기계약을 맺고, 애리조나 피닉스에 있는 발전량 150메가와트의 태양광발전소에서 생산하는 전력을 구입해 캘리포니아에 있는 14개 군사시설에 공급할 계획이다. 화력발전소에 의지해 기지 전력을 사용할 때는 위험성뿐만 아니라 전비(戰費)가 많이 소모된다는 문제도 고려해야 한다. 따라서 해군사령부는 여러 군수품의 전원이 되는 태양광발전, 소형 연료전지가 가동되는 장비(통신기기, 컴퓨터, 보조 전기시설 등)를 병사에게 지급하고 있다.

미 해군이 신재생에너지로의 '대전환'을 서두르는 이유는 첨단기술이 전쟁에서의 승리를 보장할 뿐 아니라 미국의 기업도 해군 첨단무기연구소에서 개발하는 기술혁신에 경쟁적으로 참여하기 때문이다. 기업은 투자도 하고 군수품 계약에도 참여하려는 목적도 있다.

이 외에도 해군은 메가솔라(*mega solar*, 대규모 태양광발전)와 대규모의 옥상에 설치하는 분산형 태양광발전 시스템 건설도 진행 중이다. 샌디에이고에 있는 해군과 해병대는 프로젝트 디벨로퍼(Project Developer) 사(社)와 주택 옥상에 태양광패널을 설치해 전력을 사용하는 계약을 맺었다. 시스템을 공급받는 군용 주택은 약 6천 세대이며 설치용량은 20메가와트에 달한다. 계약기간은 20년으로, 화석연료를 사용하는 발전소보다 전력 단가가 낮다.

2) 독일

(1) 지속가능한 확대 단계로 진입

2013년 9월, 독일연방 환경부(Bundesministeriums für Umwelt, Naturschutz, Bau und Reaktorsicherheit)는 독일 내에서의 태양광발전 신규 도입량 매입가격을 인하한 조치가 성공을 거두어, 화력발전 사용량이 이제까지보다 2,500만~3,500만 킬로와트만큼 감소할 수 있다고 발표했다. 이러한 발표는 독일의 태양광발전이 얼마 안 있어서 정부의 보조금 없이도 민간 스스로의 힘으로 발전할 수 있을 정도의 수준으로 올라섰음을 뜻한다.

환경부 장관 페터 알트마이어(Peter Altmaier)는 2013년 초에 실시한 매입가격 인하 조치에 대해 "아주 좋은 효과를 내고 있다. 독일의 태양광발전 확대는 지속가능한 단계에까지 올라섰다"라고 말하

〈그림 3-7〉 2000년에서 2040년까지 독일의 신재생에너지 비율

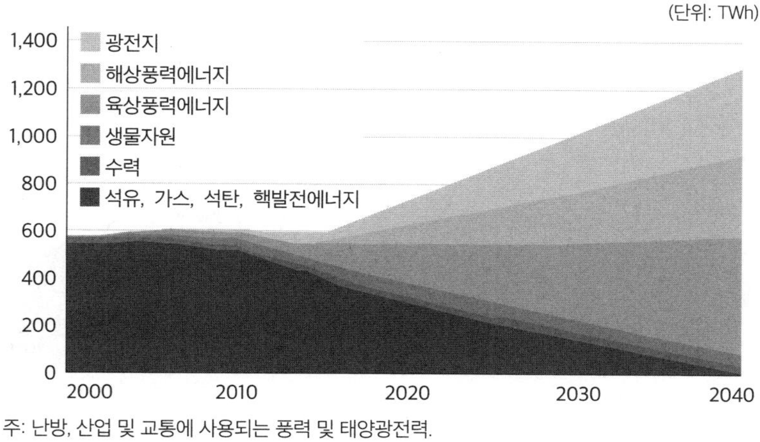

(단위: TWh)

광전지
해상풍력에너지
육상풍력에너지
생물자원
수력
석유, 가스, 석탄, 핵발전에너지
1,400
1,200
1,000
800
600
400
200
0
2000
2010
2020
2030
2040

주: 난방, 산업 및 교통에 사용되는 풍력 및 태양광전력.

출처: Volker Quaschning.

독일의 마을이 태양광패널로 덮여 있다.

〈그림 3-8〉 2분의 1로 저렴해진 독일의 태양광 설치비용(2006~2011년)

(2006년 2분기 이후 총 가격 인하, 단위: 유로/킬로와트 피크)

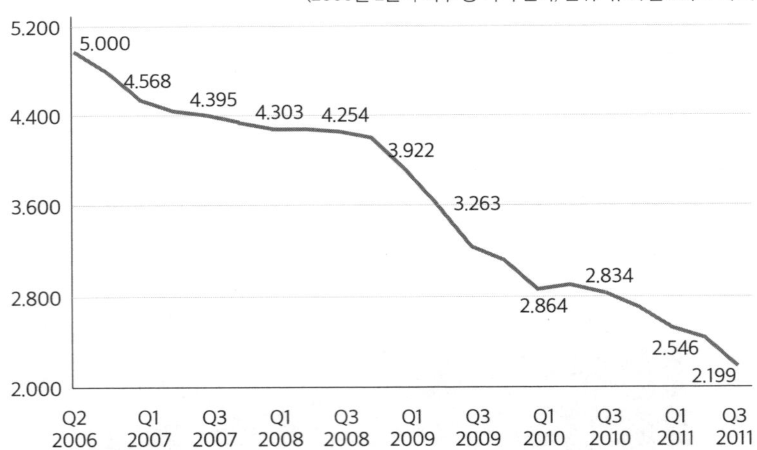

주: 킬로와트 피크당 100킬로와트 피크까지 설치된 지붕장착 시스템 최종 고객 가격(세금 제외)의 평균.

출처: BSW-Solar PV Price Index 8/2011.

며 자신감을 드러냈다.

독일은 2000년에 신재생에너지 매입제도를 도입했다. 태양광 고정매입가격은 2004년에 인상했다. 2012년 6월에는 연방 의회가 태양광발전 매입가격 인하를 의결했다. 독일의 태양광발전 신규 도입량은 지난 3년 동안 연간 7천만 킬로와트가 넘는 기록을 달성했다. 2013년의 신규 도입량은 계획대로 2,500~3,500만 킬로와트가 감소했으며, 2013년 6월 말에는 합계 1,800만 킬로와트가 도입되었다. 태양광발전 도입은 확실하게 성공을 거두었으며 확대일로에 있다고 평가받는다.

태양광발전 매입에 필요한 비용은 2010년에 22억 유로였던 것이 2013년에는 3억 유로로 대폭 떨어져 85%나 하락하였다. 2020년경에는 2013년 대비 5분의 1 정도의 가격으로 내려갈 것으로 전망된다.

(2) 주 공급원으로 성장한 태양광발전

2010년대 들어 독일의 전력공급 안정에 공헌한 에너지는 역시 태양광발전이다. 특히, 독일 남부의 태양광 전력이 큰 도움이 되었다.

북부보다 남부가 더 따뜻하다고는 하지만 독일은 우리나라보다 위도가 높아 겨울에는 일사량이 적다. 그럼에도 지난 2012년 2월 초 낮 시간대 독일의 태양광발전량은 10기가와트에 달했다. 겨울이 여름보다 위력이 떨어짐을 감안해 보면 우리로서는 상상도 하지 못할 기록이다.

독일 전체적으로 설치된 태양광발전 장치의 설비용량은 2012년 12월 31일 기준으로 32기가와트를 기록했다(당시로는 세계 전체 태양광발전의 약 40%). 2012년 상반기에 소비된 전력량 679억 킬로와트 중 태양광발전에 의해서 생산된 에너지는 5.7%를 차지했다.

아직은 풍력발전량이 태양광보다 훨씬 앞서지만 독일의 태양광발전은 풍력발전과 더불어 전력공급에 크게 공헌하는 에너지로 성장하였다.

3) 일본

2011년 3월에 일어난 대지진과 후쿠시마 원전사고 때문에 일본 정부는 신재생에너지에 기대를 걸고 집중육성과 지원을 해왔다. 특히, 태양광발전과 풍력발전에 집중적인 지원을 시작했다.

일본의 신재생에너지 정책은 2012년 6월부터 시작되었다. 2012년 7월에는 1년 동안 준비한 발전차액지원제도(Feed in Tariff: FIT)를 도입하여 희망하는 기업이면 누구나 참여할 수 있도록 했다. 일본의 신재생에너지 정책이 처음부터 태양광 중심은 아니었다. 풍력발전, 지열발전, 생물자원발전도 충분히 승산이 있었다. 그러나 애초 FIT에서 태양광발전 지원금이 타 에너지보다 높게 매겨졌기 때문에 사업의 쏠림현상이 생겼다. 한편으로는 일본 정부가 태양광발전을 선호했을 가능성도 있다.

태양광발전의 매입가격은 1킬로와트당 36엔이다. 풍력이 42엔, 기타 지열발전이나 소수력발전 등은 모두 40엔이 넘으므로, 매입가격이 저렴한 태양광은 우선적인 대우를 받는 셈이다. FIT가 시행된 이래 설비 인정을 받은 신재생에너지 설비용량은 2013년 6월에 총 2,291만 킬로와트에 달했는데, 이 중 태양광발전이 2,139만 킬로

〈그림 3-9〉 일본의 FIT 도입 후 설치된 신재생에너지 분포

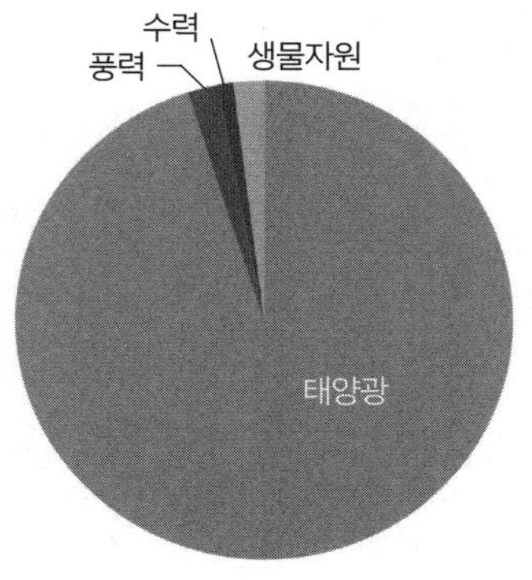

주: 일본의 신재생에너지 비율. 태양광발전이 압도적으로 많다.
출처: 일본 경제산업성(2016).

와트로 전체의 93%를 차지했다. 다른 신재생에너지보다 태양광이 가장 채산성이 높다고 생각한 사업자의 쏠림현상 때문에 단 5년 만에 크게 증가한 것이다. 더불어 발전능력도 크게 향상되어 2016년 5월에는 일본 전체 전원의 10%를 차지할 정도로 대성공을 거두었다. 일본의 경제산업성(經済産業省)은 이 덕분에 2016년 여름, 일본의 전 세대가 더운 한낮에도 에어컨을 마음대로 켜도 된다고 발표했다.

4) 중국

2012~2017년 사이, 중국은 태양광발전이 36배 성장하는 등 경이로운 목표를 달성했다. 중국은 석탄에 의한 공해 때문에 환경 개선에 대한 의식이 크게 높아졌다. 2013년에는 신재생에너지를 타 에너지보다 더 높은 가격으로 매입하는 제도를 도입하여, 대외적으로는 환경국이라는 이미지를 높이는 동시에 단기간에 석탄을 추방하

는 전략을 세웠다.

태양광패널 가격은 빠른 속도로 저렴해지고 있어서 5년 사이에 50%나 떨어졌다. 중국이 풍력보다는 태양광을 더 선호하는 이유는 조기에 패널 제조사업에 뛰어들어 세계 패널시장을 석권했기 때문이다. 중국은 값싼 패널을 대량으로 생산해 전 세계를 상대로 수출을 시작했다. 이로 인해 유럽이나 한국, 일본 등의 제조업체가 심각한 타격을 입었다. 여기서 중국이 내수시장도 없이 오로지 수출용으로만 생산했다는 점을 눈여겨봐야 한다. 지금도 수출은 꾸준히 흑자를 내고 있다. 중국은 이 같은 패널을 국내시장에도 도입했고, 풍력 등 다른 신재생에너지보다 훨씬 싼 값에 이용할 수 있게 되었다.

중국은 현재 세계에서 신재생에너지에 투자를 제일 많이 하는 나라다. 특히, 육지보다는 바다와 호수의 수면 위에 부유하는 태양광 발전단지를 만드는 등 어느 나라도 따라잡을 수 없는 자본투입을 하

중국의 화이난(Huainan) 지방에 있는 수면 발전단지. 세계에서 제일 규모가 크다. 이 같은 수면 위 태양광패널은 육지에서처럼 공간이 문제되지 않고 패널이 부유하는 물의 냉각효과 때문에 더 효율적이다. © Sun Grow Power Supply corp(2017. 6. 2)

중국에서 가장 큰 태양광단지.

고 있다. 패널, 모듈 등 저가 태양광 관련 제품에서부터 고품질에 이르기까지 다양한 제품을 생산하며 기술개발도 끊임없이 이루어지고 있다.

중국의 대표적인 패널 제조회사인 론지솔라(LONGi Solar)는 중국과 동남아시아에 공장을 증설 중이며 2017년 말까지 생산능력을 연간 700만 킬로와트로 늘리겠다는 계획을 발표했다. 이 회사의 최고경영자인 리원쉐(李文學) 회장은 "우리 회사는 연구·개발에도 많은 투자를 한다. 앞으로는 정부의 지원 없이도 경쟁력 있는 태양광발전 회사가 될 것"이라고 말했다.

한때 과잉생산으로 세계 태양광 업계에 파란을 일으킨 중국은 황사, 미세먼지 등 자연재해뿐만 아니라 인재로 자국을 제외하고도 이웃국가, 특히 우리나라에 피해를 많이 준다. 중국은 지구 전체에 막대한 손해를 끼치면서 'G2'라는 명성에 걸맞지 않게 대기오염을 일으키는 국가로 이미지가 추락할 위기에 처하자, 이를 만회하기 위해 태양광발전·풍력발전 등의 국내 보급을 위해 정부 차원의 강력한 대책을 세우는 중이다.

중국 샹시(Shanxi)성에 설치된 태양광패널. 태양광패널은 중국 전역에 설치되어 있다. 이 패널은 판다 모양을 하고 있는데, 지역마다 각각 다른 모양으로 디자인되어 관광객을 유치하고 있다.

이제까지 중국의 태양광발전을 견인한 또 하나의 요인으로, 가정이나 상점, 공공건물 등에 설치하는 옥상 태양광발전(*roof solar*)의 저렴해진 설치비를 들 수 있다. 이 덕분에 설치를 희망하는 가정이나 공공건물이 많이 늘어났다. 남는 전력을 전력회사에 판매할 수도 있다는 중국 정부의 낙관적인 전망도 나올 정도로 중국은 태양광발전과 풍력발전에 열을 올리고 있다. 세계 태양광시장은 기술의 급속한 발전에 힘입어 견실하게 확대될 것으로 전망되며, 현재의 추진력으로 본다면 세계에서 미국과 더불어 중국이 신재생에너지의 두 축으로 등장할 것이 거의 확실하다.

5) 중동

석유와 가스로 세계의 정치·경제에 영향을 끼치는 중동 산유국이 이제는 신재생에너지의 보고(寶庫)로 변신 중이다. 중동 산유국도 태양광과 풍력발전에 본격적으로 돌입했다. 한 외신은 여러 중동 산유국이 앞으로 세계 신재생에너지시장에서 두각을 나타내기 위해 오일달러를 투입하고 있다고 전했다. '석유와 천연가스로 지구에서 가장 복 받은 나라들이 이제 와서 왜?'라는 의문이 들지만 석유 가격 하락, 인구 증가와 같은 문제가 내면에 있다.

석유와 가스 판매에 경제를 의존하는 중동 산유국은 그간 신재생에너지를 대수롭지 생각하지 않았다. 그러나 신재생에너지가 빠르게 성장함에 따라 관심을 두기 시작했고, 그동안 축적해 온 부를 신재생에너지 개발에 적극적으로 활용했다. 태양광패널 가격이 10년 전에 비해 거의 5분의 1로 떨어졌다는 점과 국토 대부분이 사막이라는 점을 이용한다. 중동의 사막지대는 강렬한 태양광으로 일조량이 매우 높아 오후 시간대에는 사용 전력도 효율적이다.

중동 태양광산업협회(Middle East Solar Industry Association: MESIA)에 따르면 2016년 한 해 중동에서 입찰된 태양광발전 사업의 총출력 합계는 200만 킬로와트에 이르렀다. 동 협회는 중동과 북아프리카의 전체 출력이 6,700만 킬로와트가 될 것이라고 예측한다. 이를 원전으로 계산하면 대형 원자력발전소 67기에 달한다. 우리나라의 연간 총발전량이 8,500만~9천만 킬로와트에 달하므로 중동 내 태양광발전의 성장이 곧 우리나라의 총발전량을 넘어설 것이다. 아울러 2017년 2월부터는 거의 200조 원에 가까운 규모의 신재생에너지 사업 프로젝트가 아랍에미리트연합(United Arab Emirate), 알제리, 사우디아라비아 등의 국가에서 시작되었다.

이 기회를 태양광 강국이 놓칠 리 없다. 독일을 비롯한 스페인, 이탈리아, 미국, 중국 그리고 일본까지 이 시장에서 비중을 많이 차지하기 위해 경쟁을 벌이고 있다.

카타르 사막에 설치한 태양광패널. 최근 카타르 정부는 '카타르 태양광에너지'(Qutar Solar Energy: QSE)사를 설립했다. 이 회사는 질이 매우 우수한 패널을 대량으로 생산할 수 있어 얼마 안 있어서 아랍에미리트연합 전체에 공급할 수 있을 것이라고 한다. © greenprophet

아랍에미리트연합은 국토의 대부분(70%에서 90%)이 뜨겁고 건조한 사막으로 이루어져 있다. 2013년, 아부다비에 출력 10만 킬로와트의 중동 최초의 태양광발전소가 설치되었다. 아랍에미리트연합은 발전용 가스의 보조금을 줄이는 등 전력에 변화의 조짐을 보이기 시작했다.

사우디아라비아는 최대 산유국이다. 인구는 2,900만 명으로 과거 40년 동안 무려 4배가 늘어났다. 인구의 급증과 생활수준의 향상으로 에너지 소비도 계속 증가 추세다. 그 같은 상황에서도 국민의 석유 씀씀이가 점점 더 헤퍼지고 있기 때문에 얼마 안 있어 바닥이 날지도 모른다는 소문까지 돈다.

영국 왕립 국제문제연구소(Royal Institute of International Affairs)는 '2038년경에는 사우디아라비아가 석유수입국으로 전락할지도 모른다'는 보고서를 내놓았다. 미국의 시티그룹 에너지 전략팀에서도 '2030년경에는 석유수입국이 될 가능성이 있다'고 내부보고서를 냈다. 사우디아라비아 왕족이 소유한 투자은행에 의하면, 가솔린 등 석유제품을 포함한 사우디아라비아 국내 석유·가스 소비량은 2009년에는 320만 배럴이었는데, 2012년에는 69%나 증가했다. 석유·가스 소비량은 2020년에는 하루에 590만 배럴, 2030년에는 1,060만 배럴이 될 것으로 예측하고 있다. 사우디의 원유생산 능력은 현재 1,250만 배럴로, 이 같은 소비 경향이 계속되면 국내 수요만으로도 생산량을 대부분 소비할 것이라는 계산이 나온다.

사우디아라비아는 정부 수입의 절반을 석유 수출로 충당한다. 따라서 수출량 감소는 국가재정에 바로 타격을 준다. 따라서 국내 소비를 억제하고 수출량을 유지하기 위해 원자력발전과 신재생에너지에 주목하고 있다. 2030년까지는 원자력발전소를 16개소 설립하고 1,600만 킬로와트의 태양광발전을 도입하는 것을 목표로 세운다는 정부의 결정이 발표되었다.

사우디아라비아의 국영 석유회사인 사우디아람코(Saudi Aramco) 회장 아민 나세르(Amin Nasser)는 한 기자회견 석상에서 태양광발전 사업에 앞으로 더 많이 투자하겠다고 밝혔다. "사우디아라비아는 적어도 2023년까지 950만 킬로와트의 태양광발전을 건설한다는 계획을 세우고, 태양광을 중심으로 300억 달러에서 500억 달러 이상을 투자하겠다"는 입장이다. 그렇다고 석유와 가스 사업을 포기하는 것은 아니다. 신재생에너지가 자리를 잡을 때까지는 종래의 화석연료를 사용하되, 신재생에너지를 국내용으로 사용하게 되면 석유와 가스는 수출용으로 전환하겠다고 했다.

사우디아라비아 역시 사막이 50%인데, 사막과 맞닿아 있는 황무지를 합하면 75%가 넘는다. 사우디아라비아는 북부 사막지대에

〈그림 3-10〉 2020년의 태양광발전 비중 목표

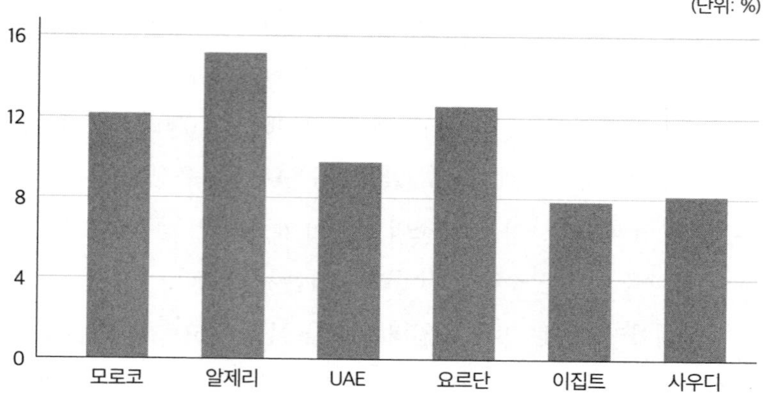

출처: 중동 태양광산업협회(MESIA).

30만 킬로와트의 태양광발전 계획을 세웠다. 3억 달러의 사업투자금을 투입해 2019년까지 완성한다는 계획이다. 그뿐만 아니라 풍력발전에도 진출 중인데, 사업규모 5~7억 달러를 투자하여 40만 킬로와트의 전력을 생산한다는 계획이다.

이상이 사우디아라비아의 제 1차 계획이다. 제 2차 계획은 1차보다 더 큰 규모의 프로젝트다. 태양광과 풍력발전을 합쳐 약 100만 킬로와트의 입찰을 준비 중이다.

한편, 일본 소프트뱅크(ソフトバンクグループ株式会社)의 손 마사요시(孫正義) 사장은 2018년 3월 27일, 사우디아라비아 정부와 협정을 맺고 아라비아사막에 세계 최대의 태양광발전소 건설에 착수했다. 합계 200기가와트(2억 킬로와트)에 해당하는 어마어마한 규모에 2030년까지의 총 투자액은 2천억 달러(약 220조 원)에 이를 예정이다. 우리나라로서는 도저히 상상이 가지 않는 프로젝트다. 이제는 중동에 원전을 건설하는 사업뿐만 아니라 그보다 규모가 더 커질

뉴욕에서 계약에 서명한 후에 사우디아라비아 황태자 모하메드 빈살만(Mohammad bin Salman)과 소프트뱅크 그룹의 손 마사요시 회장이 악수하고 있다. © 블룸버그 테크놀로지(2018. 3. 27)

가능성이 높은 신재생에너지 관련 수출에 대해서도 많은 연구 · 개발이 필요한 시점이다.

6) 아프리카

아프리카에도 신재생에너지에 공을 들이는 국가가 생각보다 훨씬 많다. 에티오피아는 2017년에 유럽에서 두 번째로 큰 전력회사인 이탈리아의 에넬(Enel)과 계약을 맺고 메가솔라급 태양광발전소를 건설하고 있다. 기니는 프랑스, 나미비아는 스페인과 독일 기업에 발주해서 태양광발전소를 건설 중이고, 짐바브웨는 중국 기업과 독점적으로 계약을 맺었다.

아프리카연합(Africa Union)은 2020년까지 신재생에너지 발전능력 목표로 10기가와트(전체 전원의 10%)를 잡고 도입을 서두르고 있다. 국제에너지기구(IEA)의 보고에 의하면 앞으로 10년 이후에는 신재생에너지에 의한 발전비용이 태양광은 75%, 풍력발전은 25% 하락하기 때문이다.

개발도상국이나 신흥국의 경제개발을 지원하는 세계은행(World Bank)은 2017년 말, 석유와 천연가스에 관해 2019년까지 매년 자금을 지원하겠다고 의사를 표명했으며, 아프리카에 신재생에너지 도입을 지원한다고 발표했다. 세계은행이 앞으로 중점적으로 지원할 부문은 저소득으로 전기를 사용하지 못하는 개발도상국이다. "화석에서 신재생에너지로"라는 캐치프레이즈(*catch phrase*)를 기치로 들고 본격적인 지원에 나선 세계은행은 개발도상국의 태양광발전과 풍력발전 설치, 사용을 집중적으로 지원하겠다고 선언했다. 중국이나 인도와 같은 신흥국이 빠른 시일 내에 에너지 전환을 해서 개도국 지원에 동참해 주기를 바라고 있다.

이 국가들을 대상으로 오지의 마을 안 공동 또는 개인주택의 옥상에 태양광과 풍력발전이 가능한 설비를 설치해 에너지를 자급자족할 수 있는 프로젝트를 수행하고 있다. 바람이 잦고 풍향도 좋은 지역에는 규격에 맞는 풍차를 설치해 준다. 한 마을에 20세대 이상인 경우에는 날개(*blade*)가 큰 풍차를 세워서 마을이 공동으로 사용하게 한다. 이 계획에는 아프리카뿐만 아니라 북한도 포함되어 있다.

세계은행의 프로젝트는 매우 구체적이고 치밀하다. 전기가 부족해 위성으로 찍으면 밤에는 깜깜한 지역에 특별 지원을 하고〔라이팅 글로벌(*lighting global*) 계획〕, 송전선이 없는 지역에는 낮에 축적한 전기를 밤에 쓸 수 있게 한다〔솔라 랜턴(*solar lantern*) 계획〕.

아프리카의 여러 국가가 신재생에너지 발전을 위한 기구를 창립한 것은 아프리카뿐만 아니라 전 세계가 환영해야 할 일이다. 선진국이 아무리 열심히 대기오염 완화를 위해 애를 쓴다고 해도 아프리카나 기타 개발도상국이 자금 부족 등의 이유로 노력하지 않으면 오염물질은 대기를 타고 지구 어디로든지 날아갈 수 있기 때문이다.

아프리카는 자연에너지가 선진국보다 오히려 풍부한 대륙이다. 앞으로 에너지 전환이 확실해지면 신재생에너지, 특히 태양광발전의 성장 가능성은 세계의 어느 국가보다도 좋은 입장에 있다.

3. 풍력 · 해양발전

1) 증가일로의 풍력발전

풍력발전은 태양광 다음으로 확장성이 높으며 장래에는 기후변동의 완화책으로서 무한한 가능성을 지닌 에너지다.

풍력발전의 성장은 2010년대 들어 수직 상향곡선을 그리고 있으며, 2015년에는 28만 2천 킬로와트에 달했다. 특히, 2016년 말에 이르자 풍력발전 도입국이 80개국 이상 늘어났으며 1천 메가와트가 넘어선 국가도 24개국이나 된다. 풍력발전은 기술향상으로 대형화가 가능해지면서 터빈의 개수를 줄이는 데 성공해 풍차시설 건설에 필요한 기간이 종래의 1주일에서 단 하루로 단축되었다. 현재까지 선진국의 연구기관에서 여러 시나리오가 발표되었는데, 어느 연구기관에서 발표한 것이든 뛰어난 성과를 예측했다.

〈그림 3-11〉 풍력발전의 기선을 잡으려는 국가 간 경쟁

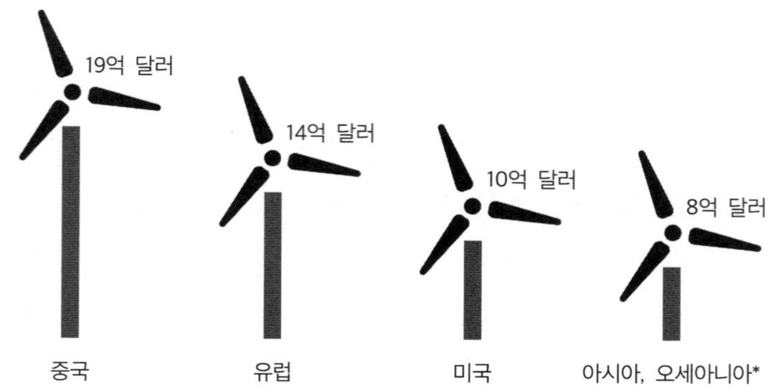

주: * 중국, 인도 포함.

출처: Frankfurt School. UNEP Collaborating Centre for Climate & Sustainable Energy Finance.

〈표 3-1〉 세계의 풍력발전 설치량(2015년)

국명	설치량(만 킬로와트)	구성비(%)
미국	1,312	29.3
중국	1,296	28.9
독일	242	5.4
인도	234	5.2
영국	190	4.2
기타	532	27
합계	3,806	100

출처: 세계풍력에너지위원회(Global Wind Energy Council).

2) 유럽의 풍력발전: 기술력에서 앞서는 유럽

(1) 독일 지멘스와 스페인 가메사의 연합전선

독일의 풍력발전기업 지멘스(Giemens)와 스페인의 가메사(Gamesa)는 2016년 7월, 발전기 사업의 통합을 발표했다. 이들은 세계 풍력시

〈그림 3-12〉 지멘스와 가메사의 사업거점

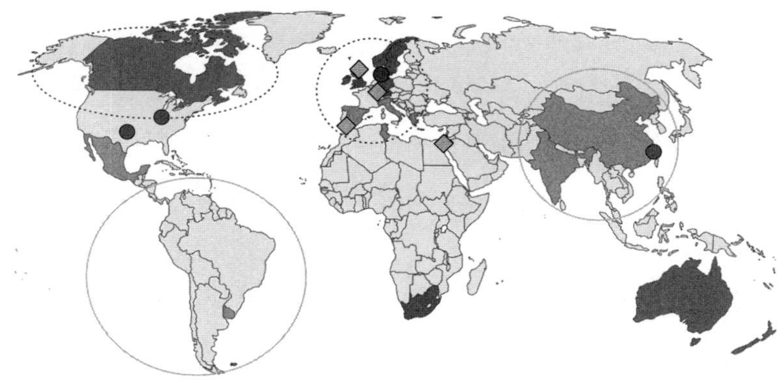

장에서 중국을 중심으로 한 동아시아와 미국을 견제할 커다란 세력으로 성장 중이다.

이번 통합에는 객관적으로 보면 매우 합리적인 전략이 있는 듯하다. 사업 규모의 파이를 키우는, 한 수 위의 전술로 보인다. 지멘스와 가메사는 부품이나 기타 보조제품을 공급하는 기업과도 연대해 새로 연구・개발된 정보를 공유한다는 계약을 했다. 주요 소재와 전자부품 제작사도 상호 협력해 지멘스와 가메사를 지원하는 형태로 힘을 보태 주는 양상이다. 말하자면, 협력사 모두가 노하우로 서로를 지원하는, 탁월한 동맹체가 탄생한 셈이다.

지멘스는 북부 유럽과 미국을 기반으로 뒀다. 풍력발전기기 분야에서는 지멘스의 점유율이 압도적으로 높다. 반면, 스페인의 가메사는 인도와 스페인어권(이를테면 중남미 국가)에 70%의 기반을 뒀다. 따라서 이 두 회사가 통합되면 동아시아, 동남아시아를 제외한 모든 국가에서 사업을 유리하게 전개할 수 있다. 블룸버그 신재생에너지 연구소(Bloomberg New Energy Finance, 블룸버그 그룹 산하 연구기관)는 이 통합으로 두 기업이 세계에서 가장 강력한 풍력발전회사로 성장할 것이라 전망했다. 유럽 최초로 풍력발전에서 흑자를 낸 덴마크의 베스타스(Vestas)도 결국에는 1위 자리를 이들에게 넘겨줄 것인지 귀추가 주목된다.

실제로 이 기업연합은 제휴한 지 6개월도 지나지 않아 터키 정부가 입찰한 100만 킬로와트급 풍력발전 사업에 타사보다 많이 낮춘 가격을 제시해 낙찰되었다. 유럽의 우수한 2대 회사 간의 제휴 그리고 기술이 뛰어난 부품회사의 결합이 타사보다 싸게 입찰하는 데 크게 도움이 되어 수주를 따낸 것이라고 평가받는다.

지멘스와 가메사는 2020년까지 약 7천만 킬로와트의 전력을 공급하겠다고 발표했다. 이는 원전 70기 발전량에 해당한다. 성공을 거둔다면 전력업계에 커다란 변화가 일어날 것이 분명하다.

(2) 정부 지원을 받지 않는 기업 탄생, 덴마크의 외르스테드

세계 최초로 정부 지원 없이 전력을 생산하는 해상풍력발전회사가 등장했다. 덴마크 최대의 발전회사 외르스테드(Ørsted)는 독일 정부가 발주한 해상풍력발전 입찰에서 지원금이 전혀 필요하지 않다는 제안서를 제출해 0순위로 낙찰되었다. 신재생에너지는 보통 발전사업자가 20년 이상의 장기간에 걸쳐 일정한 금액을 정부에게서 지원받아 강재(鋼材)와 해저송전망 부설 등에 필요한 자금을 댄다. 그런데 이 회사는 새로운 기술개발을 통해 건설비용을 20% 이상 낮추고 발전 시스템의 양산 효과를 높인다는 목표를 달성한 것이다.

풍력발전의 경우, 소음과 저주파(低周波)가 건강에 해롭다며 지역주민의 항의 소동이 일어나기도 하고 환경 당국조차 이런 상황에 동조하는 경향을 보이기도 한다. 우리나라 환경부는 풍력발전 설치에 대해 아주 까다롭게 규제하기 때문에 풍력사업자가 사업하기 어려운 처지에 놓여 있다.

반면, 해외에서는 이 문제에 슬기롭게 대응한다. 가령 유럽의 덴마크나 스위스, 네덜란드, 벨기에 같은 나라는 우리나라보다 국토 면적이 작아 신재생에너지를 도입하는 데 적합하지 않은 환경이다. 그런데도 우리나라보다 훨씬 더 적극적으로 풍력발전을 육성한다.

풍력 왕국인 덴마크에서 우리나라와 같은 소동이 일어나지 않는 이유는 지역주민이 80% 이상의 지분을 가지고 있기 때문이다. 전력 판매수익은 지역주민에게 배분되고 건설 계획도 주민에게 피해가 가지 않도록 한다. 또한 수세기에 걸친 풍차 건설기술이 축적되어 있고, 지역에 자치단체 또는 협동조합 등이 있어 자율적으로 풍차사업 경영을 진행할 수 있다. 이렇듯 지역주민이 '오너십'(*ownership*)을 가지고 풍력사업을 하는 것을 덴마크에서는 커뮤니티 파워(*community power*)라고 부른다.

덴마크는 풍력사업의 목적을 세 가지로 정의한다. 첫째, 지역 이해 관계자가 프로젝트의 전부 또는 50% 이상을 소유하는 형태가 되어야 한다. 둘째, 도시에 기반을 둔 IT업자나 설치업자가 참여해도 의사결정에는 지역주민의 의견을 반영해야 한다. 셋째는 사회적, 경제적 이익의 절반 이상이 해당 지역에 환원되어야 한다.

앞서 언급한 바와 같이 지역주민이 지역 단위에서 출자해 전기를 팔면 풍차의 소음, 진동 또는 풍차가 경관에 해를 끼친다는 것은 문제가 되지 않는다.

풍차가 세게 돌수록 그만큼 수입이 좋아지기 때문이다. 실제로 덴마크의 한 조사기관이 풍차로 주 사업을 하는 지역을 조사했는데, 풍차 소유주와 해당 지역주민의 72%가 소음이나 진동 등에 대해 긍정적 평가를 내렸고, 부정적 의견을 말한 사람은 불과 1%에 그쳤다.

우리나라의 경우, 중앙정부의 풍력발전에 대한 정책이 구체적이고 효율적인지 잘 모르겠다. 언론에서 자주 보도하지만 당국은 풍력발전의 적지인지에 대해 연구 · 조사도 하지 않은 채 일방적으로 예산을 배당하는 것은 아닌지 의구심이 든다. 뒷산에서 풍력발전 날개가 윙윙 돌아가 밤잠도 설치고 여름 장마에 대비한 대책도 없이 숲이 우거진 산기슭 또는 산 정상에 가까운 지역에 건설을 허가하여 국토를 망가뜨리고 주민의 반감을 산다. 지방자치단체나 담당 공무원은 예산이 저절로 굴러들어오니 업자의 말만 믿고 주민 의견은 무시한 채 허가를 내 주니까 이 같은 황당한 일이 벌어지는 것이다.

우리나라도 덴마크와 같이 풍력발전을 건설할 때 주민에게 일정한 지분이 가도록 정부 주재로 결정하고, 지역에 설치되는 풍력발전에 대해 주민 의견을 반영해 준다면 어느 지역이든 주민의 찬성을 이끌어 낼 수 있을 것이다.

우리나라에서는 풍차를 건설하는 데 시비가 많고 환경부조차 환경영향평가 등의 제동을 걸어 시간만 질질 끄는 병폐가 마치 습성처럼 되었다. 지역에 따라 부정적인 평가를 내리는 일이 많고 언론조차 동조를 한다.

선진국 에너지 정책 흐름을 보면, 앞으로 풍력발전의 역할이 전 에너지 중 많은 비중을 차지할 것은 거의 확실하다. 여기서는 덴마크의 경우가 많이 참고되었으면 한다. 이것은 비단 환경부만의 문제라기보다는 국가 에너지 정책의 근본적인 문제라고 생각한다.

2017년 11월, 외르스테드는 화석연료와의 결별을 선언하고 신재생에너지를 주 사업으로 하는 새로운 회사로 탈바꿈했다. 이전까지 쓰던 회사명 'DONG'(Danish Oil & Natural Gas)을 외르스테드로 바꾸기도 했다. 이렇듯 전면적으로 사업방향을 바꾸기로 결단한 이유는 몇 년 전까지만 해도 적자를 내던 해상풍력발전이 최근 들어 흑자를 내기 시작했고, 이후 사업이 성장세로 들어섰기 때문이다.

외르스테드가 현재 운전 중인 해상풍력의 발전능력은 약 400만 킬로와트로, 원전 4기 발전량에 이른다. 외르스테드는 세계 해상풍력의 거의 30%(2015년 기준)를 점유하면서 업계 1위를 차지했고, 아시아와 미국까지 진출하고 있다.

3) 미국의 풍력발전: 유럽을 맹추격하다

오바마 정권은 2050년까지 미국 전역의 에너지 소비에서 신재생에너지의 비율을 80%까지 올리고 운전 중에도 온난화가스를 배출하지 않는 풍력발전을 주요 전원의 위치로 끌어올려 전 발전량 중 약 4억 킬로와트를 풍력발전으로 대체하기로 결정했다. 유럽보다 다소 늦게 출발한 해상풍력도 더 강화하기로 하였다.

미국 에너지부는 보고서에서 "풍력발전은 10년 이내에 타 전원과 비용 측면에서 어깨를 나란히 할 것이다"라고 발표했다. 전체 전원 발전 능력에서 풍력발전이 차지하는 비율은 2013년 기준으로 4.5%였다. 에너지부는 이를 2030년에는 20%(이 중 해상풍력은 2%), 2050년에는 35%(이 중 해상풍력은 7%)까지 올리는 계획이 '실현 가능하다'라고 강조했다. 아울러, 2050년까지 이산화탄소 누적배출량

〈표 3-2〉 미국의 연도별 풍력발전량

연도	발전량(단위: 만 킬로와트)
1990	100
2006	1,145.2
2008	2,500.6
2009	3,506.8
2010	4,028.2
2011	4,692.9
2012	6,000.7

출처: 미국 풍력에너지협회(AWEA).

을 123억 톤으로 감량할 것이라 말했다.

유럽보다 송전망이 낡고 취약한 미국에서는 인프라가 좋지 않아 일정 수준 이상의 신재생에너지 보급은 어렵다는 게 일반적인 의견이었다. 그러나 오바마 정권의 '그린 뉴딜'(Green New Deal) 정책과 주(州) 정부의 '신재생에너지 포트폴리오 기준'(Renewable Portfolio Standard: RPS) 정책 등에 의해 신재생에너지가 착실하게 보급되었다. 풍력발전이 점유하는 비율이 10%가 되는 주도 11개가 넘는다. 1990년 미국 전 지역에서 발전되는 풍력발전은 겨우 100만 킬로와트였으나 2010년에는 4,300만 킬로와트가 되었고, 2012년에는 드디어 6천만 킬로와트를 넘어섰다. 2020년에는 1억 킬로와트를 넘어설 것으로 예측된다.

미국에는 44개 주에 걸쳐 풍력발전소와 관련 시설이 있다. 신규 고용 측면에서 보면, 제조 관련 공장에 2만 5천 명, 발전과 건설에 투입된 인력을 합치면 8만 명 이상이 새로 일자리를 얻었다. 미국 하원의원의 435개 선거구를 보면, 32%인 141개 지역에 풍력발전소가 있고, 공장 등의 관련 시설을 포함하면 이 비율은 70%를 넘는

〈그림 3-13〉 미국의 주별 풍력발전 분포도

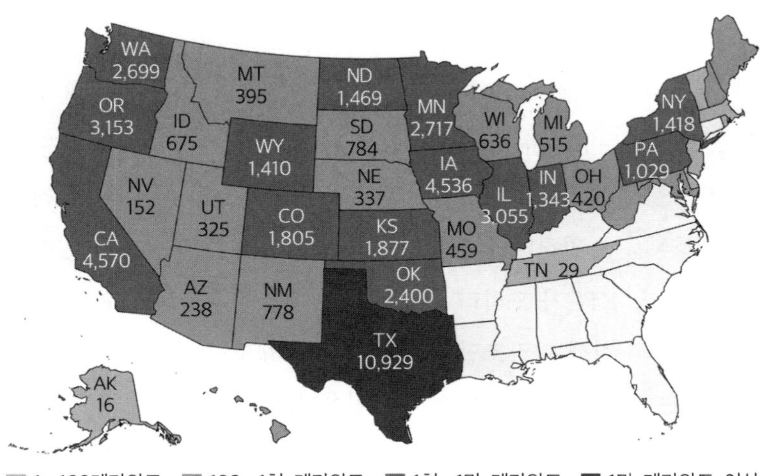

다. 오바마 정권의 풍력발전 정책에 관한 국민의 평가가 매우 높아서 2012년 미국 대통령 선거 캠페인 때 오바마 후보는 지역에 산재한 풍력발전소를 유세 장소로 이용했다.

(1) 풍력발전 비용 지원

풍력 산업의 보급은 우대세제제도인 PTC (Production Tax Credit) 의 공로가 크다. 이는 발전량 단위로 세금을 감세해 주는 조치로, 1킬로와트당 2.2센트 수준이다. 미국에서의 풍력발전 비용은 1킬로와트당 5~7센트가량이므로 감세액 2.2센트는 크게 도움이 되는 금액이다. 오바마 정권의 그린 뉴딜 정책의 영향은 실로 컸다. 초기 투자의 30%에 상당하는 보조금과 채무보증 등의 강력한 지원책은 2011년에 종료되었으나 PTC도 이에 못지않은 풍력자원의 기반이 되었다.

일반적으로는 신재생에너지 보급책으로 유럽의 발전차액지원제도(FIT)와 미국의 '신재생에너지 포트폴리오 기준'(RPS)이 대비된다. 유럽이 신규 신재생에너지 업자의 이익이 기대되는 수준에서 전력을 매입하는 FIT를 채용하고 있는 반면, 미국은 전력사업자가 일정 비율의 신재생에너지를 받아들일 것을 의무화하고 있다. 그러나 더욱 정확하게 말한다면 미국의 지원책은 RPS를 동반한 PTC라고 할 수 있다. PTC가 오히려 우대조치의 대명사처럼 되었다. 세금부담의 경감과 함께 자금조달과 직결되어 이 제도의 지속성 여부가 업계로서는 사활의 문제로 인식되는 이유다.

2013년에 들어서서도 오바마 정권은 이 프로젝트를 계속해서 지원했다. 오바마는 2020년까지 신재생에너지의 규모를 2배로 늘리겠다고 발표했다. 또한 PTC는 기한을 두지 않고 계속해서 실행하겠다고 선언했다. 아울러 산업의 성숙화에 따라 신재생에너지는 정책효과를 거둘 수 있는 분야임을 강조했다.

미국 풍력에너지협회(AWEA)는 2012년 말, 앞으로 6년 안에 단계적으로 감세 수준을 제로까지 내리겠다는 제안서를 정부에 제출했다. 완전폐지를 피하려는 고육책(苦肉策)이기는 했지만 감세 수준이 축소되어도 PTC 구조가 남아 있는 한 풍력발전에의 투자는 유지할 수 있다고 계산한 것이다.

(2) 새로운 기술개발로 높아지는 신뢰감

미국은 발전소의 대규모화와 풍차의 대형화를 통해 풍력발전 비용이 내려가고 있다. 대형화에 의해 약한 바람(풍속)에도 사업화가 가능해졌다. 이는 도시 근교에서도 풍력발전의 입지가 가능하며, 송전선에 드는 비용이 10배 이하로 저렴해짐을 의미한다.

기본기술과 디자인도 좋아졌고 기술개발은 착실하게 효과를 올리고 있다. 대표적인 예가 정보통신기술을 이용한 안전 운전이다. 풍력발전 날개에 센서를 부착해 바람 상황을 예측하기도 하고, 유지보수도 적절하게 실시하며, 운전도 세심하게 제어할 수 있는 기술이 개발되어 고장률도 떨어지고 설비이용률은 향상되고 있다.

(3) 1,200만 킬로와트의 풍력대국 텍사스

텍사스는 주정부의 적극적인 지원책으로 신재생에너지 분야에서는 캘리포니아와 쌍벽을 이루는 주(州)다. 특히, 풍향이 좋은 서부지역에 풍력발전소가 많이 건설되어 있다. 그러나 송전설비가 좋지 않

석유와 가스 생산으로 에너지를 자체 조달하던 텍사스가 이제는 캘리포니아와 쌍벽을 이루는 풍력발전 산지가 되었다. 적어도 2040년까지 텍사스의 에너지 소비는 풍력만으로도 가능해질 것으로 전망하고 있다. © EcoWatch

〈그림 3-14〉 텍사스의 신규 전원 개발 구성비(2030년 예측)

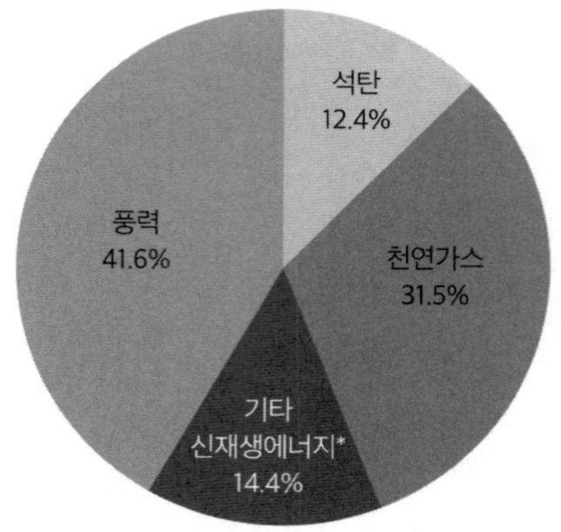

주: * 태양광, 생물자원, 지열, 수력.

고 인구가 적기 때문에 수요의 규모가 작고 송전용량은 부족하다.

주정부는 이 지역의 중요성을 인식하고 풍력발전을 개발할 수 있는 지역을 지정해 집중적으로 송전선을 끌어들이고 있다. 텍사스에서 풍력발전의 존재는 점차 커져 풍력과 관련된 산업체가 자리를 잡았으며 풍력에 의한 전력을 많이 공급해서 전기료를 내리는 데 크게 공헌하고 있다.

텍사스는 미국 내에서도 독립성이 강한 곳으로, 예외적인 시스템이 많다. 미합중국 헌법상 유일하게 독립할 수 있는 권리가 인정되었고 송전망도 연방정부와는 독립되어 있다. 그래서 전력계통이 다른 주와 고립되어 있고 인접한 주와의 조정이 되지 않는다는 단점이 있다. 면적은 넓으나 전력공급상으로 보면 미 대륙의 고도(孤島)라고 하겠다.

제도 측면에서는 소매서비스업을 포함해 완전 자유화가 보장되었으며, 송전·배전선의 인프라 부문도 분리되었다. 따라서 유럽과 시스템이 매우 유사하고 시장거래도 활발하다.

4) 신재생에너지의 마지막 미개척지, 해양발전

해양에너지(*ocean energy*)는 신재생에너지 중 최후로 남은 미개척지다. 해상풍력, 파력(*wave*), 조류·해류(*tidal current*), 해양온도차발전(*ocean thermal energy conversion*) 등이 해양에너지로 분류된다.

해양에너지의 매력은 무한한 가능성에 있다. 지구 표면의 70%가 바다이며 사람이 살지 않는다는 점, 설치장소 측면에서의 제약도 육지보다 훨씬 적다는 점 등이 매력적이다. 육지와 비교적 가까운 바다에 해상풍력발전소를 집결하면 효율성이 더 높아진다. 20년 전 처음으로 해상발전소를 건립했던 시기에 비해 훨씬 더 많은 기업이

〈그림 3-15〉 유럽의 해양에너지 기술개발 건수

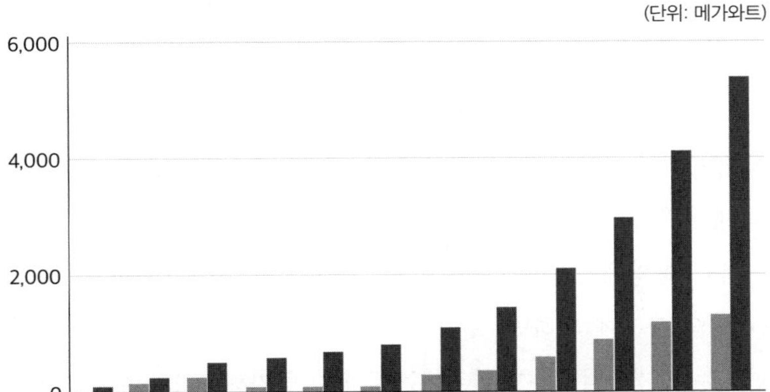

(단위: 메가와트)

〈그림 3-16〉 유럽의 해양에너지 설치용량 누계 추정치(2000~2050년)

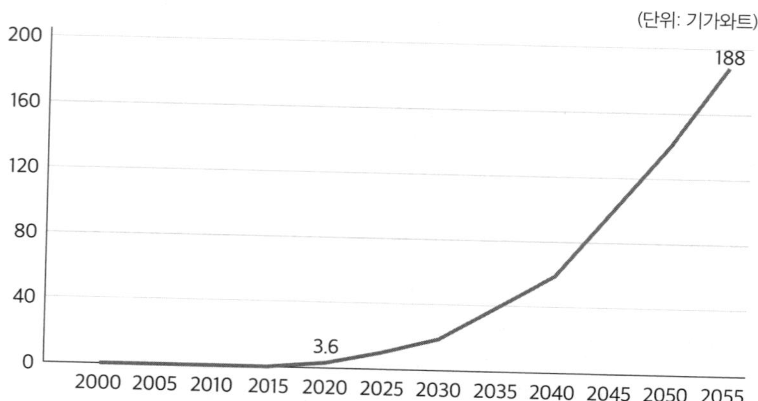

출처: 유럽 해양에너지협회(EU-OEA). "European Ocean Energy Roadmap 2010-2050".

유럽을 중심으로 투자하고 있으며 기술도 몇 배나 향상되었다.

해양발전은 해상이나 해중, 해저에 에너지 변환장치나 터빈, 발전설비를 설치해야 하고 육상과는 전혀 다른 환경에서 가동해야 한다. 가동되는 부분을 포함해서 설비가 바닷물에 잠기기 때문에 환경에의 영향, 설비의 내구성, 대형화의 한계, 설치나 인프라 정비의 제약 그리고 설치 후 유지보수의 어려움이 있다.

해양에너지는 육상보다 비용이 비싸 이제까지는 개발이 잘 진전되지 않았다. 그러나 해양의 무한한 잠재력에 대한 기대가 커 연구・개발이 활발하게 진행 중이다.

유럽 해양에너지협회(European Ocean Energy Association: EU-OEA)의 추정에 의하면, 유럽에서의 도입량은 출력 기준으로 2020년에는 11기가와트, 그 이후에는 급속히 증가해 2050년에는 188기가와트(1억 8,800만 킬로와트)까지 가능하다. 2020년 이후에도 풍력

〈그림 3-17〉 스코틀랜드의 펜틀랜드해협

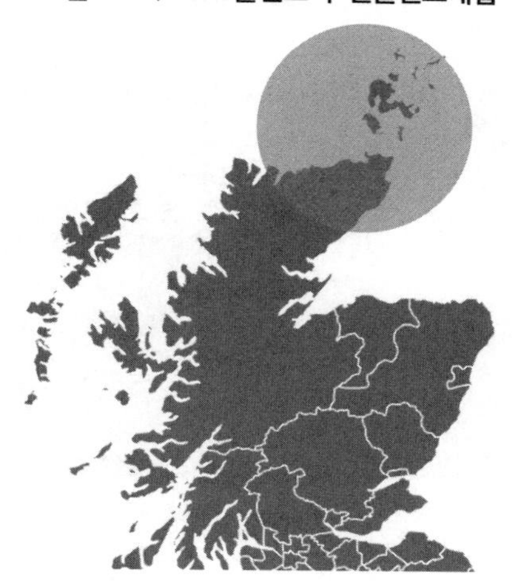

발전은 크게 성장할 것으로 예상되며 육상풍력보다도 해상풍력이 많은 역할을 할 것이다.

스코틀랜드는 풍력을 비롯해 파력(波力)과 조력(潮力) 등 해양에너지 발전 실용화가 잘 진행되는 나라다. 풍력발전과 관련이 있는 기술과 인프라는 조력과 파력발전에도 크게 도움이 된다. 영국 스코틀랜드 북동쪽 끝의 케이스니스(Caithness)와 오크니제도(Orkney Islands) 사이에 있는 펜틀랜드해협(Pentland Firth)은 파력이 엄청난 지역이다. 스코틀랜드 자치정부는 자국을 해양 신재생에너지의 개발 거점(특히, 파력과 조력)으로 만들려는 정책을 펴고 있다.

스코틀랜드는 지리적, 자연환경적 측면에서 신재생에너지 개발에 매우 좋은 환경을 갖추었다. 북해에서 불어오는 거센 바람, 파도 그리고 좁은 여울에서 생기는 조력 등 천혜의 조건을 갖췄다. 스코틀랜드는 2012년까지 전력의 30%를 신재생에너지로 충당할 목표를 세

유럽 해양에너지센터의 파력발전연구소. © EMEC

웠는데, 실제로는 37%를 달성했다. 2013년에도 세계에서 가장 높은 비율의 신재생에너지 발전을 한다. 그 대부분이 풍력이다.

한편, 스코틀랜드 정부는 2025년까지 신재생에너지 비율을 100%로 끌어올리겠다고 발표해 유럽뿐만 아니라 세계를 놀라게 했다. 현재의 주력은 육상풍력이지만 전력 전체를 신재생에너지로 충당하려면 해상풍력, 파력, 조력 발전 기술을 더 개발해야 할 듯하다. 이 밖에도 이산화탄소 배출량을 1990년 대비 80% 삭감하겠다는 계획을 세웠으며, 2020년까지 42%를 삭감하겠다는 중간목표도 세웠다.

스코틀랜드에 있는 유럽 해양에너지센터(European Marine Energy Centre: EMEC)는 파력·조력발전 전문 실험시설을 2003년에 개설하였다. EMEC는 스코틀랜드 자치정부, 영국 정부, EU 등이 출자한 민간 연구기관으로, 실제로 조력·파력발전 설비를 갖추고 각종 실험을 진행 중이다. 이 실험시설은 스코틀랜드의 송전·배전망에 연결되어 있어 실증적 실험을 하는 셈이다.

우리에게는 잘 알려지지 않은 EMEC의 실증·실험을 거쳐 상업화에 성공한 기술이 상당히 많다. 이 기술을 활용해 풍력발전 사업에 투자하려는 기업인도 많이 있다. 5만에서 20만 킬로와트급 출력 발전소를 건설하려는 중견기업이 가장 많으며, 총투자액은 약 30억 파운드에서 40억 파운드로 추정된다. EMEC에는 이 같은 실증사업에 의한 환경정비와 여러 조성조치에 의해 다양한 파력발전, 조력발전 기술이 집적되고 있으며, 다양한 종류의 기술이 경쟁하는 장이기도 하다.

제 4 장

이산화탄소 없는 수소사회

1. 이산화탄소가 0%인 수소

2050년까지는 세계에서 50% 이상의 이산화탄소 삭감이 필요하다. 저탄소 사회를 실현하기 위해 선진국은 "2050년까지 선진국 전체의 이산화탄소 배출량을 80% 삭감하겠다"는 목표를 세웠다. 이를 달성하기 위해서는 수소를 제조할 때 이산화탄소 배출을 동반하지 않는 수소 제조 프로젝트가 반드시 필요하다. 신재생에너지 도입도 이 같은 활동의 일환이다. 특히, 독일에서는 전력을 수소의 형태로 저장하는 '수소 저장' 프로젝트가 한창 진행 중이다.

수소의 주요 공급원은 두 가지다. 하나는 산유국이나 가스 생산국에서 생산하는 수소이고, 또 하나는 대규모 풍력발전이나 태양광발전에서 물을 분해해서 만드는 수소다.

한편, 연료전지나 정치형(定置型) 연료전지 등의 보급이 크게 증가하면서 세계의 수소 소비량도 급속하게 증가할 전망이다. 전문가들은 2015년부터 2050년까지 35년간 체적환산(體積換算)으로 소비량이 약 60배가 증가할 것이라 전망하고 있다. 이는 정치형(定置型) 연료전지, 연료전지차(Fuel Cell Vehicle: FCV), 수소발전의 소비량을 전부 합친 수치다. 수소 인프라 관련 시장 규모는 2050년에 연간 약 1,600조 원 정도가 될 것이라고 추정된다.

2. 풍력발전으로 수소를 제조하는 독일

연소해도 이산화탄소가 배출되지 않는 수소를 에너지원으로 만들어 대규모로 활용하는 수소사회를 실현하기 위한 프로젝트가 선진국을 중심으로 연구·개발 중이다. 특히, 독일은 풍력발전으로 얻은 전력을 전기분해하여 수소를 제조하는 프로젝트를 활발하게 진행하고 있다. 원자력발전을 2022년에 폐기하기로 결정함에 따라 신재생에너지 중에서도 풍력발전의 도입이 활발하다.

풍력의 대부분은 북해에 면해 있는 북부에서 생산된다. 독일의 북부는 대형 전력의 수요가 많지 않은 지역인 데 반해 벤츠, BMW, 폭스바겐 등 대형공장은 전부 남부지역에 있다. 따라서 남부지역까지 전력을 끌어오는 데 많은 장애가 있다. 우선, 송전망 부설에 막대한 자금이 필요하다. 게다가 송전선이 통과하는 지역 주민이 자신의 집 주위에 고압선이 지나가는 것에 매우 적대적이고 반발도 심해 거의 공사를 못 하고 있다. 따라서 독일은 전력을 수소로 제조해서 간편하게 만든 다음 남부지역으로 수송하는 계획을 진행 중이다.

수소를 도시가스의 메탄에 혼합해서 연료로 사용하는 하이데인(Hythain, 수소혼합 도시가스) 프로젝트 등 풍력발전에서 제조한 수소

독일에서는 고압송전선이 지나가는 마을마다 반대 캠페인을 벌였다. 땅속에 매설한 파이프를 이용해 공장이 많은 남부 독일로 수소를 보내고 있다. © Gasunie

를 활용하는 프로젝트가 많이 증가하고 있다. 대표적인 예로는 독일의 '전력의 가스화'(Power to Gas Project)를 들 수 있다. 에온이나 그린피스에너지(Green Peace Energy)와 같은 에너지회사는 풍력발전의 잉여전력을 사용해 물을 전기분해한 다음, 수소로 전환시켜 기존의 가스 배관망에 공급한다. 이러한 과정을 거쳐 잉여전력을 유용하게 활용할 뿐 아니라 깨끗한 수소를 첨가함으로써 유황산화물(SO_X)이나 질소산화물(NO_X) 등의 유해물질 배출량을 줄일 수 있다. 또한 기존의 도시가스 인프라를 활용할 수 있기 때문에 수소사회로 이행하는 계기가 될 수 있다.

신재생에너지에서 나온 수소와 이산화탄소로 만들어진 메탄을 자동차에 활용하려는 실험도 이미 시작되었다. 자동차 기업인 아우디(Audi)가 2013년 가을부터 진행한 '아우디 E-가스 프로젝트'(Audi E-Gas Project)는 6메가와트의 전력으로 물을 전기분해해서

아우디의 E-가스 공장. © 日経BPクリーンテック研究所

수소를 생성하고, 이 수소와 이산화탄소로 연간 1천 톤의 메탄가스 제조능력을 가진 설비를 가동하고 있다. 이를 아우디가 판매하는 CNG(압축천연가스) 자동차의 연료로 사용함과 동시에 공공 가스 네트워크에도 공급할 계획이다.

제 5 장

스마트그리드와 스마트미터

1. 스마트그리드의 기본개념

스마트그리드란, 정보통신기술(ICT)을 이용해 전력 에너지 네트워크를 효율적으로 운영하려는 목적에서 생겨난, 즉 '전력 + 정보통신기술'이라고 해석할 수 있다. 협의의 의미에서 스마트그리드를 정의하면 '통신기술(*telecommunication*), IT, 에너지 등 3개의 산업이 융합된 새로운 ICT 융합기술'이라고 정의할 수 있다.

격자구조를 의미하는 '그리드'(*grid*)는 전력 에너지 분야에서는 일반적으로 스마트네트워크(*smart network*)를 지칭해 왔다. 일상적 표현으로는 '송전망'을 의미한다. 그러므로 '스마트그리드'는 슬기로운 또는 똑똑한 송전망이라고 표현할 수 있을 것이다. 요컨대 송전망은 전력을 일방적으로 보내는 시스템을 의미하지만 스마트그리드는 정보도 주고받는 송전·배전의 혁명을 의미한다.

한편, 미국 에너지부는 스마트그리드를 '기존의 집중전원(集中電源)과 송전계통(送電系統)과의 통합운영에 정보통신기술을 활용하

〈그림 5-1〉 스마트그리드의 기본개념

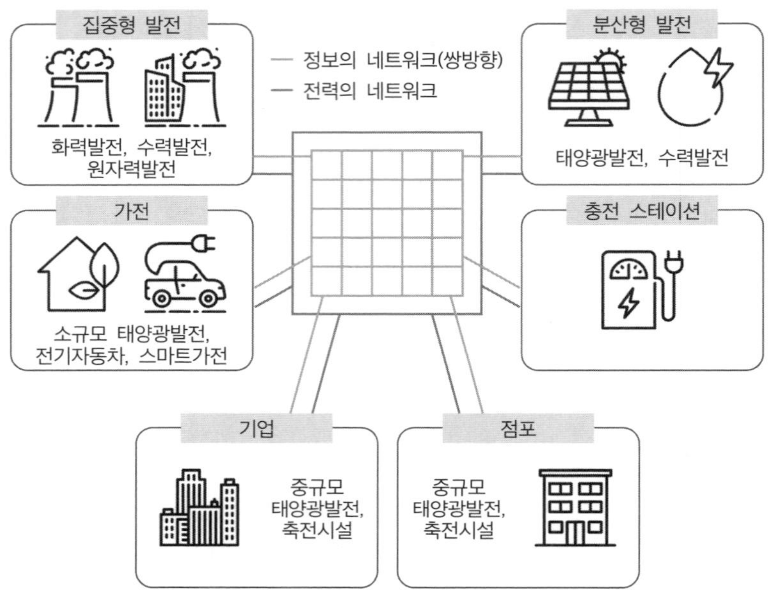

여 태양광, 풍력, 생물자원 등의 분산형 전원과 수요자의 정보를 통합해 효율, 품질, 신뢰도가 높은 전력 공급시스템의 실현을 구현하는 것'이라고 정의했다.

현재 선진국에서는 그리드를 갱신하거나 업그레이드 중이며, 지역에 따라 물리적, 경제적, 제도적 조건이 다르기 때문에 나라마다 역점을 두는 항목이 다양하다. 아직 국가마다 지리적 특성과 정치적 구조의 차이가 있지만, 선진국에서는 대체로 〈그림 5-1〉을 스마트그리드의 표준개념으로 삼는다.

2. 스마트그리드로 무엇이 달라질까?

스마트그리드로 우리는 환경에 더 친근해질 수 있다. 스마트그리드는 청정재생(*clean recovery*)의 핵심 위치에 있기 때문이다. 스마트그리드는 에너지 수요의 제어, 이른바 에너지 절감 방안을 보급하는 일과도 연계된다.

스마트그리드는 긴급한 대책에만 필요한 소재가 아니다. 스마트그리드는 기술적으로 또는 비즈니스적으로 새로운 혁신을 촉진하며, 1990년대부터 계속되어 온 IT 기술의 진보에 의해 평평(*flat*)해지고 있는 세계를 지속가능(*sustainable*)하게 발전시킬 수 있는 유효한 처방전으로서 기대된다(Friedman, 2008). 이러한 스마트그리드의 구체적 효과는 다음과 같다.

1) 분산형 에너지 시스템으로의 전환

스마트그리드는 분산형 네트워크 구조를 갖는다는 특징이 있다. 분산형 전원이 보급되면서 기존의 자가발전 등이 송전망에 연결되면 공급자가 다양해진다. 수요자가 태양광패널이나 축전지를 사용해 공급자가 되는 경우도 속출할 것이다. 이를테면, 대형기업이 특별 주문한 대규모 발전기뿐만 아니라 해외 벤처기업이 생산한 태양광 패널도 스마트그리드에 접속된다.

늦어도 2022년 이후에는 다음과 같은 3가지 요인으로 중앙집중형 전력생산은 커다란 전환을 맞을 듯하다. 기존의 대규모 발전소에 의존하지 않고, 발전과 소비를 좁은 지역으로 한정한 마이크로그리

〈그림 5-2〉 마이크로그리드의 개념

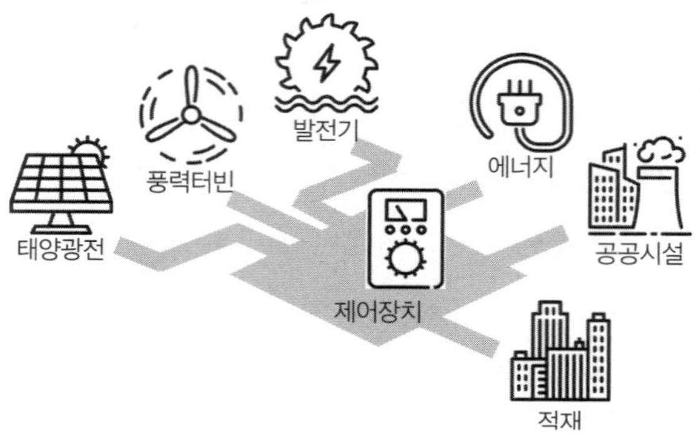

주: 마이크로그리드는 스마트그리드, 그리고 최종적으로는 스마트네트워크에 연결된다.

드[1]에 의해 분산형 에너지 시스템이 급속하게 발전할 것이다.

첫 번째 요인은 정치적 이유다. 거대한 에너지기업이 국가의 의사결정을 속박하고 있다는 것을 이제는 누구나 눈치채게 되었다. 시민단체와 국민의 반발로 에너지 산업의 조건을 평등하게 하는 법률이 제정될 것이며, 평소 정치적 영향력을 행사하던 대기업에게 주어진 세제상의 그리고 규제상의 우대조치는 박탈될 것이다.

두 번째 요인은 태양광의 급속한 기술발전이다. 미국을 비롯한 각국의 사업자는 예상보다 훨씬 빠르게 가격이 하락하고 있는 태양광패널을 세계시장에 보급할 것이다. 온대지방과 열대지방의 경우 태양광발전 비용은 화석연료를 이용한 발전비용보다 훨씬 저렴해지기 때문에 많은 투자자가 태양광에 투자할 것이다.

1) 마이크로그리드(*microgrid*) : 일정 지역 내의 소수력발전과 풍력, 태양광 등 소규모 전원, 그리고 전기자동차, 에너지 저장장치가 연계되어 지능적으로 운영되는 시스템. 외부의 대규모 전력계통에도 연계 또는 독립적으로 운전할 수 있도록 하는 소규모 전력망(수백 킬로와트에서 수십 메가와트 정도)이다.

세 번째 요인은 새로운 에너지 저장기술의 등장이다. 2020년까지는 발전한 전기를 현장에서 저장할 수 있는, 효율이 높고 저렴한 기술이 개발될 것이다.

우리나라와 같이 모든 전력수급을 집중통합형으로 운영하는 방식에서 전국으로 전원을 분산시키는 분산형으로 전환하는 것은 전력난의 근본적 해결방법일 뿐만 아니라 미래를 대비하는 유일한 방안임이 선진국의 에너지 정책에서 명백하게 드러나고 있다. 인류의 활동에서 발생하는 이산화탄소를 줄여 나가기 위해 화석에너지의 사용을 줄이고 신재생에너지를 활용한 전력을 크게 증가시켜야 한다는 점은 명백하다. 이제는 빠르게 행동에 옮겨야 할 시기다.

2) 전력 사용의 가시화 그리고 수요 조절

스마트그리드는 정보통신기술을 활용해 에너지 낭비를 줄이고 신뢰성을 향상하는 것이 최대의 장점이다. 여기서는 전력 수급의 가시화(可視化)가 중요한 역할을 한다. 전력 사용량의 가시화를 통해 소비자가 에너지를 절감할 수 있도록 적극적으로 유도할 수 있다. 소비자가 거의 무의식적으로 소비하는 전력을 언제, 누가, 어디서, 어느 정도로 사용하는지 보여 줌으로써 수요자의 마음에 변화를 일으키고, 사람들에게 에너지를 절약하고자 하는 마음을 심어 줄 수 있는 것이다.

스마트그리드를 사용하면 소비자와 전력회사 양측이 전력사용에 대해 정확하고 실시간으로 상세하게 가시화된 정보를 입수할 수 있다. 즉, 얼마만큼의 전력이 어느 부문에서 필요한지 실시간으로 확인할 수 있는 것이다. 예를 들어, 기존의 전력계통에서는 실제 사용된 양보다도 많은 전력이 소비되었는데 이 같은 과정에서 낭비된 전력을 확인하고 효율적으로 제어해 에너지 손실을 줄일 수 있다. 이러한 방법으로 쾌적한 상태에서 전력 사용량을 줄일 방법을 찾아내는 것이 가능해진다. 최근 미국에서 개발한 자동수요반응(*automatic demand response*) 기술은 가시화를 넘어 에너지 낭비(*energy loss*)를 발견 즉시 자동으로 제어할 수 있는 기술이다.

또한, 스마트그리드는 정보통신기술을 활용해 수요를 세밀하게 제어할 수 있다는 장점이 있다. 유럽과 미국에서는 대형 수요자(예를 들어, 대기업의 대형공장 또는 대형유통회사의 매장 등)의 수요에 반응하는 전력 절감 시스템이 많이 활용되며, 스마트그리드에 의해 일반가정에도 이를 도입할 수 있는 길이 열리기 시작했다.

스마트그리드를 이용하면 수요자의 에너지 수요를 실시간으로 제어하고, 여름 오후와 같이 수요가 정점에 이르는 시간대의 전력 수요 정보를 전력회사와 소비자 간에 주고받음으로서 전력 수요를 평준화할 수 있다. 피크타임에는 전기요금을 높게 책정해 불요불급(不要不急)한 사용을 줄이고, 대신 야간에는 요금을 싸게 책정함으로써 소비자가 스스로 전력 수요를 조절할 수 있다. 이렇게 하면 전체적으로 수요가 분산되어 공급자도 더욱 싼 비용으로 전력을 공급할 수 있는 구조로 전환될 것이다.

현재 아시아권 중 한국과 일본 그리고 중국과 같이 IT 산업이 발달한 나라도 전력계측기의 80% 이상이 아날로그식이다. 이 같은 성능의 계측기로는 시간대별로 전기 사용량을 계측할 수 없다. 반면, 스마트미터와 같은 디지털 계측기는 전기 사용량을 실시간으로 파악할 수 있고 시간대에 따라 전기요금을 변동시키는 등 이제까지 불가능했던 에너지 절감이 가능해진다. 더구나 전기를 조정해 요금이 싼 밤에 이용하고 남는 전기는 부족한 시간에 사용하도록 하는 전력 절감도 가능해진다.

3) IT 산업의 혁명

인터넷은 정부나 통신회사가 사전에 치밀한 계획을 세워 실현된 것은 아니다. 다양한 분산 주체의 자율적인 상호작용의 결과 우발적으로 구축된 것이다. 인터넷은 정보를 주고받는 통신의 형태를 바꿨을 뿐만 아니라 기업경영, 사회경제부터 인간관계까지 폭넓은 영향을 주었기 때문에 IT 혁명이라는 별명을 얻었다. 스마트그리드 역시 인터넷에 버금가는 혁명을 일으킬 것이다.

앞으로 신재생에너지의 비율을 적극적으로 높이고 분산형 발전 인프라를 넓히기 위해서는 정보기술과 통신기술의 활용이 불가피하다. 또한 스마트그리드를 위해서는 일상뿐만 아니라 비즈니스에서도 에너지를 더욱 저렴한 가격으로 공급하면서 전력과 동시에 정보가 유통될 수 있는, 더욱 고도의 인프라 구축이 필요하다. 따라서 스마트그리드의 발전은 IT 산업 발전과 궤를 같이한다. 이로 인해 새로운 비즈니스가 창출되고 라이프스타일도 크게 변화할 것이다. 더구나 IT 혁명에 의해 정보를 처리・제어하는 발전된 기술이 에너지와 결합하면서 기존의 여러 기기나 소프트웨어 그리고 통신기술이 스마트그리드에 의해 새로운 국면을 맞았다.

미국 〈뉴욕 타임스〉의 저명한 칼럼니스트이자 세계적인 국제문제 전문가 토머스 프리드먼은 저서 《코드 그린: 뜨겁고 평평하고 붐비는 세계》(*Hot, Flat, and Crowded: Why We Need a Green Revolution and How It Can Renew America*, 2008)에서 정보기술혁명과 에너지기술혁명의 융합을 강조한 바 있다.

> 에베레스트 정상에서 바라본 경치는 이제껏 살면서 보아 오던 여타의 풍경과는 전혀 다를 것이다. 이와 마찬가지로, 실제 혁명에 동참하는 일도 이제껏 경험하지 못한 새로운 세상으로 들어가는 일이 될 것이다. 각 가정의 모든 에너지 시스템은 정보 시스템과 커뮤니케이션을 하고 있을 것이며, 이 시스템들은 서로 융합하여 청정전기를 사용·저장·발전, 심지어 구입과 판매를 하기 위한 하나의 대규모 통합 플랫폼을 구축하고 있을 것이다. 정보기술혁명과 에너지기술혁명, 즉 IT와 ET(Energy Technology, 에너지기술)가 하나의 시스템으로 융합된다는 말이다.
>
> 우리는 이제 "에너지 인터넷" 시대를 살고 있다. 즉, IT 혁명과 ET 혁명의 통합이다. 또한 이런 일이 실제로 일어나게 되면 인류의 잠재력은 우리가 상상할 수 있는 것보다 더욱 개발될 것이며, 혁신도 더 많이 일어날 것이고, 빈곤에 처한 사람을 낙후된 상황에서 지속적으로 빠져나오게 할 가능성도 더 높아질 것이다. 그런 날이 밝아 오는 것을 지켜볼 수 있을 만큼 충분히 오래 살았으면 좋겠다.

분산형 에너지의 경쟁력을 높이는 존재는 바로 IT 혁명이다. 에너지 공급기술의 진보도 중요하지만 분산형 에너지 시스템을 성공시키는 데 가장 중요한 요소는 PC, 스마트폰, 데이터통신 등 최근 10년 동안 혁명적 발전을 계속해 온 IT 분야이다. 분산형 발전에서 특히 중요한 요소는 바로 스마트그리드다.

선진국에는 이미 많은 스마트미터가 가정과 회사 그리고 공장에 설치되었고 변전소나 송전선, 발전소에도 스마트미터나 제어장치가 설치되었다. 이 같은 장치로 끊임없이 정보를 집계하고 이를 IT 시스템으로 처리함으로써 그리드상에서 어디서 어떤 문제가 발생했는지 세부적으로 파악할 수 있다.

이같이 전력 절감을 위한 데이터가 누적되면 관련 애플리케이션과 서비스가 개발되고 전력을 소매하는 작은 기업이 새롭게 탄생할 것이다. 아울러 사무실, 가정, 공장에 최적화(最適化)된 기기 운용에 대한 기술적 서비스를 제공하는 것이 가능해질 것이다.

그뿐만 아니라 스마트그리드가 보급되면 새로운 가전기기가 개발되어 전력계통과 정보를 주고받는 것도 가능하다. 냉장고나 세탁기, 모니터와 같은 기기에 새로운 기능이 추가되어 전력 이용상황을 파악하고 전력계통과 정보도 교환할 수 있다.

스마트미터 이외에도 그리드를 인터넷 사양으로 바꾸는 그리드의 최적화기술, 다채로운 에너지 감축방법에 대응하기 위한 스마트가전, 전기자동차 전지를 가정용 축전지로 이용하는 '비이클 투 그리드'(*vehicle to grid*), 스마트가전의 구조를 집 전체로 확장한 '스마트 하우스'(*smart house*) 그리고 이 개념을 회사 건물로 확장한 '스마트 빌딩'(*smart building*) 등 새로운 비즈니스시장이 현재 열리고 있다.

혁신적인 센서기술로 데이터를 수집하고 이용자에게 전기 사용상황을 알려 주는 세련된 인터페이스 등은 이미 활용단계에 들어섰다. 새로운 기술을 통해 스마트그리드에 발 빠르게 대응하면 경기를 활성화하고 더 나아가서 생활에 활력을 불어넣을 것이다.

3. 스마트그리드 네트워크

스마트그리드라는 용어가 신문지상이나 방송에서 인용되면서 붐을 일으키기 시작한 것은 2009년에 오바마 대통령이 취임하고 미국 경기대책 법안에 스마트그리드를 포함하면서부터였다. 이를 계기로 스마트그리드는 일반적 용어가 되었고 최근 시민에게도 친숙한 말이 되었다.

스마트그리드 네트워크란 스마트그리드보다 좀더 큰 범주로서, 전력시스템과 정보통신기술을 연계해 새로운 시스템과 네트워크로 구성될 주택에너지 관리시스템[2]과 빌딩에너지 관리시스템,[3] 공장에너지 관리시스템[4] 등을 구축하고 최종적으로 이들을 전체적으로 네트워크화하는 형태다. 〈그림 5-3〉은 스마트그리드 네트워크를 보여 준다.

전력회사는 기존의 화력발전과 원자력발전 등의 집중형 전원에 더해 최근에는 신재생에너지를 이용한 대용량의 태양광발전이나 풍력발전, 생물자원 등의 분산형 전원을 도입 및 연계하여 전력시스템

---

2) HEMS(House Energy Management System) : 집안 내 에너지 관리설비의 다양한 정보를 실시간 수집・분석해 에너지 사용효율을 개선하는 시스템. 에너지 사용량, 설비운전 현황, 실내 환경 및 탄소배출량 등을 관리해 주며 이 시스템을 사용하면 평균 5~15%가량의 대기전력 및 소비전력 에너지를 절감할 수 있다.

3) BEMS(Building Energy Management System) : 건설기술과 정보통신기술, 에너지기술을 융합・활용하여 건물의 각종 정보를 수집하고 데이터를 분석하여 건물에 최적의 환경을 제공하고 에너지를 효율적으로 관리하는 시스템.

4) FEMS(Factory Energy Management System) : 빌딩에너지 관리시스템의 기능에 더해 생산설비의 에너지 사용량을 모니터링하고 관리하며 에너지 사용량을 제어하는 기능을 추가한 시스템.

〈그림 5-3〉 스마트그리드 네트워크

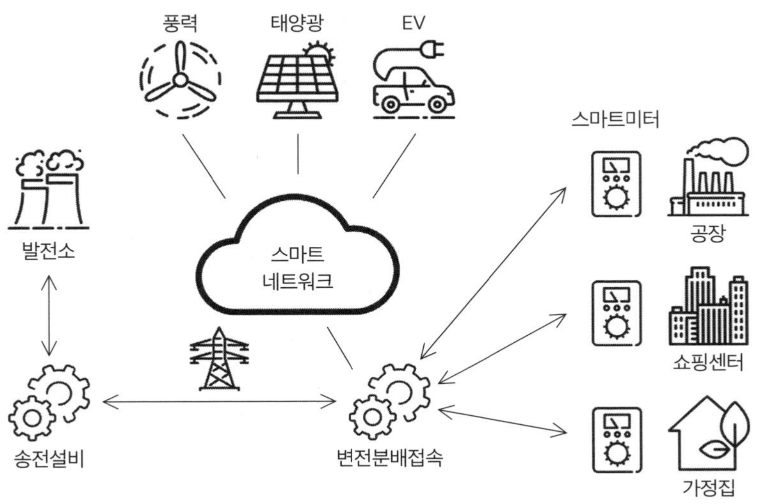

을 구축한다. 전력회사는 송전선과 접속된 전력망, 그리고 배전을 통해 각각의 태양광 주택이나 스마트빌딩, 또는 태양광으로 난방 및 냉방과 온수를 만들어 쓰는 학교나 상점 등을 포함한 스마트커뮤니티(*smart community*)에 전력을 제공한다.

4. 스마트그리드의 보급을 서두르는 미국

미국은 2009년 〈재생·재투자법〉(*American Recovery and Reinvestment Act*)에 의해 스마트그리드 분야에 약 30억 달러의 보조금을 조성했다. 이것이 계기가 되어 미국 전체적으로 2012년 5월 시점에서 스마트미터 설치 대수가 약 3,600만 대에 달하게 되었다. 미국의 경우, 계통전력망이 불안정하지만 신재생에너지 도입 시기를 앞당기려는 목적에서 설치를 서둘렀다.

캘리포니아는 2012년 6월 거의 모든 전기와 가스 고객에게 스마트미터를 권장하고 설치를 거의 완료하였다. 설치된 전력은 1천만 대 이상이고 가스는 약 500만 대 이상이다. 이처럼 스마트미터가 많은 가정과 사무실에 설치되면서 새로운 시도와 새로운 서비스가 시작되고 있다. 현재는 디스플레이나 스마트폰에 전력 소비량의 정보를 보내는 실험을 마치고 서비스 중이다.

캐나다의 온타리오와 브리티시컬럼비아에서도 대부분의 가정과 회사에서 사용하고 있다.

5. 유럽의 가상발전소

EU에서는 신재생에너지를 기간 에너지로 육성할 정책적 방침을 밝혔다. 변동하는 전원을 대량으로 수용하기 위해 분산전원, 에너지 저장(*energy storage*) 그리고 수요 제어를 최적으로 통합하는 기술을 '가상발전소'(*virtual power plant*)로 명명하고, 현재 EU의 전력 및 정보통신 관련 기업은 이의 개발에 전력을 기울이고 있다. 앞으로 가상발전소에 의해서 대규모 집중형 전력시스템은 서서히 분산형 전력시스템으로 전환될 것이다.

신재생에너지로 화석연료의 대체를 서두르는 독일에서는 'E-에너지'(E-Energy)라는 대규모의 실증 프로젝트를 실시하며 풍력과 태양광의 출력변동에 따른 수요 억제에 대응해 왔다. 독일은 이미 2016년에 전력수요의 약 28%를 신재생에너지로부터 조달하였다.

〈그림 5-4〉 가상발전 개념도

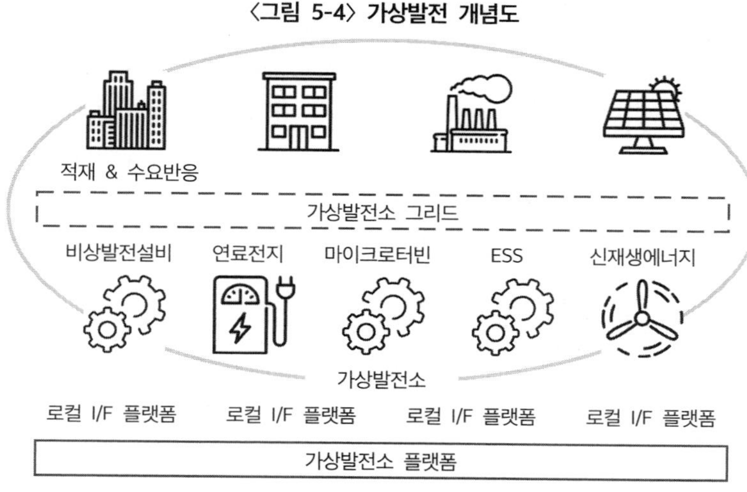

독일 정부는 신재생에너지의 비율을 2020년에는 35%까지, 2050년에는 80%까지 끌어올릴 계획을 세우고 있다. 독일연방 환경부는 앞으로 10년 안에 40%까지 가능할 것이라 본다. E-에너지 프로젝트는 높은 비율의 신재생에너지 이용과 낮은 비용 및 비용 안정을 가져올 것이다.

앞으로 대폭 증가가 예상되는 풍력과 태양광발전은 수요에 맞춰 발전하기가 매우 어렵고, 날씨에 의해 출력변동이 커서 전력계통망에 흐르는 공급을 순간적으로 일치시킬 필요가 있다. 그러나 이 같은 조정용 전원의 용량에는 한계가 있기 때문에 전력계통망에서 풍력과 태양광이 차지하는 비율이 30% 가까이 되면 전력 품질에 문제가 생길 수도 있다. 유럽에서는 신재생에너지 비율이 30%를 초과하는 시기가 현실적으로 다가오는 중이기 때문에 이에 대비해 전력 품질을 어떻게 유지할 것인가에 대한 문제가 부상 중이다.

제 6 장

21세기는 분산형 발전의 시대

1. 에너지 대전환

인류가 과학의 발전으로 자연에너지도 사용할 수 있는 수준에 이르면 지구를 파괴하는 발전 방법은 얼마든지 퇴치할 수 있을 것이다. 그리고 이러한 신재생에너지 보급이 빨라지면, 분산형 에너지의 비율도 동반 상승한다.

해상풍력처럼 많은 투자가 필요한 에너지는 제외하고라도 신재생에너지는 일반적으로, 소규모로, 분산적으로 이용할 수 있을 것이다. 즉, 앞으로는 소규모의 분산적 에너지를 사용할 수 있으며, 스마트그리드를 이용해 전국 방방곡곡의 농촌이나 어촌 등 사람이 사는 곳이면 어디에서나 자급자족이 가능해지고, 스마트네트워크로 어느 송전망이든 연결될 것이다. 무슨 황당한 이야기를 하느냐고 생각할 사람도 있겠지만 그리 머지않은 장래에 일어날 일이다.

신재생에너지 보급과 에너지 절감, 그리고 분산형 에너지 구조의 범국가적 확대는 단순히 에너지 사용의 변화 이상으로 사회적 효과

〈그림 6-1〉 중앙집중형 전력시스템과 분산형 전력시스템의 비교

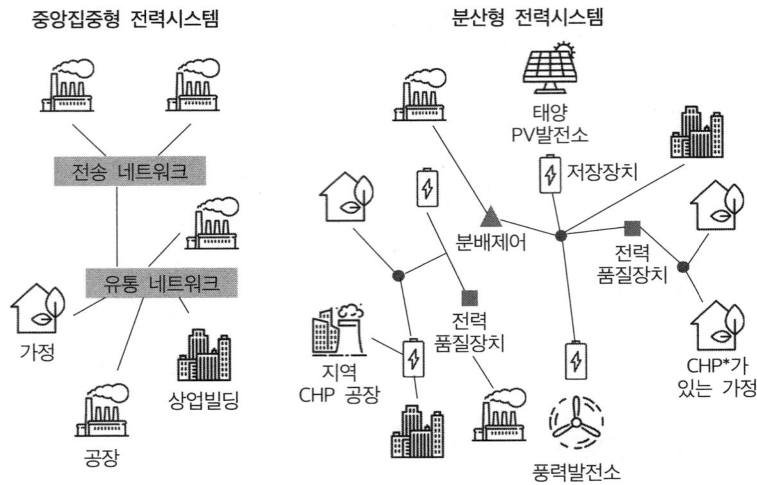

주: 수직 독점형(왼쪽)과 신재생에너지가 중심이 되는 미래형 전력시스템(오른쪽).
* CHP = Combined Heat Power, 열병합 시스템.
출처: 〈녹색사회주의〉(*Journal of Ecosocialism*)(2016. 4).

가 있다. 이러한 혁신으로 이제까지 압도적인 영향력을 가졌던 전력회사는 새로운 추세에 밀릴 것이다. 대형의 독점적인 전력회사가 유통과정이 생략된 채 소비자에게 직접 송전・배전을 하고 수금도 하는 발전 시스템은 전기를 비즈니스로 전환할 수 없다. 전력을 상품화하는 나라라면 자유롭게 거래하는 전력시장이 필수적이다. 현재의 전력회사는 집중적이고 독점적이었던 권위를 새로 등장한 발전사업자, 송전・배전사업자 그리고 소매서비스업자에게 물려줄 것이며 시간이 흐르면서 사라지는 운명을 맞을 것이다.

미래에는 신재생에너지의 설비, 건설, 운영 등에 의해 지방에서도 고용이 일어날 것이다. 현재의 수직・독점적인 대규모시설보다 돈은 적게 들고, 인력은 9배 이상이 필요하므로 고용이 전국 단위로

일어난다. 또한, 소규모 분산형 신재생에너지는 지역주민이 사업을 직접 운영할 수 있기 때문에 지역자원을 활용해 생기는 이익을 지역에 환원할 수도 있다.

태양광이나 풍력발전 등 신재생에너지를 이용한 분산형 발전은 선진국을 중심으로 가속하고 있다. 이제까지 전력을 담당한 대규모 화력·원자력발전을 대신해 분산형 발전이 에너지 공급의 주역으로 등장할 시기도 앞당겨지기 시작했다. 2010년부터 신재생에너지 대열에 참가한, 미국을 비롯한 유럽 등의 선진국은 소규모 발전으로의 전환을 착실히 진행 중이다. 2008년 이후 태양광발전과 풍력발전 기술이 분기점을 넘어 새로운 기술을 개발하고 전력시장의 활성화 등을 진전시킨 결과, 신재생에너지의 비용이 극적으로 떨어져 원자력발전의 경제성과 비교해도 확실한 차이가 생겼기 때문이다. 대규모 집중형에서 분산형으로의 전환은 에너지 공급의 새로운 시대를 여는, 가히 '에너지혁명'이라고 해도 과언이 아니다.

2. 분산형 발전과 지방자치단체

각 지역에 분산된 소규모 전원으로 수요에 맞춰 에너지를 공급하는 시대가 되면, 필연적으로 지방자치단체에 의한 발전 정책이 중요해진다. 가령, 지역의 어디에 태양광발전소를 건설할지, 풍력발전에 적당한 장소는 어디일지, 소규모 수력발전을 지역 내 협의회나 협동조합 등 여러 업종의 조합 중 어디에 의뢰할지 등과 같은 결정은 지방자치단체가 해야 하므로 중앙집중형이 아닌 분산형 결정 과정이

자연스럽게 성립된다. 분산형 에너지에 대한 관심이 점점 높아지는 추세는 정부와 대기업에 위임되었던 에너지의 선택권을 수요자 측이 돌려받는다는 의미가 있다.

게다가, 에너지 정책 과정의 민주화, 투명화도 기대할 수 있다. 신재생에너지로의 전환은 시민의 역할을 크게 바꾸어 준다. 시민은 오랜 기간 에너지의 '소비자'에 불과했다. 대량발전 · 대량공급 시대에는 에너지를 공급하는 일과 소비하는 일이 완전히 분리되어 있었기 때문이다. 그러나 신재생에너지가 통상적으로 사용되는 시대에는 이 두 가지 일이 결부된다. 시민은 자택 지붕에 태양광패널을 설치함으로써 스스로 발전사업자의 입장이 되고, 남는 전력을 소매서비스업자를 통해 전력회사에 팔 수도 있으며, 발전업자끼리 조합과 같은 조직을 만들 수도 있다.

독일과 덴마크 같은 나라에서는 이미 시민들이 협동조합이나 주식회사와 같이 주체성이 강조된 조직을 만들어 에너지의 사용에서도 주민이 직접 참여하며, 민주적 절차를 존중하는 사회로의 방향을 제시한다. 이제까지의 전력시스템에서는 전력회사가 의사결정을 하는 상의하달(*top-down*) 식의 운영이 가능했지만, 앞으로 의사결정이 분권화, 분산화되면 오로지 전력시장만이 모든 결정권을 가질 것이다.

3. 지역 중심으로의 경제적 변화

지방에서는 신재생에너지의 역할이 지역경제에 새로운 전환기를 가져올 것이다. 풍차나 태양광에 의한 발전에 직접 참여할 수 있고 새로운 주체의식도 가질 수 있다. 신재생에너지가 지역에서 사용하는 에너지의 30% 이상을 차지하는 시기가 도래하면, 신재생에너지로 인해 창출되는 비즈니스와 이로 인해 발생하는 자금이 지역의 소규모 건설회사, 정보통신사, 금융기관으로 상당 부분 환류될 수 있다. 그리고 이들이 조금 더 큰 규모의 회사로 성장하는 것도 가능하다. 그렇게 된다면 국가의 경제와 산업구조는 이제까지와는 전혀 다른 모습으로 변모할 것이다.

아울러, 젊은 인재가 지방으로 이동해 새로운 개척 정신으로 새로운 사업을 일으킨다면, 도시와 지방이 그야말로 네트워크 경제로 통합해 나가는 길이 열릴 것이다. 이제까지와 같이 농촌의 농산물이나 축산물이 단조로운 유통과정을 통해 도시의 시장으로 이동해 거래되던 낡은 유통구조에서 벗어나, 도시와 농촌이 하나의 네트워크로 연결되는 새로운 유통구조가 탄생할 것이다.

4. 분산형 발전과 농촌혁명

이제부터는 농업의 정의도 바뀔 것이다. 예를 들어, 태양광에너지를 이용해 농작물과 전기를 함께 생산하는 산업이 바로 농업이 되는 셈이다. 풍차나 태양광에 의한 발전, 더구나 생물자원발전의 연료가 되는 작물재배가 농가에게는 새로운 수입원이 되고 '에너지 농민'이라는 말까지 생길 것이다. 에너지 농민은 직접 발전에 참여할 수 있고 자신이 소비하는 전력을 생산하는 것은 물론이고 나머지는 상호 공동으로 관리, 판매하는 것도 가능하다.

농지에서 태양광발전을 한다는 것은 이제까지 누구도 상상하지 못했던 가히 '농촌혁명'이라고 하겠다. 이런 일이 정말 가능할까 하는 의구심이 들 정도지만, 한국과 매우 유사한 방식으로 경작을 하는 일본에서는 이미 솔라 셰어링(*solar sharing*) 실험을 하고 있다.

솔라 셰어링이란, 농지에서 경작을 하면서 농작물 위 2~3미터 정도의 높이에 간격을 두고 패널을 설치해 패널과 패널 사이로 비치는 햇빛을 이용하여 농작물을 재배하는 방식이다. 차광(遮光)으로 농산물에게 도달하는 광량(光量)이 조금 줄어들기는 한다. 그러나 햇빛을 90% 정도만 흡수해 과다한 햇빛이 오히려 도움이 안 되는 작물, 예를 들면 메밀이나 차(茶), 땅콩, 클로버 등은 태양광패널이 약간 가려 주는 것이 오히려 성장에 도움이 된다.

앞으로 우리나라도 스마트미터가 보급되기 시작하면 농민 자신이 발전 상황에 따라 소비를 조절하는 일도 일상화된다. 농민의 에너지에 대한 관심도 확실히 달라진다. 이 같은 에너지 공급체제의 새로운 전환은 국가경제의 구조를 크게 바꿀 가능성도 있다.

제 7 장

전기자동차와 축전지

1. 전기자동차의 시대

지금은 전기자동차(Electric Vehicle : EV)의 시대로 들어섰지만, 가솔린자동차는 초기 자동차 시대부터 최근까지 우위를 점해 왔다. 1901년, 뉴욕에서 세계 최초로 열린 자동차 대회에는 가솔린자동차 못지않게 많은 증기자동차, 전기자동차(당시는 연축전지를 사용)가 출전했다. 기술 패권(覇權)이 어떤 종류의 자동차에게 넘어갈 것인지 우열을 가리기가 매우 어려운 자리였다. 이 자동차 대회에서 가솔린자동차가 실력을 발휘해 내구성과 가속 성능에서 우수함을 뽐냈고, 제 1차로 골인해서 실력을 과시했다. 그 이후 1908년, 포드자동차가 값이 저렴한 T형 자동차를 보급한 이래 가솔린자동차는 100년 이상 영화를 누렸다. 그리고 현재, 전기자동차 시대를 맞으면서 가솔린자동차는 서서히 역사의 뒤안길로 사라지고 있다.

전기자동차는 일반 내연기관자동차와는 달리 배터리, 전기모터, 인버터, 컨버터 배터리 관리 시스템(*battery manage system*)으로 구성된다. 전기자동차는 전기에너지 사용 비중에 따라 크게 셋으로 구별된다. 먼저 하이브리드자동차인 HV(Hybrid Vehicle) 또는 HEV(Hybrid Electric Vehicle)는 기존 차량에 전기모터와 배터리가 추가되며, 주행상황에 따라 내연기관과 전기모터를 적절하게 작동하여 연비를 향상시킨다. 플러그인 하이브리드자동차인 PHV(Plug-in Hybrid Vehicle) 또는 PHEV(Plug-Hybrid Electric Vehicle)는 HEV보다 대용량의 배터리를 주로 활용하고 전기를 주 동력으로 사용한다. 마지막으로 EV(Electric Vehicle)는 내연기관은 없고 단순히 모터와 배터리로 구성되어 주행 시에 이산화탄소나 오염물질을 배출하는 일이 없다. 따라서 전기자동차의 최종적인 목표는 EV라고 볼 수 있다.

한편, 자동차 배터리는 배터리 셀, 모듈, 배터리 관리 시스템으로 구성된다. 배터리 셀이 모여 모듈이 되고, 모듈이 모여 최종 배터리 팩을 구성한다. 배터리는 전기자동차 생산 원가에서 가장 큰 비중을 차지하며 전기자동차의 가격, 주행거리 등을 좌우하는 핵심 부문이다.

2. 각국의 전기자동차

1) 미국: 전기자동차를 선도하는 테슬라

미 정부는 전기자동차 확대를 위해 앞으로 연방정부의 차량 전부를 PHEV 또는 EV로 전환하겠다고 발표했다. 전기자동차 판매를 독려하기 위해 전기자동차 구입 시 1인당 최고 7,500달러를 지원하고,

전기자동차 투자 및 제조에 관련된 자동차회사에는 총 2억 달러를 지원하겠다는 약속도 했다. 미국에는 2017년 8월 말 기준 4만 4천 개의 충전설비와 1만 6천 개의 충전소가 있다.

한편, 세계적으로 전기자동차 붐을 일으킨 회사는 단연 테슬라(Tesla)다. 테슬라는 초기에는 고급 전기자동차를 만들어 부자를 대상으로 판매했으나 이는 기술을 선전하는 동시에 이른 시일 내에 수익을 올리려는 의도였다. 이후 테슬라는 전기자동차의 대중화를 위해 관련 인프라를 단단하게 구축하고 충전소를 우선적으로 확대하였다. 벌써 수년 전에 충전소 4천 개소를 캘리포니아 곳곳에 설치했다. 즉, 테슬라는 전기자동차 보급에 앞서 충전소를 설치하고 주행거리를 증대시켰으며, 배터리 가격 인하 등을 이른 시일 내에 달성하기 위해 배터리 공장을 서둘러 건설했다. 최초로 출시한 전기자동차는 2009년 출시한 '로드스터'(Roadster)다.

미국 에너지부에 의하면, 테슬라가 2016년에 발표한 전기자동차 '모델3'는 주행거리가 500킬로미터를 넘어섰다고 한다. 테슬라의 전기자동차는 1억 원이 넘는 고급차로 시작했으나, 지금은 가격을 15% 정도 낮추었다. 그럼에도 아직은 가솔린자동차와 비교했을 때 비싸기 때문에 정면 경쟁은 시간이 걸릴 예정이다. 양산에 들어가면서 가격은 서서히 내려가고 있다. 테슬라의 새로운 배터리 공장에서 출시되는 배터리 가격이 시가의 절반 정도라고 장담한 최고경영자 일론 머스크(Elon Musk)의 발언이 사실이라면, EV는 가격 경쟁력이 높아지면서 타 회사도 빠르게 대체할 것으로 보인다. 배터리의 가격이 빠른 속도로 떨어지면 엔진을 탑재한 기존의 자동차를 빠르게 추월할 것이다.

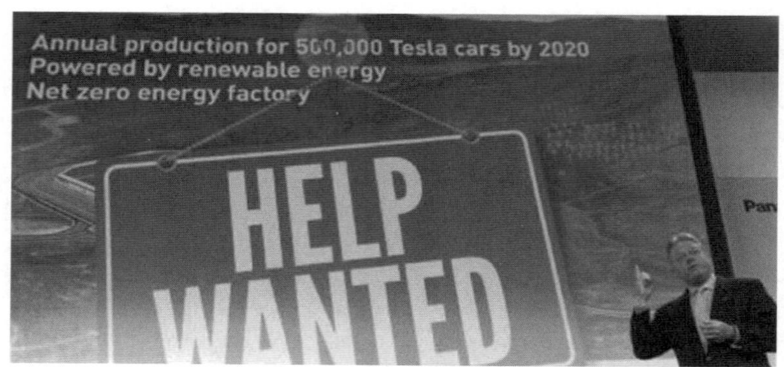

테슬라 전기자동차는 설립 당시부터 신재생에너지를 사용할 목적으로 출발했다. 2020년에는 태양광에너지로 대체할 것으로 보인다.

자동차를 전기자동차로 대체할 때 기존의 방대한 고용 문제를 어떻게 해결할 것인가가 기업의 가장 큰 문제다. 그러나 테슬라는 처음부터 전기자동차로 출발했기 때문에 고용에 관한 문제가 없다.

테슬라는 신재생에너지로 주행할 수 있는 차를 만드는 것을 회사의 사시(社是)로 정했다. 테슬라의 CTO(Chief Technical Officer)인 제프리 스트라우벌(Jeffrey Straubel)은 2015년 7월에 개최된, 태양광 발전 관련 세계 최대의 이벤트인 '인터솔라 노스 아메리카'(Intersolar North America)에서 다음과 같은 기조연설을 했다.

> 테슬라는 '어떠한 방식의 지속가능한 자동차를 만들 것인가'라는 질문에 근본적인 목표를 맞추고 있습니다. 즉, 현재의 자동차에 새로운 기능을 추가해 새로운 개념의 자동차를 만드는 혁명을 실현하고자 합니다. 이를 달성하기 위해 무엇보다 중요한 것은 전기자동차의 주요 연료를 무엇으로 할 것인가라는 질문입니다. 새로운 에너지를 테슬라의 비즈니스 모델로 정착한다면, 바로 '태양광에너지'가 될 것입니다.

테슬라는 2016년 미국의 태양광 업체인 솔라시티(Solar City)를 매수했다. 이 합병이 주효해 2018년 1~3월 매상고는 전년 동기 대비 2.3배인 26억 9,627만 달러를 기록해 역대 최고의 수익을 냈다. 전기자동차는 전년 동기(2017년 1~3월) 대비 69% 증산해 2만 5천 대를 생산해 판매했다. 이는 분기 차량 판매 실적으로는 사상 최고치였다. 추후에는 테슬라 판매 현장에서 솔라시티의 패널도 판매할 예정이다.

2) 유럽: 디젤자동차의 몰락과 전기자동차의 부상

EU 위원회는 전기자동차의 인프라 구축과 신재생에너지 개발 비용을 위해 50억 유로를 지원하겠다고 발표했다. 2030년경에는 유럽 자동차 전체의 50%를 하이브리드자동차와 플러그인 하이브리드자동차, 전기자동차, 연료전지차가 차지하고 나머지 50%가 가솔린자동차와 디젤자동차가 될 것으로 예상된다. EU 가입국 중 어느 국가나 '늦어도 2040년까지'를 목표로 하고 있다.

미국과 한국 등 아시아 지역은 가솔린자동차가 많은 반면, 유럽은 디젤자동차가 시장의 중심이다. 폭스바겐(Volkswagen) 등 유럽의 대형 기업들은 이산화탄소 배출량이 적고 연료비용이 저렴하다는 이유로 디젤자동차를 선호했다. 디젤자동차는 질소산화물을 많이 포함하지만, 배기가스 정화장치기술이 향상하면 환경 대응이 높은 차로 인정돼 안정된 수요가 있을 것이라 기대되었다.

그런데 최근 유럽에서는 디젤자동차가 밀리고 있다. 전기자동차라는 새로운 물결도 있으나, 쇠락이 앞당겨진 것은 폭스바겐의 배기가스 부정 문제로 디젤자동차 기술에 대한 이미지가 악화되었기 때문이다. 유럽 주요 18개국의 승용차 신차 판매에서 디젤자동차의 비율을 살펴보면, 부정이 발각된 2015년 9월에는 46.8%였으나 2017년 5월에는 40% 이하로 떨어졌다. 이후로는 더욱 하강곡선을 그리고 있다. 판매도 한물 건너간 것은 물론, 까다로운 규제 때문에 도시에서는 시내 진입도 어렵게 되었다.

폭스바겐은 디젤자동차의 시장이 유럽에서 점점 더 수축하고 있음에도 2022년까지 디젤자동차 개발에 100억 유로를 투입해 약점인 이산화탄소 배출을 극적으로 막을 수 있는 기술을 개발하고, 전기자동차를 중심으로 하되 부수적으로 새로운 디젤자동차를 개발한다는 계획이다.

다음으로는 전기자동차 분야에서 앞서가고 있는 몇몇 유럽국가의 최근 추세를 살펴보자.

(1) 노르웨이

노르웨이는 세계 최초로 시장에서 본격적으로 전기자동차 거래를 시작한 나라다. 2017년 1~8월 동안 등록된 승용차의 19%가 전기자동차였으며 여기에 플러그인 하이브리드자동차를 포함하면 35%가 넘는다. 보유 대수에서 차지하는 비율은 아직은 3%에 불과하지만, 앞으로 급속히 높아질 것으로 전망된다.

아울러 2016년, 노르웨이 정부는 이산화탄소를 배출하지 않는 무공해(*zero emission*) 자동차 이외의 승용차의 신규 등록을 금지하는 방침을 결정했다. 이것은 타 유럽국가보다 15년 앞선 정책이다. 구체적으로 살펴보면 엔진을 탑재한 PHV도 포함되지 않은, 즉 순수한 전기자동차만이 등록할 수 있는 제도다. 택시의 경우, 2022년에는 무공해자동차만이 갱신할 수 있다.

유럽의 주요 도시는 스모그현상으로 공기가 급격하게 나빠지는 경우가 많다. 이 때문에 노르웨이의 오슬로는 2017년 2월부터 대기오염이 심한 날에는 디젤자동차가 도심에 진입하지 못하도록 금지하는 제도도 만들었다. 이 때문에 급하게 시내에 볼일이 있는 사람은 곤란을 겪을 수밖에 없다. 이 같은 이유로도 전기자동차를 살 수밖에 없게 하는 것이 노르웨이 정부의 유도 정책이다.

(2) 영국

영국 정부는 2017년 7월 26일 발표한 담화문에서 2040년까지 가솔린자동차나 디젤자동차의 판매를 전면금지한다고 발표했다.

영국은 다른 유럽국가와 마찬가지로 연비가 뛰어난 디젤자동차를 가장 많이 이용한다. 그러나 최근에는 디젤자동차에서 배출되는 질소산화물에 의한 대기오염 문제를 점차 심각하게 받아들이고 있다. 자동차 등 수송용 석유가 세계 석유 소비의 약 70%로 가장 높은 비율을 차지하는데, 영국은 이에 대한 대책으로 '탈석유'를 에너지 정책의 핵심으로 간주해 왔다.

영국 환경청(Secretary of State for Environment, Food and Rural Affairs) 장관 마이클 고브(Michael Gove)는 BBC와의 인터뷰에서 가솔린자동차와 디젤자동차를 20년 이내에 전폐하겠다고 공언했다. 이는, 배기가스에 의한 스모그 현상이 런던의 환경을 다시 100년 전으로 되돌리고 있으므로 심각한 대기오염과 지구온난화에 대응하려는 조치라고 말했다. 영국 정부는 그뿐만 아니라 지방자치단체에 의한 배기가스 억제를 위해 매년 2억 5천만 파운드를 지원한다.

한편, 최고급차 롤스로이스(Rolls-Royce)를 제외하고 영국의 대표적인 자동차 기업은 재규어 랜드로버(Jaguar Land Rover)다. 재규어 랜드로버는 2020년 이후 판매하는 모든 차종을 전기자동차로 대체한다고 발표했다. 재규어 랜드로버는 고급 스포츠카인 재규어와 다목적 스포츠카(Sport Utility Vehicle: SUV)인 랜드로버로 구성되어 이산화탄소 배출량이 많은 차종이 많다. 2021년에는 현재보다 배출량을 35% 줄여야 환경규제를 피할 수 있기 때문에 전기자동차를 신속하게 늘려야만 한다.

(3) 독일

폭스바겐의 CEO 마티아스 뮐러(Matthias Müller)는 2017년 5월에 개최된 주주총회에서 "미래가 전기자동차의 시대가 될 것이라는 점에는 의심의 여지도 없다"라고 단언했다. 이어, "앞으로 전기자동차에 2021년까지 5년 동안, 과거 5년간 투자의 3배인 90억 유로를 투입할 것이다. 전지기술에도 유럽국가, 중국 기업과 각각 제휴교섭을 진행하겠다"라고 발언했다.

이 같은 발언 이후 얼마 안 되어 폭스바겐은 전기자동차로의 전환을 표명했으며, 2025년에는 세계 판매 대수의 20~25%를 전기자동차로 한다는 목표를 세웠다. 폭스바겐은 중국 정부와 제휴를 맺고 메르세데스 벤츠(Mercedes-Benz)를 산하에 둔 다임러 AG(Daimler AG)와 함께 현지에서 전기자동차를 생산한다는 계약도 맺었다.

(4) 스웨덴

유럽의 대형 자동차회사는 거의 전부 전기자동차로 전환 중이다. 이러한 경쟁적 이동에는 다가오는 전기자동차 시대에 시장을 선점하려는 의도가 깔려 있다. 이 같은 조류에서 밀려날 것을 염려한 스웨덴 기업 볼보(Volvo)는 2017년 5월 5일, 2019년 이후 판매하는 자동차를 전부 PHV나 EV로 바꾸겠다고 발표했다. 엔진을 장착하지 않은 순수한 EV로 2019년과 2021년에 5개 차종을 발매할 예정이다.

(5) 프랑스

2016년 12월, 파리 상공에 고기압이 오랫동안 체류하면서 오염물질이 장시간 고이는 바람에 파리 시내의 자동차 진입을 막는 사건이 발생했고, 프랑스의 유럽생태녹색당(Europe Ecologie Les Verts) 장관은 2017년 7월 6일에 기자회견을 열고 2040년까지 가솔린자동차와 디젤자동차의 판매를 금지하는 방침을 발표했다. '지구온난화 대책의 국제적 합의에 따른 이산화탄소 배출삭감 계획'에 따라, 2040년까지 가솔린자동차 등 주행 시 이산화탄소를 배출하는 자동차의 판매를 금지하고 2022년까지로 예정된 석탄화력발전소 조업 중지 등을 철저히 시행해, 적어도 2050년까지는 국가 전체의 이산화탄소 배출량이 거의 제로까지 도달하는 탄소제로(*carbon neutral*)를 목표로 삼는다는 내용이었다.

해외의 대형 자동차회사와 밀접한 관계를 맺고 있으며 우리나라에도 많은 차를 수출하는 나라가 가솔린자동차 판매 금지를 국가 차원에서 명확히 발표하여 유럽 각국은 큰 충격을 받았다. 그 후 얼마 안 되어 타 유럽국가도 프랑스를 따라 늦어도 2040년까지는 디젤자동차 판매를 금지한다는 선언을 했다.

또한 프랑스 대통령 마크롱은 2017년 독일에서 개최된 G20 정상회의에서 기후변화 대응이 우리와 다음 세대를 위한 절체절명의 사명이라고 주장하면서, 기후변화 현상을 부정하는 미국 대통령 트럼프에게 직격탄을 날렸다.

그러나 현재와 같이 너무 앞서 나가는 것에는 물론 위험성도 따른다. 새로운 전기자동차 등장에 고용인원을 어떻게 적응시킬 것인가가 주요 문제다. 전기자동차 생산을 기축으로 할 경우 고용인원이 줄어들 가능성이 높으므로 이에 대한 대책이 가장 중요한 문제다.

자동차 산업계에도 영향은 크다. 프랑스의 대표적 자동차 제조업체인 르노(Renault)와 푸조 시트로엥 자동차 그룹(Peugeot Citroën Automobiles) 그리고 이 회사들과 거미줄처럼 얽혀 있는 폭스바겐, 다임러 AG, 볼보 등 외국 업체와의 문제도 해결해야 한다. 프랑스 자동차공업협회(Comité des Constructeurs Français d'Automobiles)에 의하면, 자동차 산업에 종사하는 인원은 약 20만 명, 관련 산업을 포함하면 약 230만 명이나 된다.

3) 중국: 가솔린자동차 · 디젤자동차의 제조 · 판매 금지

중국 정부는 전기자동차를 구입한 사람이 주행 시 배터리가 떨어질 것을 걱정하는 '주행거리 불안'이 없도록 차량 수에 맞는 충전소를 설치할 계획이다. 2020년까지 480만 개의 충전설비와 충전소를 설치하기 위해 1,240억 위안을 투자한다고 발표했다. 현재 중국의 충전설비, 충전소 수는 2017년 9월 말 19만 개소 정도다.

3년 후인 2020년의 목표 설치 대수와 비교하면 이 계획이 실제로 가능한지 의심될 정도다. 현재의 19만 개소도 세계의 어느 나라보다도 많은 수다. 중국 정부는 2020년 즈음에는 전기자동차 구매의사도 높아질 것으로 기대하고 있다.

중국 정부는 EV나 PHV를 중심으로 한 신에너지차량[1]에 주력한다는 방침을 명확하게 정했다. 2017년 4월에 발표한 중장기 계획에서 2016년 50만 대에 그쳤던 신에너지차량의 판매를 2025년에는 700만 대로 상향조정할 계획이라 밝혔다.

중국 정부는 앞으로 가솔린자동차나 디젤자동차의 제조・판매를 금지한다는 원칙도 세웠다. 다만 영국이나 프랑스가 2040년까지라고 못 박은 것과는 달리, 중국의 에너지 사정은 너무 복잡하게 얽혀 있어 단지 검토에 들어간다고 결정했으며 도입 시기를 살피는 중이다. 세계 최대의 자동차시장인 중국의 동향은 미국이나 유럽은 물론, 일본과 우리나라 자동차 업계에도 커다란 영향을 미칠 것이다.

중국 정부가 이러한 결정을 내린 가장 큰 이유는 날로 심각해지고 있는 베이징 등 주요 도시의 대기오염이다. 한편으로, 가솔린자동차로는 미국이나 유럽, 일본 등에 대항하기 벅차므로 신에너지차량으로 세계를 제패하겠다는 야심을 가지고 있을 것이라 분석하는 전문가도 있다.

---

1) 신에너지차량(*new energy vehicle*) : 중국 정부는 공공보조금을 받을 수 있는 플러그인 하이브리드자동차를 지정하기 위해 신에너지차량이라는 용어를 사용하고 있다.

4) 일본: 토요타와 혼다, 그리고 닛산

일본은 독일과 더불어 세계 자동차 업계의 강자로 군림하고 있다. 그러나 전기자동차의 시대가 오면 누가 선두가 될지 아무도 장담하지 못할 것이다. 전기자동차 붐이 일어나기 전부터 관심을 두고 대응하던 일본의 자동차 회사로는 토요타(豊田), 닛산(日産), 혼다(本田) 등이 있다.

토요타는 교토의정서(京都議定書)를 서명한 해(1997년)에 하이브리드자동차 '프리우스'(Prius)의 생산과 판매를 개시했다. 2017년 1월 기준 '프리우스'의 세계 전체 판매 대수는 398만 대로 현재까지는 세계 기록이 아닌가 생각된다. 가솔린자동차와 디젤자동차를 합치면 누계 판매 대수는 1천만 대가 넘는다.

우선, 토요타는 2019년부터 EV를 양산할 계획을 세웠다. HV와 수소로 달릴 수 있는 연료전지차를 중심으로 전기자동차 시대에 대응할 준비를 하고 있다. HV 분야에서는 타사보다 앞서고 있지만, 2018년부터 미국 캘리포니아에서 실시하는 '무공해자동차 규제'에서 HV는 제외되었기 때문에 EV나 PHV의 생산을 늘려야만 한다.

혼다는 전기자동차 붐이 일어나기 수년 전부터 2030년에 세계에서 판매되는 자동차의 3분의 2를 전기자동차화(電動化) 할 계획이었다. 2017년 9월 14일부터 24일까지 독일의 프랑크푸르트에서 열린 '제 67회 프랑크푸르트 모터쇼(Internationale Automobil-Ausstellung) 2017'에서 혼다는 전기자동차를 포함한 새로운 에너지 관리시스템(Honda Power Manager Concept)을 발표했다. 2022년부터는 충전시간을 현재의 절반으로 단축할 수 있는, 즉 급속충전이 가능한 전기자동차의 판매를 개시할 예정이다. 급속충전을 했을 경우 30분 걸리는 충전시간을 15분으로 단축할 수 있으며, 단시간에 대량으로 충전해도 충분히 견딜 수 있는 전지를 개발 중이다. 차체를 가볍게 디자인해서 전력 손실을 억제하는 전지나 모터기술도 개발하고 있다.

한편, 닛산이 자랑하는 전기자동차 리프(Leaf)는 일본과 미국에서 선전 중이다.

3. 한국의 전기자동차

우리나라의 전기자동차 현황에 관해서는 자신 있게 의견을 개진하기가 어렵다. 어디서부터 이야기를 풀어 나가야 할지 자신이 없다.

전기자동차에서 50%라는 높은 비율로 중요도를 차지하는 배터리의 경우, 기술적으로는 우리나라도 상위의 위치에 있다. 즉, 전기자동차를 생산하는 데 유리한 고지다. 그럼에도 거의 모든 국민이 전기자동차에 관심이 없다.

그러나 얼마 안 있어서 전기자동차가 도로를 뒤덮을 것이다. 이 같은 전망은 선진국에서는 이제 상식이 되었다. 이러한 새로운 패러다임의 변화 속에서 우리는 어디쯤 서 있는 것일까 매우 우려스럽다.

1) 우리나라 전기자동차의 현황

우리나라의 전기자동차 제조기술은 세계적으로 꽤 높은 편이다. 앞서 언급했듯 배터리는 세계에서 톱을 달리고 있다. 전기자동차에서

〈표 7-1〉 차량별 지원금 및 혜택 현황

	HV	PHV	전기자동차
구입지원금	100만 원	500만 원	1천 400만 원
세금감면 혜택	최대 270만 원	최대 270만 원	최대 460만 원
공영주차장	지자체에 따라 주차료 20~50% 할인	-	-
혼잡통행료	면제(서울남산터미널)	-	-

배터리는 제조원가의 거의 50%를 차지한다. 즉, 우리나라는 전기자동차의 국내 판매와 해외 수출이 부흥할 만한 위치에 있다.

현재 전기자동차는 가솔린자동차보다는 사실 가격이 높다. 그래서 정부가 구매 시 여러 혜택을 준다. 그러나 얼마 안 있어 전기자동차의 가격은 점점 더 낮아질 것이며 주행거리, 전기사용 부담도 파격적으로 감소할 것이다.

2) 전기자동차 구매 장애요인

일반 고객 중 전기자동차를 사려고 하는 사람은 아직 극소수에 불과하다. 필자도 그동안 타고 다녔던 승용차가 20년을 넘어섰다. 이제는 좀 어려워도 차를 바꿀 수밖에 없는 처지지만 전기자동차를 구입한다는 생각을 해본 일은 없다. 아마도 필자뿐만 아니라 대부분의 구입자가 비슷한 생각일 것이다. 필자의 주위에 있는 사람 중 전기자동차를 고려하는 사람은 100명 중 한 사람꼴이 아닐까 한다. 전기자동차에 대한 지식이 해박하고 선진적인 시각을 가졌거나 또는 전기자동차에 관해 국내외 정보를 많이 가진 사람일 것이다.

자동차는 필수품이지만 금전적으로 꽤 많은 부담을 주기 때문에 새로 구입할 때에는 신중하게 선택해야 한다. 보통 전기자동차에 대한 기본지식이나 정보도 쉽게 접근하기 어렵다. 게다가 우리나라는 전기자동차를 위한 인프라가 허약하기 짝이 없다. 가령, 전기자동차를 타고 고속도로에 진입했는데 배터리가 제대로 충전되지 않았다면 충전소가 충분하지 않으니 갑자기 차가 멈출까봐 불안감이 들 수 있다. 이런 걱정 때문에 전기자동차 구입을 꺼리는 경우가 많을 것이다. 구입 장애요인에 관한 판단도 어렵다. 한국의 현대, 르노삼성, 한국GM 등의 회사는 전기자동차 개발단계를 넘어 외국 기업과 경쟁을 벌이고 있지만, 이를 뒷받침해야 할 국내시장은 아직 기반도 잡지 못하고 있다.

제일 큰 원인은 국민의 환경의식 수준이 낮기 때문일 것이다. 또한 정부 차원에서 전기자동차 구입에 따른 혜택을 좀더 적극적으로, 빈번하게 홍보하지 않는다는 점, 언론의 무관심 등 여러 측면에서 개선해야 할 점이 있다.

최근 현대자동차는 국내에서 전기자동차의 판매 부진을 다룬 보고서를 발표했다. 이에 따르면 낮은 인지도에 따른 수요자의 낮은 구매의욕이 판매 부진에 영향을 미쳤다고 한다. 또한 2015년, 소비자의 의식조사 결과 전기자동차 구매 희망률은 0%였다. 소비자는 전기자동차가 상품성이 있는지 의구심을 가졌으며 공동주택 내에 홈 충전기 설치가 어렵고, 주행 중 방전(放電)에 대한 불안감이 있으며 충전시간이 길다는 점을 구매의욕 저하 원인으로 꼽았다.

또 한편으로 현재 국내에서 전기자동차를 담당하는 부처는 둘이다. 이러한 상황이 적절한지에 관해 한 번은 공론에 붙일 필요가 있다. 자동차 산업의 발전을 위해 피해갈 수 없는 과제이기 때문이다.

전기자동차 산업은 가솔린, 디젤자동차와 연장선에 있는 비즈니스다. 물론 환경문제와도 밀접한 관계가 있다. 현재 대중적으로 이용하는 자동차는 미세먼지 문제와 대기오염, 멀리는 기후변화에도 독소적인 악영향을 끼친다. 그러므로 산업 측면은 산업부, 환경 측면은 환경부가 맡는 등 서로 철저하게 분리되어 정책을 수행해야 한다. 앞으로도 환경부처는 산업부처에게 환경문제를 철저하게 주지시키는 것이 우리 현실에 맞는다고 생각한다.

4. 신재생에너지와 축전지

1) 신재생에너지와 축전기술

앞으로 신재생에너지에 의한 전력 소비가 증가하면 계통전력망의 영향을 더욱더 무시할 수 없을 것이다. 더구나 대형 축전시스템의 수요는 2016년부터 크게 증가하고 있다.

독일 정부는 전력사용 중 신재생에너지 비중을 2040년까지 40%, 2050년까지는 80%로 전환하겠다고 발표했다. 다른 EU 회원국과 미국도 독일과는 좀 떨어지지만 비슷한 계획을 잡고 있는 데다 리튬이온전지의 가격이 최근 5년 사이에 50% 이상 저렴해지고 있어 경쟁이 치열해질 전망이다.

전기자동차용 리튬이온 2차 전지는 한국의 LG화학, 삼성SDI, 일본의 닛산, 중국의 BYD 등 4개 기업이 주도하고 있다. 더 구체적으로는 한국과 중국이 각각 37%, 일본이 26%를 차지하고 있다.

〈그림 7-1〉 세계의 축전지시장

[단위: 조 엔(兆 円)]

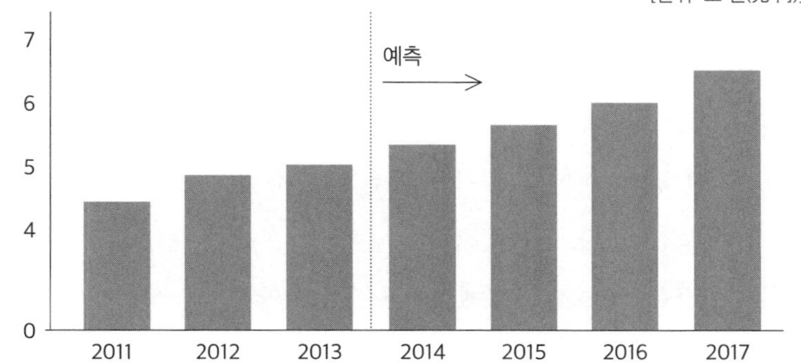

출처: 일본 후지경제연구소(富士經濟研究所).

〈표 7-2〉 국가별 리튬이온전지 기술 수준

구분	일본	한국	중국	미국
제조기술	100	100	50	30
부품 · 소재	100	50	40	40
원천기술	100	30	10	80

출처: 한국전자정보통신산업진흥회.

2) 전력 저장장치 개발 필요

현재까지는 공급 전력을 비축할 설비를 갖추는 데 기술적인 문제가 있었다. 앞으로는 전력 저장장치의 기술 발전이 가장 중요한 과제로 등장할 것이다.

전력 저장장치는 다양한 효과를 낼 수 있으며 장래에 대단히 중요해지므로 현재부터 이에 대한 연구와 개발 그리고 실험을 더욱 강화해야만 한다. 저장장치가 경제성을 확보할 수 있는 시기가 오면 전력 비축계획을 세우고 연간 발전량의 반에 해당하는 전력이 비축될 수 있는 체제를 구축해야 한다.

천연가스의 화력을 증설하거나 전력계통용 대형 축전지를 도입하면 풍력·태양광발전의 출력 변동을 흡수할 수 있으나 상당한 비용이 든다. 유럽에서는 낮은 비용의 에너지 저장장치기술과 전력의 수요를 신재생에너지의 출력에 맞춰 제어하는 기술을 활발하게 연구·개발하고 있다.

유럽과 미국에서는 신재생에너지의 평준화기술로서 축전지(*energy storage system*)를 '최후의 수단'으로 생각한다. 즉, 더욱 값싼 에너지 저장장치와 수요의 유연화로의 도전이 시작되고 있다. 풍력이나 태양광의 전력을 송전할 경우, 더욱 대형의 전력망에 연계하는 편이 날씨 차이가 큰 지역 간 출력 평준화 효과나 많은 화력발전소에 의한 출력 조정을 기대할 수 있으므로 전력 품질을 유지한다는 의미에서도 유리할 수 있다고 볼 수 있다.

그런데 전문가의 지적에 따르면, 10% 정도의 신재생에너지 비율이라면 괜찮으나 40% 정도까지 비율이 높아지면, 태양광이나 풍력의 출력변동 조정을 그대로 기간계통선(基幹系通線)에 연계했을 때 전력시스템 전체에 영향을 미칠 가능성이 있을지도 모른다. 따라서 유럽에서는 지역송전망으로 풍력과 태양광의 출력변동을 어느 정도 완화하여 기간송전망에 연결할 수 있는 송전시스템의 개발을 모색하고 있다.

이 같은 시스템이 성공한다면 전력수요를 짧은 시간 내 자동으로 제어할 수 있다. 아울러, 수소시스템과 같은 낮은 비용의 에너지 저장장치가 필요해진다.

3) 신재생에너지와 축전지의 결합

최근 미국에서는 신재생에너지 보급이 크게 확대되고 있다. 구체적으로 태양광, 풍력발전 등이 선두를 달리고 있으며 생물자원이나 지열발전도 빠른 속도로 증가하고 있다. 2016년 1년 동안의 증가 속도는 2013년과 비교했을 때 약 6배 높았으며 2020년에는 10배 증가할 것으로 예측된다. 이와 맞물려 축전지 활용도 활발해질 전망이다.

신재생에너지로 발전한 전기를 낮은 비용으로 축적해 가정이나 공장, 사무실 등 많은 수요자에게 공급한다면 이 이상의 좋은 일은 없을 것이다. 에너지, IT 부문의 조사회사로 널리 알려진 미국의 GTM 연구소에 의하면, 2016년 말까지 설치된 축전규모는 260메가와트로, 시장규모는 약 3억 2천만 달러다. 2020년의 출력규모 증가량은 2,600만 킬로와트에 달할 것으로 진단했다.

한편 블룸버그 신재생에너지 연구소는 배터리 시장이 확대되면서 가격은 3년 전보다 40% 정도 저렴해졌고 2017년부터 2027년까지

〈그림 7-2〉 하락 중인 배터리 가격

(단위: 킬로와트시당 달러)

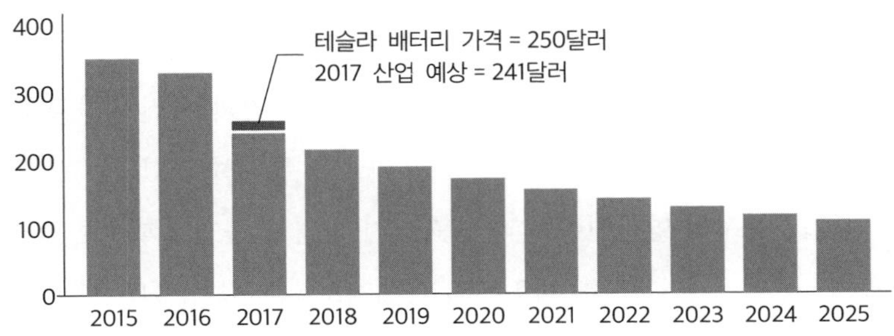

출처: Bloomberg New Energy Finance, Tesla(2015).

테슬라가 네바다주 리노에 건설하고 있는 배터리 신공장. 테슬라 CEO 일론 머스크는 이 공장이 완공되어 출시하는 배터리는 현재 시가의 50% 이하로 저렴해질 것이라 말했다.

© Bloomberg New Energy Finance

10년 동안에는 50% 더 저렴해진다고 전망했다.

이처럼 보급이 급속하게 확대되는 이유는 태양광·풍력발전의 확대가 견인차 역할을 하기 때문이다. 신재생에너지가 발전총량의 30%를 넘어가면서 송전망의 안전한 운영이 타격을 입을 위험이 있었으나, 축전지를 사용하면 이 문제를 해결할 수 있다.

미국은 독일과 같이 환경문제에 대한 의식이 높기 때문에 도시 주변에 발전소를 건설하는 것이 매우 까다롭다. 아울러 국토가 광대한 미국은 장거리 송전망을 유지하는 데 천문학적인 자금을 투입하고 있다. 이런 배경 아래, 전력회사는 신재생에너지와 축전지를 결합한 패키지 시스템사업을 목표로 많은 자금을 투자하고 있다.

전기자동차의 명문인 테슬라는 축전지 사업도 하고 있다. 2016년에는 약 5조 원을 투자해 축전지 양산체제로 들어갔다. 2018년에는 4천억 원을 들여 배터리공장을 추가로 건설할 예정이다. 테슬라의

CTO인 제프리 스트라우벌은 테슬라의 축전지를 도입하면 캘리포니아의 일반 가정에서 연간 1만 달러의 전기요금을 절약할 수 있다고 말했다.

4) 해상풍력발전과 배터리

해상풍력발전이 급격하게 성장하는 배경에는 배터리의 도움이 절대적이다. 배터리 성능이 급속도로 향상되면서 건설비용도 저렴해진 것이다. 해상풍력발전에서 가장 유리한 입장에 있는 유럽의 성장률은 더욱 빨라졌다.

독일의 지멘스와 스페인의 가메사는 터키에서 100만 킬로와트의 대형 해상풍력발전 건설 프로젝트를 수주했다. 덴마크의 외르스테드는 영국 영해에 해상풍력발전을 건설하는 프로젝트에 참여 중이다. 각각 2천 킬로와트 축전지를 도입하는 계획이며 가까운 시일 내 완공을 눈앞에 두고 있다.

이 두 프로젝트가 성공하면 배터리의 성능 향상으로 업계 전체가 새로운 산업시대를 맞이할 것이다.

제 8 장

세계의 신재생에너지 정책

1. 국제에너지기구의 신재생에너지 보고서

국제에너지기구(International Energy Agency: IEA)는 전 세계를 대상으로 에너지 동향을 연구해 정기적으로 발표하는 권위 있는 기구로서, 여기서 발행하는 보고서는 에너지학계, 업계의 교과서 역할을 한다. 국제에너지기구는 2017년 10월 4일, 세계 신재생에너지(*renewable*)가 전체 발전량에서 차지하는 비율을 발표했다. 주요 내용은 다음과 같다.

첫째, 2016년에는 세계적으로 발전량이 증가했고 이 중 신재생에너지의 발전량이 현저하게 증가했다. 즉, 세계 에너지 판도의 변화가 감지되고 있다. 특히, 중국이나 미국, 인도를 중심으로 앞으로 5년간 신재생에너지의 발전능력이 43% 증가할 것으로 전망했다. 이에 따라 비용(*cost*)도 떨어질 것이다.

둘째, 2016년의 신재생에너지 신설량(新設量)은 무려 1억 6,500만 킬로와트였다. 이를 전원별로 살펴보면 태양광발전이 7,500만 킬로

〈그림 8-1〉 전력구성에서 신재생에너지 전체와 태양광, 풍력발전의 비율

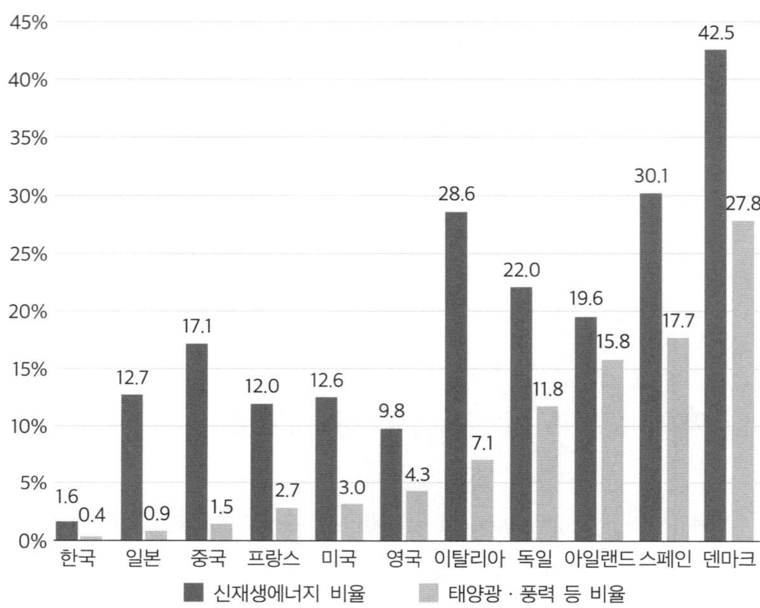

주: 이 도표는 2014년도 통계로 2017년 현재는 미국과 중국, 독일이 훨씬 앞서 있다. 그리고 한국은 2014년과 비교해서 제자리걸음이다.

출처: 국제에너지기구(2014). "Electricity Information 2014".

〈그림 8-2〉 전체 에너지 소비 비율에서 신재생에너지가 차지하는 비율(2015년 말 기준)

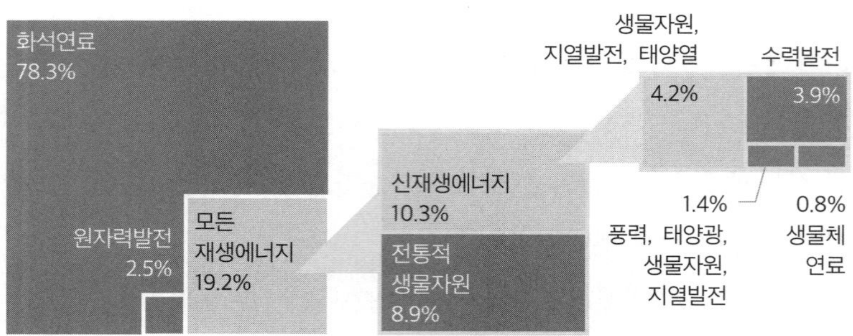

출처: 21세기를 위한 신재생에너지 정책네트워크(REN 21)(2015).

와트로 2015년보다 무려 50%나 증가하여 석탄발전을 능가하기 시작했다.

셋째, 앞으로도 신재생에너지는 크게 성장할 것으로 기대된다. 2022년까지의 예상 증가량은 10억 킬로와트로, 이 수치는 현재 석탄발전량의 절반에 상당하는 양이다.

2. 신재생에너지의 발전과 화석연료의 발전

원자력발전이나 석탄(石炭, *black coal*) · 갈탄(褐炭, *brown coal*) 발전은 발전량 조절에 유연하게 대응할 수 없다. 가스발전은 발전량 조절에 유연하게 대처할 수 있으나 천연가스를 제외한 화석연료발전은 완전히 가동하지 않으면 이윤이 적기 때문에 전력기업이 운전을 중지할 위험이 있다. 근본적으로 태양광발전과 대형 전력기업의 이해관계는 서로 상충하므로 전력기업의 입장에서 보면 태양광발전은 골치 아픈 존재다.

독일의 유명한 연구기관인 프라운호퍼(Fraunhofer) 연구소가 조사한 바에 의하면, 독일의 전기요금은 1998년 이래 매년 평균 4% 정도씩 인상되었는데 그중에서 신재생에너지 부과금이 차지하는 비율은 사실상 매우 낮다. 연구소는 "화석연료의 가격은 점점 더 인상하고 있고, 만약 신재생에너지가 더 이상 발전하지 않는다고 해도 전기요금은 더 높이 인상될 것이 분명하다"라고 견해를 밝혔다.

세계적 화석연료인 석탄 · 갈탄발전은 자국산의 활용을 장려하기 위해 이제까지 정부가 막대한 보조금을 지급해 왔다. 즉, 원자력발

〈그림 8-3〉 화석연료와 신재생에너지

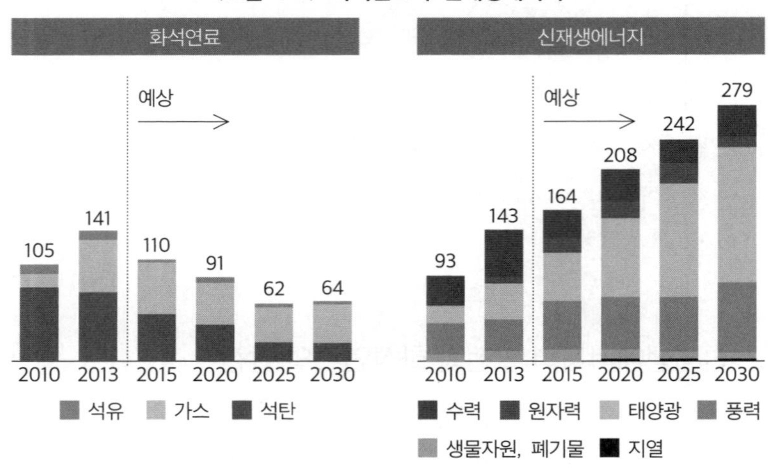

출처: Bloomberg New Energy Finance(2016).

전이나 석탄·갈탄발전은 겉으로는 비용이 싼 것처럼 보이지만 국민이 잘 파악하지 못하는 방법으로 정부가 보조금을 지급해 왔기 때문에 값싼 발전처럼 보였던 것이다. 따라서 이러한 보조금이나 우대정책을 같이 고려한다면 전혀 싼 발전이 아니며 오히려 풍력발전보다 비쌀 수도 있다.

3. 미국의 에너지 정책

1) 오바마 대통령이 선포한 '기후변화행동계획'

미국은 중국에 이어 세계 2위의 온실가스 배출국이다. 오바마는 대통령으로 당선되면서 그린 뉴딜 정책을 선포하였고, 이는 많은 미국 국민이 에너지 전환 정책에 관심을 두도록 만들었다. 미국에서 정치·경제계에 막강한 파워를 가진 석유업계와 석탄업계, 가스회사 등 워싱턴 D. C. 의 로비스트들은 반기를 들며 석유, 석탄은 기후변화와 아무런 관계도 없다고 주장했지만 오바마 대통령은 그린 뉴딜을 강한 의지로 추진하며 밀어붙였다. 캘리포니아와 텍사스, 애리조나 등 11개 주는 즉각 반응을 보이고 행동계획에 돌입했다.

오바마 대통령은 재벌의 힘이 막강해 11개 주의 협력만으로는 고전을 면치 못하다가 2012년 재선에 성공하자 '기후변화행동계획'(Climate Action Plan)이라는 새로운 기치를 내걸고 주(州) 단위의 에너지 정책을 다시 강력하게 밀어붙였다. 그 영향으로 신재생에너지를 위한 연구·개발은 다시 활기를 되찾았다. 이 같은 정책에는 신재생에너지 개발기술이 정책보다 훨씬 앞서고 있었다는 배경이 있었다.

2) 신재생에너지 연구·개발의 거점 정비

오바마는 에너지 혁신 허브(*energy innovation hub*)를 지정해 연구개발비도 매년 100% 이상 증가할 것을 의회에 요청하였다. 미국 에너지부의 연구개발비는 매년 증가하고 있다. 과학기술진흥기구의 연구개발진흥센터(Center for Research and Development Strategy: CRDS)가 정리해서 발표한 보고서에 의하면, 연구개발을 담당하는 에너지효율·신재생에너지국 등 6개 기관의 예산 합계는 연간 80억 달러를 넘는 수준이고 2014년 회계연도(2013년 10월에서 2014년 9월)에는 전년도보다 약 17% 증가한 102억 달러였다.

6개 거점 연구소 중에는 펜실베이니아의 '고효율 에너지 건물 허브'나 캘리포니아의 '인공 광합성 공동센터'가 있는데, 산(産) · 관(官) · 학(學)의 각 연구원이 공동시설 안에서 실증 · 실험이나 시스템 구축 연구, 경제성 평가와 같은 연구 · 개발에 몰두하고 있다.

화석연료 연소로 생기는 이산화탄소의 회수 및 저장(CCS)과 생물자원연료 기술에도 중점투자가 이루어지고 있다. 자신의 연구성과에만 만족하지 않고 해외로부터의 기술도 받아들이며 실용화를 서두른다. CCS 연구 · 실험의 경우, 로런스 버클리 국립연구소(Lawrence Berkeley National Laboratory)가 EU의 지구환경산업 연구기구와 협력해서 지층수의 배출이나 지열 이용이 가능한 차세대 CCS를 공동으로 연구하고 있다.

〈표 8-1〉 에너지 혁신 허브로 선정된 6개 거점 연구소

명칭	채택시기	참가기관	목표
경수로(輕水爐) 첨단 시뮬레이션 컨소시엄	2010년 5월	오크리지 국립연구소 외 10개 기관	원자로의 안전성, 경제성 등 모델링, 시뮬레이션기술 개발
인공 광합성 공동센터	2010년 7월	캘리포니아공과대학 등 7개 기관	식물 광합성의 10배 이상의 효율로 태양광 · 물 · 탄소에서 연료를 생성하는 방법 개발
고효율 에너지 건물 허브	2010년 8월	펜실베이니아주립대학 등 27개 기관	2020년까지 상업용 건물의 에너지 소비를 20% 삭감하는 방법 개발
에너지 저장 공동연구센터	2012년 11월	아르곤 국립연구소 등 14개 기관	현행 리튬이온전지를 기준으로 5년 이내에 에너지 저장성능을 5배로 올리고 비용은 5분의 1로 줄이는 방법 개발
전략재료연구소	2013년 1월	에임스 연구소 등 18개 기관	희토류(希土類) 원소로 대표되는 에너지 분야 전략재료의 안정공급 방법 개발
에너지 전송 관련(미정)	2014년	미정	미정

출처: 미국 과학기술진흥기구 산하 연구개발진흥센터(CRDS).

아직 IT나 생명공학에 필적하는 붐은 일어나지 않았지만 에너지 연구, 혁신 등은 틀림없이 비즈니스로 성장할 것이다. 2020년 이후에는 새로운 산업이 창출될 것이며 고용창출도 100만 명 단위로 일어날 것이라 예상된다.

3) 캘리포니아의 신재생에너지 정책

캘리포니아에서는 2010년대 들어 신재생에너지 바람이 강하게 불기 시작했다. 제리 브라운(Jerry Brown) 주지사는 신재생에너지 개발 추진에 열정적이었던 아널드 슈워제네거(Arnold Schwarzenegger) 전 주지사의 정책을 잘 계승하고 있다. 캘리포니아는 미국의 52주 가운데 가장 독창적인 모델을 개발하는 중이다.

아울러 혁신을 위한 환경도 잘 정비되어 있다. 우수한 연구시설과 벤처캐피털(*venture capital*) 같은 금융시스템이 있고 산업계와도 매우 효율적으로 연계되어 벤처기업이 성장하기에 알맞다.

그러나 송전선과 같은 전력 인프라는 다른 주와 마찬가지로 노후화되었으며 운영비용도 높고 기능에도 많은 문제가 있다. 이런 점은 캘리포니아뿐 아니라 미국의 신재생에너지 발전이 EU 회원국보다 늦어진 원인이다. 캘리포니아의 전력 인프라가 개선되면 연간 발생하는 수십억 달러의 비용 중 상당 부분을 절감할 수 있을 것이다.

2001년에는 대규모 정전사태를 경험하며 전력시스템의 취약점을 드러냈던 캘리포니아였지만 현재는 신재생에너지 발전 비율을 30%까지 끌어올리는 쾌거를 이루었다. 산업공해가 심해 교토의정서를 기피했던 미국의 처지로서는 정말 자랑스러운 성과다.

〈그림 8-4〉 캘리포니아의 프로젝트:
100% 모든 목적*에 풍력, 수력, 태양광으로의 전환(2014년)

주: * 전기, 교통, 냉 · 난방, 산업 등.
출처: California Independent System Operator(2014); 스탠퍼드대학의 마크 제이콥슨(Mark Jacobson) 교수와 대기오염 · 지구온난화 연구팀.

전력수급의 안정성(*reliability*)을 책임지는 CA-ISO(California Independent System Operator)는 신재생에너지 보급에 대응하는 제어능력에 자신감을 보인다. 2011년 4월, 신재생에너지 비율을 전체 발전량의 33%로 의무화한다는 주정부의 발표가 있었을 때만 하더라도 대부분의 시민은 목표는 매우 야심적이나 가능성은 없을 거라 생각했다. 그러나 그해 말 CA-ISO는 어느 정도의 달성은 가능할 것 같다는 자신감을 갖기 시작했다. CA-ISO는 신재생에너지 감시를 전문으로 하는 팀을 구성해 바람의 움직임이나 일사량(日射量) 등에 의해 발전량을 예측하고 5분간의 실시간으로 거래정보에 접근할 수 있는 시스템을 구축했다.

2011년 11월, CA-ISO의 시스템 개발책임자는 송전망 정비계획

〈그림 8-5〉 캘리포니아의 신재생에너지 발전량 추이

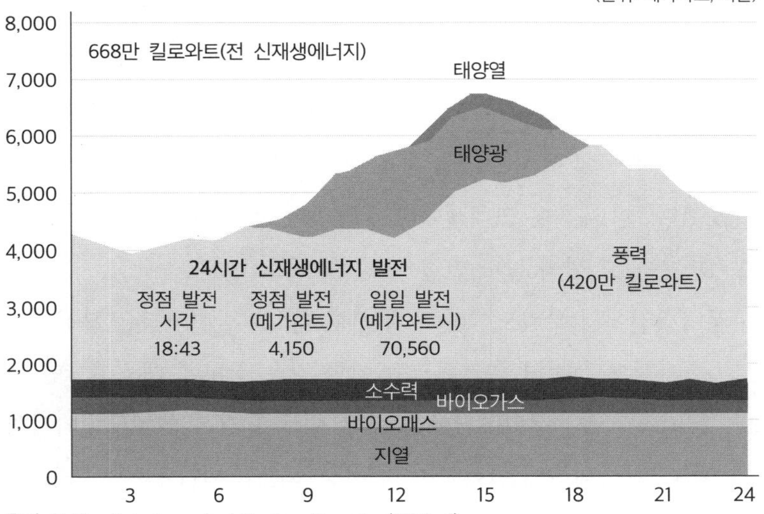

출처: California Independent System Operator(2014. 4).

중에서 정비할 때 꼭 이행해야 할 5가지 사항을 다음과 같이 정했다.

- 인접한 지역과 협조하여 광역적으로 감시와 제어를 한다.
- 하루 전, 한 시간 전, 실시간(*real time*) 등 다양한 거래시장을 디자인(*market design*) 할 필요가 있다.
- 변동과 불확실성을 흡수하고 예측하는 운영기구를 설치한다.
- 발전과 수요에 유연하게 대응할 수 있는 시스템을 구축한다(조정 전원 · 수요반응 · 축전지의 최적화된 조합 등).
- 분산 전원을 포함한 계통에의 접속 규칙을 정비한다.

유럽과는 조금 다른, 특유의 구조적 특징이 있는 캘리포니아의 전력 네트워크는 미국에서 가장 적극적인 정책방침이 잘 반영된 사례다. 2006년, 캘리포니아는 2020년까지 온실가스 배출량을 대폭 삭감한다는 법을 캘리포니아 주의회 하원 법으로 발효했다. 그리고 같은 해, 2018년까지 100만 건의 태양광패널을 빌딩이나 공공건물, 학교, 가정 등에 설치할 것을 목표로 하는 '100만 루프(*roof*) 계획'을 발표했다. 이 계획은 신재생에너지 정책과 기술 측면에서 미국을 앞질렀던 독일도 깜짝 놀랄 만한 야심 찬 계획이었다.

풍력발전에의 투자도 착실하게 진행되었고 발전거점은 분산되었다. 결과적으로 전력 네트워크는 이와 같은 상황에 대응해야만 했다. 2010년 9월, 캘리포니아는 다른 주보다 앞서 신재생에너지의 이용확대를 촉진하기 위한 에너지 저장에 관한 법률을 공포하였다. 아울러 캘리포니아 주정부가 추진하는 전기자동차 보급을 위해서는 전력 네트워크를 위한 특별한 투자가 필요했다.

이 같은 환경에서 에코시스템(*eco-system*)이 탄생하면서 신재생에너지 비즈니스 관련 벤처기업이 캘리포니아 곳곳에 자리를 잡았다. 캘리포니아의 실리콘밸리는 미국의 아날로그식 경제구조를 디지털식으로 도약시킨 성지라고 해도 지나친 말이 아닐 것이다.

4) 전력사업에 참여하는 IT 기업

실리콘밸리의 주요 IT 기업은 청정에너지, 친환경기술과 비즈니스 분야에서 새로운 세계를 탄생시켰다.

IT 기업은 가공한 정보를 수요자에게 판매하는 정보사업자다. 그런 연유로 천문학적인 정보를 보관하며 서버를 중심으로 구성된, 이른바 데이터센터가 핵심 역할을 한다. IT 기업의 전체 운영비 중 90%는 데이터센터의 유지비용이다. 서버는 날이 갈수록 증가하므로 데이터센터도 더불어 늘려야만 한다. 게다가 데이터센터는 서버의 열을 식히기 위해 물을 많이 필요로 한다. 그래서 주요 IT 기업은 물이 풍부한 석탄광산을 매입해 데이터센터를 건설한다.

(1) 마이크로소프트

마이크로소프트(Microsoft)의 창업자 빌 게이츠(Bill Gates)는 "앞으로 세계는 새로운 디지털 시대로 돌입할 것이다. 석탄과 석유, 원전에 의존하던 시대를 지나 이제는 태양광, 풍력 등 청정한 에너지가 우리의 생활을 화석연료, 원전 등 위험한 에너지로부터 해방시킬 것이다. 그때는 산업구조, 사회구조도 혁신될 것이다. 오지에서 문명의 혜택을 받지 못하고 살았던 빈민의 생활도 향상될 것이다"라고

〈그림 8-6〉 마이크로소프트의 데이터센터 분포

주: 마이크로소프트가 앞으로 더 설치할 예정인 10개의 데이터센터는 풍력만으로 전체 전원의 50%를 사용할 계획이다.
출처: 〈이코노미스트〉(*Economist*).

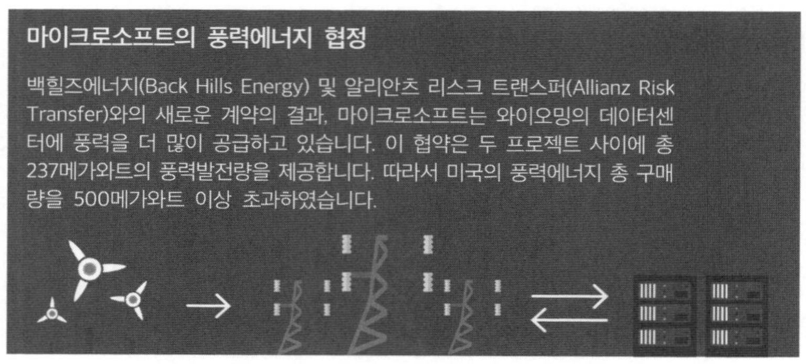

말했다. 세계 제 1의 재력가로 아프리카와 같은 지역의 빈곤을 퇴치하는 사업도 전개하는 빌 게이츠는 기후변화에 지대한 관심을 둘 뿐만 아니라 이를 위해 본인이 직접 행동으로 실천하고 있다.

일례로 그는 새로운 연구·개발에 20억 달러를 투자하기로 결정하였다. 그는 2015년 6월 하순, 〈파이낸셜타임스〉(*Financial Times*)와의 인터뷰에서 기후변화의 속도가 빨라지는 것을 막기 위해 20억 달러를 투자, 그린에너지 개발에 온 노력을 기울이겠다고 밝혔으며 앞으로도 계속해서 개인투자를 할 뿐만 아니라 현재 이산화탄소 삭감을 위한 기술보다 한 단계 더 높은 새로운 기술을 개발하겠다고 말했다.

또한 빌 게이츠는 기후변화와 신재생에너지 프로젝트에서 다른 IT 거물과 차별화된 방향을 선택했다. 빌 게이츠는 태양광을 화학적으로 변화하여 동력을 얻는 태양광 화학기술에 관심을 두며, 이를 통해 현재의 배터리보다 10배 이상의 에너지를 저장할 수 있는 액화 탄화수소를 만들 수 있다고 주장한다. 또 이 방법으로 자동차, 비행기 등 모든 교통수단에서 획기적인 혁신을 일으킬 수 있다는 입장이다.

(2) 구글

구글(Google)은 캘리포니아와 애리조나에 합계 출력 106메가와트(약 10만 킬로와트)인 대규모 메가솔라에 투자한다고 발표했다. 미국의 투자회사인 KKR과 제휴해서 2개 주(州)에 6개의 단지를 조성할 계획이다. 구글은 2011년의 투자를 시작으로 앞으로 총액 10억 달러 이상의 자금을 신재생에너지에 투자할 계획이라고 발표했다. 구글이 투자한 메가솔라 중 하나는 캘리포니아의 사막 지대에 건설 중인데, 출력 1만 7,500킬로와트급 프로젝트로 2014년에 발전을 개시했다.

구글은 지난 2010년 2월 미연방 에너지규제위원회(Energy & Environmental Research Center)로부터 전력거래 권리를 취득한 이후 전력사업에 뛰어들었다. 인터넷 검색서비스로 IT 업계의 최강자로 올라선 구글이 전력사업에 뛰어든 배경에는 '스마트그리드'가 있다. 스마트그리드는 효율성이 높은 송전망으로서 주택, 빌딩, 가전과 연결해 에너지를 절약하는 새로운 라이프스타일을 창조할 비즈니스가 되고 있다.

이어 구글은 2015년 6월 24일, 앨라배마주 몽고메리 근교에 데이터센터를 건설할 예정이라고 발표했다. 이 데이터센터도 신재생에너지로 충당하겠다고 발표했는데, 데이터센터 건설 발표문에서 "데이터센터의 소비전력을 100% 신재생에너지로 발전하는 것을 목표로 하고 있다"라고 했다. 데이터센터는 대량의 물을 사용하기 때문에 석탄·제지·시멘트 회사와 같이 대량의 물을 저장하는 시설이 필요하다. 구글이 2009년에 핀란드에 건설한 데이터센터도 대량의 물을 사용할 수 있는 제지공장을 개축한 것이다.

애리조나에 건설 중인 구글의 태양광패널. © Steve Marcus, 〈로이터〉

구글이 설계한 태양광 선박(solar boat). 아직은 일반 선박에 비해 건조비가 비싸지만 배의 무게를 줄이고 패널의 태양광 흡수력은 키우는 기술이 개발되면 비용이 낮아져서 일반 선박보다 항해속도도 빨라지고 비용도 저렴해진다. 무엇보다 바다를 더럽힐 염려가 없다. © PlanetSolar

미연방 규제위원회로부터 발전사업자 인가를 받은 구글은 에너지 소비를 계측할 수 있는 애플리케이션인 파워미터(Power Meter)를 개발했다. 구글은 풍력발전에도 많은 투자를 했으며 애리조나에 8천만 달러를 투자해 태양광발전을 가동하고 있다. 2015년까지 신재생에너지에 총 30억 달러를 투자했다.

구글 회장 에릭 슈미트(Eric Schmidt)는 "기후변화는 실제로 일어나고 있는 심각한 상황으로, 이제는 언론이나 강좌로 논의할 시간은 지났고 행동할 때"라고 강조했다.

(3) 페이스북

구글과 함께 세계 최대의 네트워크 시스템을 보유하고 있는 페이스북(Facebook)은 2015년 5월부터 태양광발전과 풍력발전 등 신재생에너지만을 사용하는 데이터센터의 건설을 개시한다고 발표했다.

페이스북 창립자 마크 저커버그(Mark Zuckerberg)는 빌 게이츠와 같이 민간 부문에 신재생에너지, 특히 태양광발전의 투자를 촉진하기 위해 10억 달러의 기금을 제공했고 아마존의 제프 베조스(Jeff Bezos)와 함께 캘리포니아 동남지역에 있는 사막지대에 거대한 메가솔라급 태양광발전단지를 조성하는 사업에 착수했다. 이들은 이미 25개사를 확보하고 모든 이에게 저렴하고 깨끗한 에너지를 공급하겠다고 선언했다.

2011년 4월 15일 페이스북은 오리건주 프린빌에서 새로운 데이터센터 개막식을 가졌다. 방문객은 행사에 입장하면서 2만 7천 제곱미터에 달하는, 동쪽을 따라 자리 잡은 10개의 태양광 추적기(*phovoltaic tracker*) 배열을 처음으로 보았다. 이 구조는 솔라월드(Solar World)

페이스북 회장 마크 저커버그가 캘리포니아 샌프란시스코에서 2016년 4월에 개최된 첫 번째 데이터센터 개막 축하행사에서 컨퍼런스 기조연설 중 태양열 구동식 아퀼라 무인기(Aquila drone)의 프로펠러 포드(pod)를 들어 보이고 있다. © 〈로이터〉(2016. 4. 12)

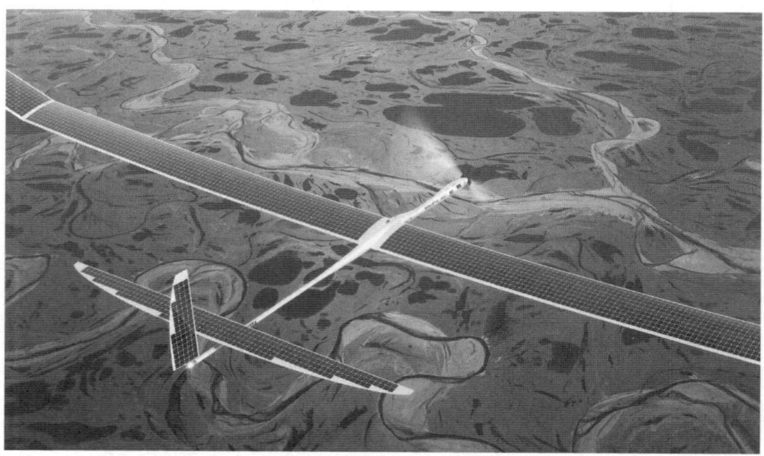

페이스북의 태양광발전 무인 항공기. 페이스북은 태양광 무인항공기 아퀴라(Aquila) 호의 테스트 비행에 성공했다고 발표했다. 이번에는 유타주에서 96킬로미터를 비행했지만 가까운 시일 내에 고도 18,290미터를 날 수 있을 것이다. 또한 한 번에 3개월 이상 비행하면서 인터넷에 접근하여 지구 구석구석까지 연결할 수 있게 하겠다고 발표했다. © Google

240와트 패널이 있는 17개의 추적기로 이루어졌으며, 태양광 및 PV 추적기에 의해 데이터센터에 전력을 공급한다.

(4) 인텔

인텔(Intel)은 세계 최대의 PC용 CPU(중앙연산 처리장치) 제작사이며 시장에서 압도적인 우위를 점하고 있다. 인텔이 새로 눈을 돌린 시장은 풍력발전 설비시장이다.

바람의 방향(풍향)이나 세기(풍력)가 바뀜에 따라서 풍차에 걸린 부하(負荷)는 복잡하게 변화하며, 따라서 바람의 변화를 실시간으로 파악해 풍차의 각도, 회전 저항을 자동으로 조절하는 기술이 필요하다.

인텔이 개발한 기술로 풍차를 조절하면 건설비도 절약되고 풍력발전의 효율성도 40% 이상 높일 수 있다.

런던 어레이(London Array)는 근래에 마지막 터빈을 설치하고 온라인으로 전환한 후 세계 최대의 풍력발전 단지가 되었다. © Roar Lindefjeld, Woldcam, Statoil

인텔 본사인 로버트 노이스 빌딩(Robert Noyce Building) 지붕에서 최고경영자인 브라이언 크르자니크(Brian Krzanich, 오른쪽)가 풍력발전 프로젝트의 일환으로 총 58개의 마이크로터빈을 설치하고 있다.

(5) 애플

애플(Apple)은 2017년 3월, 현재 사용하는 부품이나 설비를 모두 신재생에너지를 사용해 제작할 것을 중국, 대만, 유럽의 제조 협력업체에 통보했다. 데이터센터도 신재생에너지로 전환(100%) 운영할 것이라고 발표했다. 애플은 이 프로젝트를 수행하기 위해 17억 달러 규모의 투자를 할 계획이다.

시설은 각각 아일랜드의 골웨이와 덴마크의 유틀란트반도 중앙부에 설치한다. 이 두 지역 모두 16만 6천 제곱미터의 규모로, 2017년에 완공해 조업을 개시한다고 발표했다. 유럽에 새롭게 건설할 이 시설은 애플의 다른 시설과 마찬가지로 처음부터 100% 신재생에너지로 가동된다. 아울러 애플은 세계자연보호기금(WWF)과 제휴하

인구 6만 명의 작은 캘리포니아 도시 쿠퍼티노(Cupertino)에 건설된 애플 본사 건물. 우주선을 연상시키는 건물의 옥상은 태양광패널로 덮여 있는데, 이는 애플의 미래를 상징한다. 발전량은 약 1.4기가와트(1,400만 킬로와트)나 된다.

여 중국의 산림 중 최대 40억 4천만 제곱미터를 녹화(綠化) 하는 프로젝트도 발표했다.

(6) 아마존

아마존(Amazon) 은 데이터센터의 에너지를 신재생에너지로 전환하겠다는 획기적인 계획을 발표했다. 아마존은 먼저 2016년 말까지 데이터센터 소비전력의 40%를 태양광에너지를 중심으로 한 신재생에너지로 전환하는 것을 목표로 설정했으며 이를 위해 2015년 6월, 데이터센터가 집중된 버지니아에 태양광발전소 '아메리칸 솔라 팜'(American Solar Farm) 을 건설했다.

아마존의 신재생에너지로의 전환은 이것뿐만이 아니다. 2015년 4월에는 전기자동차 생산회사인 테슬라로부터 효율이 높은 축전지를 대량으로 구입해 캘리포니아의 데이터센터에서 실증실험을 했고 좋은 결과를 얻었다.

아마존은 2014년 11월, 자사 글로벌 인프라의 신재생에너지 비율 100% 달성을 위한 장기적인 약속을 발표했다. 이 발표에서 아마존은 2016년까지 신재생에너지 사용량을 40%로 바로 확장할 것을 목표로 한다고 밝혔다. 또한 100% 탄소 중립 인프라를 고객에게 제공하고 2011년부터 시행해 왔다.

신재생에너지에 의한 전력공급은 날씨에 따라 변동하므로 축전지를 병용하면 전력공급의 변동에 대처할 수 있다. 아마존과 같은 대형 클라우드 사업자는 지금까지 서버 냉각에 필요한 전력을 삭감하기 위해 데이터센터 소비전력의 효율성 향상에 큰 노력을 기울였지만 서버의 숫자는 점점 더 증가하므로 데이터센터 확장은 필수적이다. 그러나 앞으로 저장기술이 점점 발전함에 따라 데이터센터의 확장은 필요 없게 될 가능성이 있다.

5) 신재생에너지를 도입한 글로벌 대기업

미국의 에너지 정책은 신재생에너지를 중심으로 변화하고 있다. 이 같은 대전환이 앞으로 좋은 비즈니스가 되어 이익을 보장할 것으로 판단한 미국의 여러 대기업은 신재생에너지 산업에 뛰어들고 있다.

(1) 월마트

세계 최대의 소매 유통업체인 월마트(Walmart)는 2014년부터 미국 내 지사 및 마트에 태양광발전 시스템 260기를 설치했다. 시스템 1기의 발전량은 각 시설 전력공급량의 10~30%를 차지한다. 월마트의 목표는 앞으로 2022년까지 미국 내 매장에 최대 400기의 태양광발전 시스템을 설치하는 것이다.

2014년 5월, 월마트 최고경영자인 빌 사이먼(Bill Simon)은 "월마트가 신재생에너지 도입에 열성적인 이유는 자연보호에 대한 사명감도 있지만 이보다 앞서 비즈니스상 이점이 있기 때문이다. 현재 월마트의 신재생에너지 구입금액은 송전망을 통해 조달하는 금액과 유사하거나 오히려 저렴하다. 앞으로 월마트의 신재생에너지 도입을 확대하고 에너지 절감방법을 시스템화하면 2020년까지는 적어도 10억 달러 이상의 효과를 볼 것으로 확신한다"라고 말했다.

(2) 보잉

항공우주 산업계 부동의 제 1인자인 보잉(Boeing)은 어마어마한 양의 에너지를 소비한다.

그러나 보잉의 에너지 소비량 중 20% 정도가 신재생에너지(수력발전 포함)라는 사실을 아는 사람은 그리 많지 않을 것이다.

미국 사우스캐롤라이나주 찰스턴에 위치한 보잉의 조립공장 옥상에는 태양광발전이 설치되어 있다.

1885년에 설립된 미국의 에너지 절약 전문업체 존슨컨트롤즈. 전자부품 · 냉난방장비 전문업체이기도 한 이 회사는 생산기기에 에너지 절약 솔루션을 적용한다.

(3) 존슨컨트롤즈

존슨컨트롤즈(Johnson Controls)는 건물의 효율화를 추구하며 자동차의 내장부품기술을 제공하는 글로벌 기업이다. 존슨컨트롤즈는 전력의 20%를 신재생에너지에서 얻는다. 회사가 보유한 차량도 효율이 좋은 HV와 전기자동차로 전면 교체 중이다.

6) 개인 투자가와 신재생에너지

(1) 워런 버핏

워런 버핏(Warren Buffett)은 2014년에 태양광, 풍력발전에 15억 달러를 투자했다. 이는 세계 최대의 투자였다. 2015년 말에 완성된 캘리포니아의 거대 태양광에너지 복합시설도 이 프로젝트의 대상 중 하나였다.

이 외에도 워런 버핏은 앞으로 가까운 시일 내에 50억 달러를 더 투자하겠다고 발표했다. 2014년에는 캐나다 송전회사의 주식을 18억 달러에 매입한 일도 있다.

(2) 테드 터너

CNN의 창업자인 테드 터너(Ted Turner)는 화력발전소를 많이 소유한 회사, 서던파워(Southern Power)와 합자해 7개소의 태양광발전소를 매수했다. 지금은 풍력발전에 투자할 준비를 하고 있다.

(3) 필립 앤슈츠

덴버(Denver)를 거점으로 석유와 가스 사업으로 수백억 달러를 벌어들인 필립 앤슈츠(Philip Anschutz)는 와이오밍 중남부에 위치한 언덕 위에 3천 메가와트급 풍력발전소를 건설하고 있다. 풍력자원은 풍부하지만 인구는 58만 명밖에 안 되는 와이오밍에서 풍력발전을 건설하는 기업가에게 3,800만 명에 달하는 캘리포니아 주민은 그야말로 거대한 시장임이 틀림없다. 그는 이 외에도 캘리포니아, 네바다, 애리조나에 1,100킬로미터 이상의 송전선을 건설했다.

(4) 마이클 블룸버그

미국에서 가장 성공한 기업가 중 한 명인 마이클 블룸버그(Michael Bloomberg)는 〈블룸버그 통신〉(*Bloomberg News*)과 미국에서 가장 영향력 있는 경제지 〈블룸버그 비즈니스위크〉(*Bloomberg Businessweek*) 등에서 볼 수 있듯 언론 산업에서의 영향력이 막강하다. 뉴욕 시장을 2번이나 역임한 그는 재임 시 뉴욕의 환경문제를 개선하는

데 많은 공적을 남겼다.

2017년에는 '신재생에너지 사회의 가속화'를 위해 환경단체와 에너지단체에 5천만 달러를 기부했다. 석탄화력발전소를 폐쇄하자는 오바마 대통령의 조치에 전폭적으로 찬성하는 글을 신문에 게재하기도 했다. 또한 에너지 대전환을 위해 앞으로도 거액의 기부금을 낼 것이라고 밝히며 캠페인을 주도하고 있다.

(5) 헨리 폴슨

조지 부시 대통령 집권기에 재무부 장관을 역임한 헨리 폴슨(Henry Paulson)은 마이클 블룸버그와 함께 기후변화에 의한 경제적 위험을 정량화하는 리스키 프로젝트(Risky Project)를 주관하고 있다.

헤지펀드 매니저인 그는 기후변화를 추적하는 연구 포럼에도 참가하는데, 기후변화가 공해 때문이 아니라고 주장하는 부정론자에게 대항하기 위해 '기후변화'에 대한 전 미국 규모의 교육을 강화하는 캠페인을 주도하고 있다. 이 활동을 계기로 탄소제로를 위한 신재생에너지로의 전환을 앞당기기 위해 총력전에 돌입했고 지지자를 모으는 비영리사업을 주관하고 있다.

4. 유럽의 신재생에너지 정책

유럽연합(EU)에서는 최종 에너지 소비에서 차지하는 신재생에너지의 비율을 2030년에 최저 27%까지 올리는 법안을 가결했다. 2015년의 실적이 17%였음을 고려하면 과감한 인상을 결정한 셈인데, 대형 전력기업들은 27%가 너무 낮은 수치라고 오히려 불평을 하고 있다. 얼마 전만 해도 석탄과 원전 의존도가 80%에 이르러 신재생에너지로의 전환은 급진적인 결정이라 거의 빈사상태까지 떨어졌던 재벌급 회사들이 현실에 빠르게 적응했다는 사실에 여러 사람이 신기하게 생각하고 있다.

EU는 신재생에너지가 전력계통에 우선적으로 연결되어야 한다고 규정했다. 송전선 이용의 우선권이 주어진 셈이다. 여기서 신재생에너지의 용량이 커진다면 종래의 전력은 신재생에너지에 밀릴 수밖에 없다. 에너지 회사들이 소유하고 있는 전원(電源)은 화력발전과 원자력발전이 대부분이기 때문에(약 90% 이상) 양(量)과 가격 모두에서 타격을 받게 되었다. 화력발전의 경우, 원자력이나 갈탄은 출력 조절이 어렵다는 단점이 있어 천연가스와 석탄에 의존해야 하고, 이로 인해 전력 효율이 떨어져 가동률도 많이 감소할 수밖에 없었다. 그 결과 전력 수급은 느슨해졌고 도매시장 가격은 크게 하락했다. 기간손익(期間損益) 뿐만 아니라 자산평가에도 크게 영향을 미쳤다. 특히, 탈원자력발전을 결정하고 신재생에너지가 급증한 독일의 경우가 더 현저하다.

이를 정리해 보면, 화력발전의 수요는 예상을 밑도는 상황이 되었고 신재생에너지는 예상을 넘어 보급이 확대되는 바람에 대형 전력회사들의 과다한 설비 투자가 커다란 손실로 돌아오게 된 것이다. 이익 폭은 적다고 해도 안정성 있었던 신재생에너지 투자를 게을리한 전력회사들이 타격을 받을 수밖에 없는 상황이 벌어진 것이다. 특히, 화력발전 비율이 높은 전력사업자, 화력발전 투자에 적극적이었던 사업자는 결국 고전을 면치 못하게 되었다.

EU 위원회의 과감한 이산화탄소 삭감 목표 설정에 의해 신재생에너지에 대한 투자는 증가했고 에너지 수요관리를 중심으로 하는 에너지 효율화(*energy efficiency*) 사업이 점점 더 큰 산업으로 발전하기 시작하면서 화력발전과 원자력발전으로 부를 쌓아 온 대형 전력회사들의 경영은 어려워지기 시작했다.

따라서 유럽의 여러 대형 전력회사는 화석연료발전에서 태양광과 풍력발전을 중심으로 한 신재생에너지 발전으로 급선회하고 있다. 각 사가 신설을 발표한 신재생에너지 발전시설의 능력을 합치면 5천만 킬로와트가 넘는다. 출력 측면에서 보면 원자력발전소 50기 이상에 상당하는 규모다.

이처럼 신재생에너지로 발 빠른 전환을 하는 이유는 기후변화의 심각성 때문이기도 하지만 기술혁신에 의한 비용 절감이 가장 주요한 원인이다. 일례를 들어 풍력의 경우, 터빈의 대형화가 진행되면서 터빈의 숫자가 줄어들었으며 건설기술 향상으로 풍차 설치에 필요한 기간도 종래의 1주일에서 하루로 단축되었다. 태양광의 경우, 중국 패널공장에서의 공급이 원활해지면서 가격이 대폭 떨어졌다.

1) 북유럽의 노드풀

(1) 발전 · 송전 · 배전의 분리

'언번들링'(*unbundling*)이란 용어는 2000년대에 들어 EU 회원국 가운데서 흔히 통용되기 시작한 새로운 전력 산업 용어로, 전력의 발전 · 송전 · 배전의 분리를 의미한다.

EU 회원국 중에서도 선진국들은 전력회사가 전력공급의 전체적

과정을 수직적으로 통합한 형태로 운영하던 전력사업을 한 차원 높여 발전·송전·배전사업을 분리했다. 이로써 기존 전력사업자 이외의 발전사업자, 정보통신사업자, 벤처기업 등 이종업종이 폭넓게 참여할 수 있는 자리가 만들어졌고, 자연스럽게 고용창출도 이루어졌다. 예를 들어, 영국은 마거릿 대처(Margaret Thatcher) 정권 시대인 1990년에 국영 전력회사를 민영화하는 정책의 첫 단계로 발전·송전·배전 사업권을 분할했다.

이러한 분리 정책에서 앞선 유럽의 나라로는 역시 북유럽 4개국(노르웨이, 스웨덴, 핀란드, 덴마크)을 들 수 있다. 북유럽 4개국은 국영의 수직통합형 전력회사를 해체해 발전과 송전(소유권)을 분리하는 형식의 전력자유화 정책을 실현했고, '노드풀'(Nord Pool)이라는 전력거래소를 설립해 주변국에 공개했다.

노르웨이의 전력은 1980년대까지 수직통합형 국영회사 '스탓크라프트베르케네'(Statkraftverkene)를 중심으로 한 지역 독점체제로 운영되었다. 그러나 1990년경부터 자유화의 물결이 밀려들었고 1991년에는 〈신에너지법〉이 제정되었다. 이 법에 따라 다음 해에 국영회사는 송전회사인 '스탓네트'(Statnett)와 발전회사인 '스탓크라프트'(Statkraft)로 각각 분리되었다. 노르웨이에서는 공공성이 강한 설비를 따로 분리하는, 그야말로 교과서와 같은 공식적 절차를 밟아 개혁을 신속하게 실천한 셈이다. 그러나 발전 부문에서 스탓크라프트가 독점적인 지위를 누리는 현상에는 변함이 없었다.

노르웨이 정부는 거래시장을 다시 정비해 개혁 정책을 추가했다. 스탓크라프트의 자회사로 '스탓네트 마르케드'(Statnett Marked)를 새로 설립해(1993년) 복수의 발전회사와 소매회사 그리고 대형 수요자 사이의 전력거래를 성사시키기에 이르렀다.

이와 같이 빠른 속도로 진전되는 거래시장 변화에 스웨덴이 합류하였다(1993년). 스웨덴에서도 1992년에 수직통합형 국영전력회사 '바텐팔'(Vattenfall)의 발전과 송전이 분리되었다. 노르웨이와 스웨덴 양국은 이전부터 송전망이 접속되어 있었는데 시장을 국제적으로 통합하여 노드풀이 설립된 것을 계기로 국경을 넘는 자유로운 시장이 형성된 것이다.

그 후 핀란드와 덴마크도 노드풀에 참가하여 2000년에는 북유럽 4개국의 전력시장이 통합되었다. 현재 스폿(*spot*)시장에는 유럽 18개국 350사의 회원기업이 참가해 연간 3,100억 킬로와트시(kWh)의 전력이 거래되고 있으며, 이는 북유럽 4개국의 모든 전력소비량의 74%에 해당한다.

(2) 전력자유화와 가격의 변동

전력의 시장가격은 당연히 변동한다. 하루 중에서도 최저수요와 한낮의 최고수요 간의 차이가 매우 커, 노드풀에 의하면 2011년 7월의 하루 동안 200% 이상의 가격 차이가 발생했다. 전력의 수요량은 인간의 생활패턴에 따라 하루 동안에도 크게 변동하기 때문이다. 특히 북유럽에서는 계절에 따른 차이도 심하다. 춥고 긴 겨울이 전력수요가 최대로 증가하는 시기이며 여름에는 에어컨을 잘 사용하지 않기 때문에 수요가 그만큼 적다. 당연한 이야기지만 수요가 줄면 가격은 내려가고 수요가 늘면 가격도 올라간다.

여기에 대응하는 공급도 여러 요인에 의해 변동한다. 화력발전은 시간대와 관계없이 가능하지만 연료가격의 영향을 받아 중장기적으로는 변동한다. 수력발전은 표면적으로는 발전하는 데 자본이 들지 않지만 겨울은 갈수(渴水)기이므로 발전량에 제약이 걸리고 값이 비싸진다. 풍력발전은 기후변화에 따라 달라지고 야간의 시장가격은 싸질 수밖에 없으므로 여러 조치를 취해야 한다. 이와 같이 전기는 수요와 공급이 매일 그리고 연간 크게 변동한다. 이를 개방된 시장에 맡기지 않고 독점적인 전력회사에 전적으로 의존하면 그때그때 변동하는 수급상황과는 관계없이 일정하게 값을 정할 수밖에 없다.

북유럽에서 전력자유화에 대한 대응조치는 정부의 확고한 방침 그리고 국영회사인 송전회사와 국가 간 긴밀한 협력관계 아래, 공익사업의 규제개혁 순리에 따라 질서정연하게 진행되었다. 그 결과, 북유럽의 전기요금은 커다란 가격변동이 생겨도 수요자에게 누를 끼치는 일은 없으며, 미국과 같이 계통운용의 불안정화를 초래하는 불상사도 발생한 일이 없다. 이러한 북유럽의 공급자 혹은 수요자 측면의 새로운 전력시스템에 대해 EU 회원국 내 전력관계자들의 신뢰감은 매우 높다.

발전·송전 분리에 의해 풍력발전을 송전망에 접속할 수 있게 되었고 경쟁 정책상의 장애가 없어졌다고 해도 이를 무제한으로 도입할 수 있는 것은 아니다. 풍력발전의 출력은 불안정하기 때문에 비율이 증가할수록 전력의 수급조정이 곤란해지기 때문이다.

북유럽국가들은 이를 '국제연계'로 해결하려고 하였다. 예를 들어, 풍력과 같은 불안정한 전원을 다른 전원과 함께 다양한 공급과 수요에 포함하여 포괄적으로 작업함으로써 불안정성은 경감되고 전력시스템으로서의 흡인력은 향상한다. 자유화 제도는 이에 크게 공헌했다. 이러한 접근에서 시장은 크면 클수록 좋다. 특히, 북유럽

〈그림 8-7〉 노르웨이의 전원(2011년)

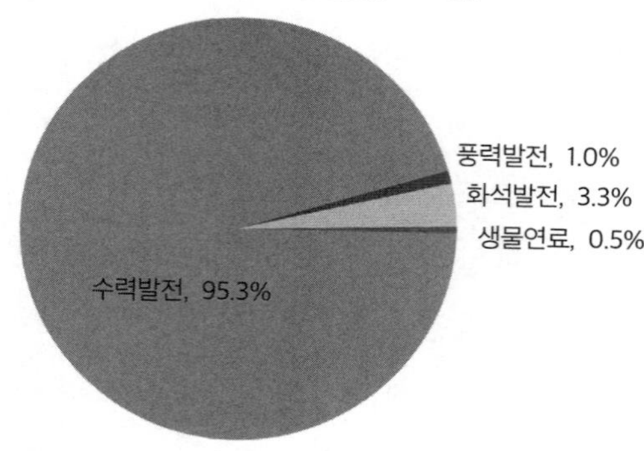

주: 수력발전이 전체 전원의 95.3%를 차지한다.

의 지형 측면에서 보면 덴마크의 풍력과 노르웨이의 수력이 서로 조화를 이루게 했다는 의미가 있다.

덴마크의 전력시장 규모는 북유럽 4개국 중 가장 작다. 이 좁은 시장에서 20%의 풍력발전을 흡수하는 것은 곤란이 따른다. 따라서 덴마크 정부는 좁은 국내시장을 벗어나 바다 건너편의 노르웨이와 송전망을 연결함으로써 전력의 수출입을 가능하게 했다.

한편, 노르웨이의 저수식(貯水式) 수력발전은 유수량(流水量) 조정을 통해 발전량 증감이 용이한 조정전원이다. 덴마크에서 풍력발전이 많아질 때는 노르웨이에 수출하고, 부족할 때는 노르웨이에서 수력발전에 의한 전력을 수입한다. 이처럼 양국의 전력을 조정해 주는 것이 '노드풀'이다. 실제로 덴마크는 전 발전량의 32.9%를 수출하고 전 소비량의 35.6%를 수입한다.

송전망에 입력하면 똑같은 재화(財貨)가 되는 전력을 일부러 수출하고 또 거의 비슷한 양의 전력을 수입해 들여오는 것은 쓸데없는 낭비라고 생각하기 쉽다. 그러나 수요와 공급이 시간에 따라 다르게 편재하므로 커다란 시장 메커니즘 속에서 수급 조정을 하는 것이 효율적이다.

(3) 신재생에너지 보급

북유럽의 전력자유화 성과로서 특기할 만한 것은 신재생에너지의 급속한 보급이다. 특히, 덴마크는 5천 대의 풍차와 350만 메가와트시(MWh)의 설비용량을 보급하여 발전량이 전체의 40%에 이르는 풍력발전 대국이다.

덴마크는 1970년대 석유파동 이후 안전 보장이 필요하다는 위기감에서 정책적으로 풍력발전을 추진해 왔다. 국토가 평평하기 때문에 수력발전이 불가능한 점을 역이용해서, 북해의 강풍을 활용한 풍력발전 건설 가능지역을 설정했고 지역주민과의 분쟁 해결 가이드라인 제정 등을 총동원했다. 이의 보완적인 역할을 할 수 있도록 한

덴마크의 풍력발전. 75%가 지상발전이고 25%가 해상발전이다. © Energi net.dk

것이 전력자유화였다. 송전 부문을 발전 부문으로부터 분리하여 화력발전이든 신재생에너지발전이든 관계없이 발전회사와 평등하게 송전망을 이용할 수 있게 되었다.

정부는 송전회사에 대해 풍력발전의 우선 접속과 필요한 송전망 건설을 의무화하였다. 송전회사 입장에서는 풍력이 불완전한 전원인 것은 틀림없지만 어떤 발전회사든 관계없이 여기에 접속하는 대가로 적정한 요금을 회수할 수 있었다. 수직통합형 발전회사(화력발전소)의 발전 부문에 영향을 받지 않도록 송전 부문을 독립시킨 점은 신재생에너지 보급에 크게 공헌한 이점이 되었다.

한편, 2009년 스웨덴은 정부와 정당 간 협의를 거쳐 에너지 기본정책을 세웠다. 주요 내용은 다음과 같다. 첫째, 2020년까지 풍력을 비롯한 신재생에너지 비율을 30%로 끌어올린다. 둘째, 운수 부문 에너지 소비량의 10%를 신재생에너지로 대체한다. 셋째, 에너지 효율을 2005년 대비 20% 상향 조절한다. 넷째, 온실가스는 1990년 대비 40% 삭감한다.

아울러 앞으로는 정부가 원전 건설을 지원하지 않을 것을 명확히 하였다. 즉, 현재 보유한 10기의 범위에서 시장경제 원리를 적용하고 정부는 중립적 입장을 취하겠다는 것이다. 이렇게 되면 원전 업계는 가뜩이나 높아진 설비비용, 길어진 건설기간, 전문인력 부족 등의 이유로 이럴 수도 저럴 수도 없는 입장에 놓이게 된다.

스웨덴의 바텐팔은 신재생에너지의 발전능력을 2025년까지 약 3.5배 더 늘릴 생각이라고 밝혔다.

2) 신재생에너지와 전력감축의 선도국가, 독일

(1) 자발적 에너지혁명

에너지 정책에 커다란 족적을 남긴 독일 사민당 소속 의원 헤르만 쉬어(Herman Scheer)는 다음과 같이 말했다.

> '에너지혁명'이라는 말이 요즘 유행하고 있습니다. 에너지 진보는 분명 기술적 혁신에 의해서만 일어날 수 있습니다. 역사가 증명하듯 혁명은 민중의 채워지지 않았던 욕구가 채워지면서 또 다른 새로운 욕구를 일으키는 과정에서 발생합니다. 새로운 기술은 실용화와 생산을 일으키고 이것이 다시 생산성과 창조성을, 그리고 새로운 개혁을 창조해 냅니다. 그러나 기술혁명이 창조하는 것은 기술 그 자체가 아니라 새로운 일에 도전하려는, 즉 새로운 가능성에 도전하려는 인간 자신입니다.
>
> 기술의 혁신은 모든 분야에 걸쳐서 뿌리를 내리며, 이로써 사회에 새로운 바람이 불고 새로운 문화의 표준이 태어납니다. 모든 정치적, 경제적, 기술적, 사회적 변화는 이런 과정을 거쳐서 진화합니다. 이와 같은 과정은 사회의 상층부에서부터도 물론 가능합니다만 좀처럼 성공하지는 못합니다. 오히려 사회의 저변에서 성공률이 높습니다. 이 같은 사실에 대해 좋은 예를 든다면 인터넷이 주도하는 정보기술혁명이라고 하겠습니다.

헤르만 쉬어의 말과 같이 독일의 에너지 전환 과정은 변혁을 갈망했던 다수 독일 시민의 절대적 지지를 받았으며 동시에 시민들이 자발적으로 일으킨 혁명이라 할 수 있다. 카리스마 있는 지도자는 없었으며 단지 변혁을 갈망하는 시민 세력만이 존재할 뿐이었다. 이는 마치 큰 강물이 유유히 흘러가는 모습과 많이 닮았다고 할 수 있다. 독일의 카리스마적 존재였던 메르켈 총리도 도도한 강물과 같은 시민 세력의 배경이 없었다면 원자력발전, 석탄 업계, 대규모 전력회사 그리고 이들과 끈끈한 관계에 있는 정치가·행정가의 압력 때문에 그리 쉽게 탈원전 선언을 할 수 없었을 것이다.

독일은 유럽의 다른 국가와 비교해 신재생에너지가 발전할 만한 특별한 여건을 갖춘 나라는 아니다. 연간 강우량도 830㎜ 정도고 우리나라보다 위도가 높아 태양광도 좋은 조건에 있다고 볼 수 없다. 북해에 인접한 지역은 바람이 많이 불지만 내륙 쪽에서 풍력을 활용할 만한 지역은 한정되어 있다. 얼마 전까지만 해도 대부분의 독일 사람은 '원자력발전이나 석탄이 없었다면 에너지 수요 충족은 어려웠을 것'이라고 생각했다. 정부도 물론 같은 생각을 하고 있었다.

그러나 독일은 최근 들어 국민의 의식수준도 높아졌고 유럽의 어느 나라보다 환경을 중시하는 국가가 되었다. 최근 들어서는 세계적으로 환경이 나빠지고 있는 데다 1986년 8월에 체르노빌 원전폭발 사고가 일어나 독일 북부까지 피해를 입으면서 환경을 중요시하는 국민의 압박을 받게 되었고, 메르켈 총리는 2022년까지 남아 있는 8기의 원전을 폐기한다는 결단을 내렸다.

(2) 에너지 대전환 정책

에너지 대전환으로 독일은 경제적 위험을 최소한으로 억제하면서 지속가능한 제품과 서비스를 수출할 기회를 얻을 것이다. 더불어 기술적이나 경제적으로 그리고 사회적으로도 커다란 기회를 잡을 수 있을 것이다. 독일은 탈원자력발전이 궁극적으로는 고도의 경제구조를 구축하는 계기가 될 것으로 확신하며 멀지 않은 시기에 UN의 에너지 효율 시행목표가 UN에 가입한 모든 국가에 의무화될 것이라 믿는다. 이는 실제로 2015년의 파리 기후변화협약에서 충분히 가능성을 본 것이나 다름없다.

독일은 원자력발전을 폐기하는 데 머무르지 않고 이산화탄소 삭감을 동시에 달성하기 위해 이제까지의 에너지 정책과 환경에 대한 전략을 전환해야만 한다고 판단하고 실행에 들어갔다. 그중 하나인 '에너지 대전환 정책'(Energiewende)의 핵심은 다음과 같다.

첫째, 원자력을 단계적·계획적으로 중지하고 동시에 온실가스 배출량을 줄이기 위해 신재생에너지를 단계적으로 도입하며 에너지 절약기술도 본격적으로 도입한다. 둘째, 거대한 발전소에 의한 집중형 에너지 공급으로부터 소비자가 생산자도 될 수 있는, 분산형 에너지 공급이 가능한 사회를 건설하는 혁신을 이룬다. 셋째, 현재와 같은 에너지 공급 집중을 넘어, 에너지 수요를 관리하는 '수요관리'에 의해 에너지 전환을 달성한다.

독일은 EU의 공동에너지 정책에 따라 에너지의 안정공급 확보를 위해 에너지원(源)을 다양화했고 지구온난화 대책으로서 신재생에너지 도입을 추진해 왔다. 현실적인 대체계획을 오랜 기간에 걸쳐서 견실하게 진전한 결과 천연가스를 비롯해 태양광, 풍력, 생물자원에 의한 발전량이 증가했고, 이와 같은 과정을 거쳐 원자력발전 의존도를 낮출 수 있었다.

(3) 독일의 에너지 전환 현황

환경선진국으로서의 평가가 점점 높아지고 있는 독일은 에너지 절감과 신재생에너지로의 전환을 주축으로 하여 지구온난화 대책을 적극적으로 전개하는, 유럽국가 중에서도 가장 모범적인 국가다. 지난 2008년 독일은 이미 1990년 대비 온실가스 배출삭감 실적을 22.2% 달성했다. 교토의정서에서 정한 목표로 따지면 21%를 달성한 셈이다. 독일이 지구온난화 대책에서 빼어난 실적을 과시할 수 있는 건 신재생에너지의 급속한 보급률 증가 덕분이다.

2009년에는 태양광 도입 발전량 부문에서 세계 1위를 차지했으며 풍력발전에서도 미국, 중국에 이어 3위를 달리고 있다. 2013년부터는 북해 일대에 대형 해상풍력발전 시설을 준비 중이라 2017년 이후로는 풍력발전에서도 2위(1위는 중국)가 될 가능성이 높다. 이 같은 노력의 결과, 2008년 신재생에너지에 의한 전력 공급은 독일 전체 전력소비의 22.0%에 달했다.

2016년 1월 7일, 독일의 정책제안기구인 아고라(Agora Energiewende)는 2015년 독일의 전원별 발전상황을 조사한 결과를 발표했다. 조사 결과, 2015년에 독일의 신재생에너지발전은 2014년에 비해 기록적인 진전을 보였다. 신재생에너지, 즉 풍력발전, 태양광발전, 수력발전, 생물자원 전원의 합계가 최고 수준인 27.5%를 점유했으며 석탄발전, 석유발전 등 여타 전원을 웃돈 것으로 나타났다. 2004년에는 15.3%였으니 약 8%p 증가한 셈이다. 그중에도 풍력발전은 2004년 대비 50% 이상 증가하여 신재생에너지 증가량의 견인차 역할을 했다. 독일의 전 전원 증가량도 647테라와트시(TWh)로 최고치를 기록했다. 전력 수요는 2014년과 거의 같아 발전량 증가분은 수출량 증가에도 영향을 미쳤다.

이 같은 현상에 대해 아고라는 "2022년 원자력발전을 정지해도 독일의 전력은 공급 과잉이 될 것이다. 따라서 석탄발전 역시 많이 감소해도 충분하다"라고 분석했다.

(4) 독일 전력 산업 부문의 성장

독일은 이미 2000년대 초 대담한 전력자유화와 신재생에너지 정책을 적극적으로 도입하였고 신재생에너지 비중을 10% 이상 올렸다. 자유화 정책을 도입한 지 10년(2011년) 만에 전력회사의 매상고가 3배로 증가하는 등 전력 부문은 성장 산업으로 변모하였다. 독일은 발전·송전·배전사업을 분리하고 스마트그리드의 성공적인 달성을 위해 신재생에너지 이용 확대를 대폭 지원했다. 또한 전력 소매를 자유화하고 소매업자의 고객서비스를 강화하여 수요자는 전기요금과 서비스의 질에 따라 얼마든지 전력 소매회사를 바꿀 수 있다.

이같이 정부가 주도적으로 신재생에너지 산업을 지원한 결과, 이와 관련된 사업에서만 약 38만 명의 새로운 고용이 창출되었고 발전이나 송전·배전 같은 자체 설비 없이 단순히 소매서비스업에만 종사하는 기업도 1,100개를 넘었다. 독일연방 경제에너지부(Bundesministerium für Wirtschaft und Energie: BMWi)는 소매서비스업의 등장으로 요금서비스의 종류가 다양해지고, 개인이나 기업에게 (발전사) 선택의 자유가 대폭 확대되었으며, 특히 전력 산업이 새로운 업종으로 사회생활에 자리 잡았다는 점은 매우 큰 의미가 있다고 논평하기도 했다.

2011년에는 전년보다 27% 더 많은 380만 세대가 더욱 편리하고 가격이 저렴한 전력소매업자로 이전할 정도가 되었다. 같은 해, 신재생에너지에 의한 전력이 국내 소비량의 20%까지 올라갔으며 화석연료 수입에서 25억 유로를 절감할 수 있었다는 독일연방 환경부와 연방 환경청(Umweltbundesamt)의 공동 발표가 있었다. 결국, 신재생에너지에 의한 전력 산업 확대가 관련 산업까지 파급되어 독일 전체의 산업구조에 영향을 끼친 것이다.

독일 전력회사는 보수적인 기존 전력업자의 압력 속에서도 2000년대 초부터 독일 정부와 EU 위원회의 강력한 전력 자유경쟁 정책의 혜택을 입고 여러 지원을 받으면서 꾸준히 성장을 지속했다. 특히, 최대의 성장력을 자랑하는 에온은 외국 에너지기업과의 인수·합병(M&A)을 통해 가스사업에도 진출하였고, 2002년 이후 10년 동안 매상고는 3.1배, 판매 전력량은 4.6배가 증가하며 유럽 최대의 전력회사로 성장하였다. RWE의 실적은 에온과 비교했을 때 다소 초라하지만 지난 10년간 전력판매량이 2배로 성장했다. EU 위원회의 과감한 이산화탄소 삭감목표 설정으로 신재생에너지 투자는 증가했고 에너지 수요관리를 중심을 한 에너지 효율화 사업은 점점 더 하나의 산업으로 발전하기 시작하면서 화력발전과 원자력발전으로 부를 쌓았던 대형 전력회사의 경영은 어려워지기 시작했다.

신재생에너지 중에는 경제성이 뛰어난 태양광과 풍력이 앞장서듯 발전했으며 생물자원도 착실하게 보급되었다. 태양광은 최근 수년 동안 급격하게 확장되었고 중국의 값싼 패널이 대량으로 유입되면서 패널가격은 2006년의 3분의 1 수준으로 하락했다. 즉, 중국의 값싼 패널은 제조업자에게 막대한 손해를 끼쳤지만 수요자는 오히려 덕을 본 셈이다. 독일의 어떤 설치업자가 "손해를 본 업자도 있지만 패널가격이 엄청나게 떨어지고 태양광 주택이나 공공건물, 빌딩 등에 설치 붐이 일면서 고용도 늘고 여러 가지로 좋은 영향을 끼치고 있다"라고 말할 정도다. 독일에서 가장 큰 패널 제조회사였던 큐셀(Q-Cells)이 경영이 어려워지자 한국 한화그룹에 인수된 것도 이 같은 상황 때문이다.

기존의 대형 전력회사가 어려워지는 반면, 태양광패널 가격은 점점 떨어졌으며 그 결과 가정용 신재생에너지 매입가격이 소매가격보다 오히려 더 저렴해지는 현상이 일어났다. 이는 수요자에게 반가운 소식이었다. 독일 연구기관인 프라운호퍼 연구소의 계산에 따르면, 주간 정점가격은 2008년에는 전력시장의 적정가격보다 14유로 정도 비쌌지만 2013년 상반기에는 그 차이가 3유로까지 축소되었다.

(5) 그리드패리티의 선두주자 독일

그리드패리티(*grid parity*)란 신재생에너지의 발전비용이 계통전력(系統電力: 화석연료에 의한 발전이 송전선에 직접 연결될 수 있는 전력) 비용과 같아지거나 오히려 더 저렴해지는 시점을 말한다. 독일은 EU 회원국이나 미국보다 그리드패리티에 빠르게 도달한 나라다. 독일은 북유럽 4개국보다 늦게 출발했음에도 석탄이나 석유 등 종래의 화석연료보다 태양광이나 풍력발전의 생산원가가 앞으로 더 저렴해진다는 확실한 메시지를 전 세계에 전달했다. 이러한 독일의 새로운 에너지 시대 예고는 온 인류가 점점 더 좋지 않은 환경으로 들어가는 가운데 희망을 안긴, 위대한 노력의 산물이다.

독일 정부는 그리드패리티가 실제로 어느 정도의 경제효과를 가져오는지 정량적으로 가시화하기 위해 이에 관한 연구와 개발을 베

클린의 에콜로지(Ecology) 연구소에 의뢰했다. 이 연구소는 독일에서 진행 중인 모든 신재생에너지의 경제효과를 정량적으로 평가하기 위한 연구에 집중하며 그 결과를 구체적 수치로 도출할 기술을 개발하고 있다. 이 연구·개발이 성공한다면 독일이 그리드패리티 이후 어느 정도로 경제가 성장했는지, 신재생에너지에 의한 고용창출은 구체적으로 어느 부문에서 얼마만큼의 고용효과를 냈는지 등에 관한 정보를 알 수 있을 것이다.

3) 프랑스와 이탈리아, 신재생에너지로의 전환

EU에서도 신재생에너지의 후진국에 속해 있던 프랑스는 해양풍력발전에서도 독일에 많이 뒤져 있었기 때문에 북해의 풍력을 중심으로 한 해상풍력발전에 전력을 기울이고 있다. 원전도 이산화탄소를 덜 배출하는 에너지지만 이에 투입되는 거대한 공공자금과 핵폐기물 처리가 초래할 비용 등을 감안하면 걱정은 태산 같다.

프랑스의 EDF는 발전능력을 나타내는 발전설비 용량이 유럽에서 가장 큰, 유럽 제1위의 국영발전소이다. EDF의 주 사업 업종은 원전 건설과 핵폐기물 처리인데, 독일을 중심으로 에너지 전환이 급박하게 진행되면서 핀란드에서 원전 공사를 하는 EDF 산하 기업 아레바가 크게 적자를 보았다. 이에 EDF는 주류 에너지사업을 태양광과 풍력발전으로 전환할 준비를 하고 있다.

EDF는 2030년까지 신재생에너지 발전능력을 2016년 대비 70% 증가한 5천만 킬로와트로 올리겠다고 발표했다. 또한 2030년까지 설비 투자금액의 3분의 1을 신재생에너지에 분배하겠다고 밝혔다.

이 외에도 3천만 킬로와트급 태양광발전소를 2020년부터 2030년까지 건설하고 풍력발전소도 더 설치한다고 발표했다.

한편, 유럽에서 두 번째로 큰 전력회사인 이탈리아의 에넬은 2020년까지, 즉 2년 안에 83억 유로(약 10조 원)를 투입해 신재생에너지 발전 능력으로 780만 킬로와트를 조성할 계획이라고 발표했다.

5. 동아시아의 에너지 정책

1) 중국, 이산화탄소 감축전략 실시

세계 최대의 온실가스 배출국인 중국은 이산화탄소 없는 사회를 지향하며 적극적인 정책을 펴고 있다. 중국 국가발전개혁위원회 산하기구인 국가사회변화전략연구소는 '석탄화력발전을 지양하고 2050년에는 이산화탄소 배출을 2010년보다 약 40% 감축하겠다'고 발표하며 2015년에 오바마 대통령과 시진핑 주석이 합의한 약속을 지키겠다는 의지를 드러냈다.

또한 중국 국가에너지국은 '2025년까지는 계획의 상당 부분이 실현될 것'이라 보고했다. 국가에너지국은 2020년 시점에는 1차 에너지 소비, 즉 50억 톤 표준석탄(標准煤: 중국의 표준석탄열량)을 1kg당 1천 칼로리 이내로 제한한다는 보고서를 발표했다. 2015년 수준이 43억 톤이었기 때문에 증가분은 7억 톤이며, 이 증가분은 지역별로 할당했다. 예를 들어 베이징은 2020년 시점의 1차 에너지 소비를 8백만 톤 수준에서 억제한다는 정책을 세웠다. 다만, 에너지 소비는 상

〈표 8-2〉 중국의 이산화탄소 감축전략 계획

	인구	GDP 2010년도 기준	이산화탄소 배출량
2015년	13억 6천 명	8조 7420억 달러	84억 9,400만 톤
2020년	14억 800만 명	12조 2830억 달러	97억 8,400만 톤
2030년	14억 6,000만 명	20조 5150억 달러	108억 600만 톤
2040년	14억 6,000만 명	31조 700억 달러	84억 9,400만 톤
2050년	14억 4,700만 명	43조 3780억 달러	45억 1,600만 톤

출처: 중국 국가기후변화전략연구소.

한선을 제한했으나 신재생에너지는 상한선 제한에서 제외되었다.

또한 중국은 2030년까지 석탄 사용을 전면적으로 금지한다. 대신 신재생에너지를 대량 도입할 예정이다. 베이징은 2040년까지는 석탄 사용을 금지하는 시행령이 발표되었다. 아울러 적어도 2020년까지 전기자동차(EV)도 크게 성장해, 베이징 내에서 자주 볼 수 있는 자동차가 될 것이다.

2) 일본의 에너지 정책 전환

(1) 신재생에너지를 주력전원으로

2018년 3월, 일본 경제산업성은 신재생에너지를 '주력전원'으로 하고 원자력발전은 '주요전원'으로 하겠다는 에너지 대전환 정책을 발표했다. 이는 일본 에너지 정책의 이정표가 될 만한 중요한 사건으로서, 2017년만 해도 주력전원은 원자력이었는데 순위가 바뀐 것이다. 구체적인 사항의 발표는 없었으나 올해 여름에는 확정될 듯하다.

일본 경제산업성은 신재생에너지 발전량이 2018년 1,273억 킬로와트에 달했다고 발표했다. 이로 인해 신재생에너지의 발전량이 총

〈표 8-3〉 2030년까지의 에너지믹스

분야	정책의 방향
신재생에너지	∘ 주력전원을 신재생에너지로 ∘ 해상풍력발전을 위한 해상 이용 규칙 정비 ∘ 전력계통의 유연한 활용 ∘ 축전지 개발, 수소의 활용
원자력발전	∘ 주력전원에서 주요전원으로 하향 전환 ∘ 원전 재가동 추진 ∘ 전력회사와 원전 간 안전대책을 위한 새로운 조직 필요
화력발전	∘ 저탄소화 · 효율화 대책 ∘ 천연가스 이용으로의 전환

출처: 일본 경제산업성(2018. 3. 1).

발전량에서 차지하는 비율이 2012년 7%에서 2018년 말에는 13%까지 증가할 것으로 예측하고 있다. 이 중에서 태양광발전이 90%를 차지한다.

(2) 전력시스템 개혁

2011년 3월에 일어난 일본 대지진으로 인한 후쿠시마 원전사고는 일본의 에너지 전환에 커다란 역사적 전환점이 되었다. 사고 당시 정권을 잡고 있던 민주당은 2012년 7월 1일부터 태양광, 풍력발전, 생물자원 등 신재생에너지를 생산하는 업체에 대한 발전차액지원제도(FIT)를 도입하였고 이에 호응해 일본의 많은 전력 관련 업자, 가전제품 제조업자, 정보통신 관련 업자가 이 사업에 참여했다. 2011년 12월 19일 일본의 제 1야당이었던 민주당은 현재까지 가정이나 회사 또는 공장에서 사용하던 계측기를 통일해 양방향 정보통신이 가능한 새로운 스마트미터의 사양을 국제표준에 맞게 새로 제정했으며, 2014년부터 사용에 들어간다는 계획을 발표하였다.

'전력 에너지 산업의 자유화' 및 이에 따른 '발전 · 송전 · 배전의 분리'는 이 같은 대전환의 기본이 되었다. 새로 소매서비스업을 신설해 발전 · 송전 시설이 없는 벤처기업도 서비스업을 할 수 있도록 새로운 정책을 도입한 것이다.

2013년에 발표한 전력시스템 개혁은 3단계로 진행된다. 제 1단계(2014년)에는 광역계통운용기관의 설치 등을 통해서 전력망의 '광역성'을 추진한다. 제 2단계(2016년)에는 소매서비스 참여의 전면 자

〈표 8-4〉 2030년까지의 전력 산업 신정책

구분	내용
소매서비스업	• 전력회사 선택의 전면 자유화: 가정이나 소형 전력 구매자가 자신의 지역 이외의 전력회사에서도 전력 구입이 가능하도록 한다. • 전기요금의 자유화: 경쟁 환경이 어느 정도 진전된 단계에서는 수요자의 필요에 의한 여러 가지 요금 제공이 가능해야 한다(총괄 원가방식의 전면 철폐). • 절전형 사회를 지향한 인프라 정비: 스마트미터 정비, 수급 조정형 전기 요금, 에너지 절감형 전력거래 등.
발전	• 발전의 완전자유화: 전력회사에 우선 공급했던 J-파워나 일본 원자력발전 등이 민간전력회사 등 공급선을 자유롭게 선택할 수 있도록 이제까지의 규제를 철폐한다. • 전력거래시장의 활성화: 전력회사에 여분으로 남아 있는 전력(최소한도의 예비력 이상)의 시장 매각을 의무화하고 민간전력회사가 시장에서 충분히 조달받을 수 있도록 전력량을 늘린다. • 전력자유화에 의한 공급부족 현상을 피하기 위해 예비전력을 확보한다.
송전 · 배전	• 송전 · 배전 분야의 중립성 · 공평성의 철저한 준수: 송전 · 배전의 운용을 독립기관에 위임하는 '기능분리'의 단행 또는 분산화를 통해 '법적 분리'에 의한 중립성을 유지하여 민간전력사의 불평이 없도록 한다(발전 · 송전 분리). • 지역을 초월한 송전망의 광역운용: 지역의 수요에 부응한 공급력을 확보해 더욱 광역적으로 공급력을 유효하게 활용할 수 있는 구조로 전환한다. 새로운 기관의 창설이 필요하다. • 지역 간 연계선의 강화: 지역을 넘어선 전력 융통을 위해 설비를 강화하며 운용 규제에 관한 재검토가 필요하다.

출처: 일본 경제산업성(2012).

〈그림 8-8〉 일본의 에너지 정책

2011년 3월	2012년 7월	2013년	2015년	2016년	2018~2020년
• 동일본 대지진	• 재생가능 에너지의 고정가격 매입제도 • 도쿄전력의 사실상 국유화	• 전력시스템 개혁안의 국회 제출	• 광역계통 운영기관의 설립	• 전력소매 서비스업의 전면자유화	• 송전 · 배전의 중립화 요금규제의 철폐
		전력시스템의 개혁안			
신비즈니스 탄생의 요인: 전력 부족, 기술 혁신, 규제 완화					

출처: 일본 경제산업성(2017). 〈平成28年度エネルギーに関する年次報告〉(エネルギー白書2017).

유화에 의해 전력시장의 '공평성'을 실현한다. 제3단계(2018~2020년)에는 전력회사의 송전·배전 부문의 법적 분리에 의한 전력망의 '중립성'을 실현함과 동시에 요금규제를 철폐하여 전력시장을 완전 자유화한다. 이와 같은 제3단계의 발전·송전 분리에 의한 중립성 실현은 새로운 비즈니스 기회를 크게 넓히는 계기가 될 것이다.

현재 일본의 전력시장은 연간 약 16조 엔 규모다. 이 중에서 약 96%를 도쿄전력, 간사이전력을 비롯한 대규모 전력회사가 차지하고 있다. 전력시스템의 개혁이 진행되면 분산형은 약 30% 정도(열병합발전 15%, 재생가능에너지 15%)로 확대될 것으로 예측된다. 이것만으로도 이제까지의 전력 매출(약 16조 엔)과는 별도로 연간 약 7조 5천억 엔 규모(이 둘을 합치면 원화로는 약 230조 원에 해당)의 시장이 탄생할 것이다.

2012년 12월, 자민당의 아베 정권이 들어서자 전력 정책에 변화의 조짐이 감지되었다. 자민당 정권은 전력사업자와 밀접한 관계를 유지하고 있었으며 거의 모든 일본의 원자력발전소는 자민당 시대에 건설되었기 때문이다.

그러나 자민당이 아무리 국수주의적 정권이라 해도 선진국의 거의 전부가 수직·독점형 전력 정책을 파기한 상황에서 이전의 정책으로 회귀할 수는 없었다. 전 정권인 민주당보다 적극적 개혁은 아니지만 신재생에너지 도입은 나름대로 정책에 반영 중이다.

(3) 일본 환경성의 등장

일본의 에너지 정책은 이제까지는 환경성의 의견은 전달받은 후 참고로 할 뿐, 모든 정책을 경제산업성이 결정하는 것이 관례처럼 되어 있었다. 그런데 2015년에 열린 파리 기후변화 당사국총회 이후, 이제까지 에너지 정책을 독점하던 경제산업성에 환경성이 도전하기 시작했다. 2018년 2월 19일에는 '2050년까지 온난화가스를 80% 삭감해야 한다'는 환경성의 공표가 있었다. 2018년 8월에 발표되는 에너지 기본계획에 이를 고려하겠다는 환경성의 의지를 담은 도전장이나 다름없다.

이뿐만 아니라 환경성은 2050년까지 원자력발전 비율을 9%에서 7%로 내리겠다는 안을 내놓았는데, 이는 경제산업성의 계획안과는 너무 격차가 컸다. 경제산업성 입장으로는 그야말로 경천동지할 제안이라 환경성에 이를 받아들일 수 없다는 통보를 하기에 이르렀다. 그런데도 환경성은 2030년까지 신재생에너지를 계획보다 더 많은 30%까지 올려야 한다고 주장하고 있다. 경제산업성이 제안해서 이미 공식화된 정책안, 즉 2030년까지 신재생에너지를 23~24%, 원전을 22~23%로 하는 것에 대한 정면도전인 셈이다.

사실 경제산업성이 채택한 에너지믹스는 수치상 조금 애매모호한

점이 있다. 더구나 2050년까지의 계획은 일본 국민의 눈높이와도 맞지 않는다. 경제산업성이 일본 경제 위주로 계획을 짜기 때문에 환경문제나 기후변화, 미세먼지, 전반적인 공해문제 등을 고려하지 않았다고 볼 수밖에 없다. 이와 같은 논거는 단지 필자의 생각에 불과하지만 기후변화나 환경문제를 중요시하는 사람의 입장에서 보면 그리 틀린 것만은 아니라고 생각한다.

(4) 일본 외무성의 입장 변화

기후변화는 인류가 피해 갈 수 없는, 화급하게 대처해야 하는 문제다. 그런데 선진국 중 유독 일본만이 확실한 태도 표명을 하지 않고 있다. 이 때문에 일본 외무성은 해외에서 환경에 관련된 국제회의나 각종 모임이 있을 때마다 난처한 입장에 놓이기 마련이다.

2018년 현재 외무성을 맡고 있는 고노 다로(河野太郎)는 자민당 중진이다. 고노는 일본의 유수한 학자와 전문가를 자문위원으로 위촉하고 에너지 문제와 국제 문제에 관한 자문을 받고 있다. 자문위원들은 "일본이 주도적인 입장에 있는 것은 아니다. 국내의 석탄은 단계적으로 폐지하고 원전 의존도를 줄여 나가야 한다"고 의견을 모았다. 고노는 탈원전, 탈석탄발전에 찬성하는 사람이다. 그는 2018년 1월에 열린 환경회의에서 "우리나라의 신재생에너지 정책이 개탄스럽다"는 발언을 해서 경제산업성을 곤혹스럽게 만들었다.

경제산업성은 에너지 문제에서는 현실론자의 입장을 취했으나 이제는 기후와 환경문제를 중시하는 시대의 흐름에 맞추어 변해야만 한다. 이런 흐름에 따라 에너지 문제에는 전혀 관계하지 않았던 외무성도 환경성 역성을 들기 시작했으며, 경제산업성은 환경 문제와 일본의 전력은 수직 독점적이지만 안정된 시스템으로 움직여 왔다. 그러나 일본 국민은 후쿠시마 원전사고의 상당 부분이 인재(人災)라는 사실을 알게 되었다. 아무리 숙련된 전문가가 있더라도 원전은 언제나 위험이 따른다는 사실을 확실하게 육안으로 확인한 것이다.

후쿠시마 원전 붕괴 이후 소프트뱅크의 손 마사요시 사장으로부터 초청을 받아 일본을 방문한 미국의 세계적 에너지 학자, 로키마운틴 연구소(Rocky Mountain Institute)의 에이머리 러빈스(Amory Lovins)는 새로 설립된 '자연에너지 재단' 강연에서 일본의 에너지 정책에 대해 일침을 가했다.

"일본은 공업 선진국 중에서 전력회사가 전력에 관한 모든 결정을 내리는 유일한 국가다. 단적으로 말하면, 전력회사 주도형 시스템이다. 이 같은 상황이 개선되어 독립계의 계통운영자가 새로 등장해 고객 편에서 시스템을 개선하고 투명성 높은 가격 경쟁을 한다면 요금은 급속히 떨어질 것이다. 다른 분야에서 일본이 달성한 성과와 같이 전력 분야에서도 크게 성과를 이룰 것이다.

일본은 전력 독재체제 아래 신재생에너지에는 관심이 별로 없어 보인다. 여기에는 전력 산업이 너무 정치계와 밀착되어 악습이 쉽게 끊어지지 않는 풍토에도 책임이 있다."

〈표 8-5〉 온난화 대책에 대한 각 부처의 입장

경제산업성	• 에너지의 안정공급을 중시 • 석탄화력, 원자력발전 유효 활용
환경성	• 탄소가격제도 도입 추진 • 원자력발전 가동 연장: 2050년까지 7~9%로 줄임
외무성	• 단계적인 석탄화력의 폐지 • 원자력 의존도를 최대한 저감

관련해서는 어느 정도 목소리를 낮추어야 하는 입장에 놓이게 되었다. 이는 일본의 미래에 큰 영향을 미치게 될 것으로 보인다.

3) 한국의 에너지 정책

(1) 제 8차 전력수급기본계획

산업통상자원부는 2017년 12월, 〈제 8차 전력수급기본계획〉(2017~2031)을 발표했다. 이 계획이 실현 가능한지는 차치하더라도 계획 자체는 매우 바람직한 방향을 잡았다고 평가된다. 수급 안정과 경제성 위주로 수립된 기존 수급계획과는 달리 새로 수립한 계획은 환경과 안정성을 대폭 보강하여 수립된 듯하다. 계획의 중요한 요점은 다음과 같다.

- 원자력발전과 석탄발전은 단계적으로 줄이고 신재생에너지를 대폭 확대한다.
- 원전의 경우, 신규 6기의 건설은 백지화하고 노후한 10기의 수명연장은 중단한다. 월성 1호기의 공급은 제외한다.
- 노후한 석탄발전소 10기를 2022년까지 폐기하고 당진에코파워

〈표 8-6〉 발전량 비중 전망

(단위: %)

구분	원자력	석탄	LNG	신재생	석유	양수	계
2017년	30.3	45.4	16.9	6.2	0.6	0.7	100
2030년	23.9	36.1	18.8	20.2	0.3	0.8	100

출처: 산업통상자원부(2017). 〈제 8차 전력수급기본계획〉(2017~2031).

등 석탄발전소 6개소는 LNG 연료로 전환한다.

- 삼척 석탄발전소는 환경영향평가를 통과해도 최고 수준으로 환경을 관리해야 하며, 기존 석탄발전소 4개소는 LNG 전환 등을 추진한다.
- 30년 이상 석탄발전소는 봄철 가동을 중단한다.
- 환경비용을 감안하여 석탄보다 비싼 LNG발전비용의 격차를 줄인다.
- 석탄에서 이산화탄소의 비중이 훨씬 낮은 LNG로 연료를 전환한다.
- 미세먼지는 2022년까지 44%를 삭감하고 2030년에는 62%까지 대폭 줄이는 계획을 실현한다.
- 신재생에너지는 태양광·풍력을 중심으로 47.2기가와트(4,700만 킬로와트)의 신규설비를 확충하며, 2030년에는 58.5기가와트까지 확대한다.
- 2030년에는 온실가스 배출량도 온실가스 배출전망치(BAU) 대비 26.4%를 감축한 2억 3,700만 톤 수준으로 유지한다.
- 이를 통해 신재생에너지와 LNG의 설비용량과 발전량을 점진적으로 확대하면서 안정적인 수급과 환경개선 효과를 달성한다.

그러나 구체적인 수치로 보면, 계획보다 더 과감한 정책을 펴야 할 것으로 판단되는 부분이 있다. 여기서 몇 가지 문제점을 지적해 보면 다음과 같다.

첫째, 석탄의 예측치다. 2017년의 45.4%를 14년 이후인 2030년에 36.1%로 9.3%p를 줄인다는 계획인데, 36.1%라는 수치는 석탄에 대해 너무 모르는 게 아닌지 의심이 들 정도다. 물론 석탄발전을 2030년까지 더 줄이면 에너지 수급상 어려운 점도 있을 것이다. 그러나 가능하면 좀더 과감하게 감축하는 게 좋을 것이다. 그렇지 않아도 대기오염, 미세먼지 때문에 세계 각국이 석탄 사용을 줄이고 있으며, 특히 캐나다, EU, 북유럽 4개국 등은 2030년에서 2040년까지는 거의 100% 가깝게 감축하는 정책을 펴고 있다. 앞으로 탄소배출권시장은 분명 정상적으로 돌아갈 것이며, 이러한 계획이라면 우리나라는 여러 측면에서 불이익을 당할 것이 확실하다. 우리나라는 앞으로도 원전을 적어도 20년 이상 사용해야 한다. 석탄발전의 비중은 빠르게 줄여야 하고, 그 공간을 메워야 하는 에너지는 원전과 천연가스이다.

둘째, LNG 수급을 2017년의 16.9%에서 2030년에 18.8%로 13년 동안 1.9%p 늘이겠다고 했는데, 현재 LNG 가격이 떨어지는 추세를 고려하여 이 비율을 좀더 올리면 어떨까 하는 생각이다. 앞으로 LNG 가격은 빠른 속도로 떨어질 것이다. 아랍의 산유국들이 석유보다는 천연가스 생산에 비중을 두며, 무엇보다도 미국의 셰일가스 생산이 줄어들 것이라는 예상을 뒤엎고 점점 더 증가하고 있고 생산비용도 떨어져서 석탄가격에 육박하고 있기 때문이다.

셋째, 신재생에너지의 증가율이다. 2031년에 20%까지 올린다는 계획은 물론 환영할 만한 일이며, 신재생에너지의 미래가 확실히 밝다는 점은 재론할 여지도 없다. 그러나 현재의 상황으로는 20%는 어렵지 않을까 한다.

이토록 중요한 신재생에너지 정책을 이행하려면 중앙정부가 전국을 대상으로 꼼꼼한 정책을 수립하고, 수시로 이행 상황을 확인할 수 있는 제도적 장치를 마련해야 한다. 주민들의 양해를 구하지 않고 국토를 손상하는 일이 벌어지지 않도록 지방자치단체를 지원하면서 한편으로는 통제도 하는 것이 성공의 길일 것이다.

(2) 미래 전력시장의 조건

한국이 이상적인 전력시장을 구축하려면 전력 수요자가 자유로운 시장에 참가할 수 있어야 하며, 전체적인 전력 공급과 수요가 합리적으로 융합되어 자유로운 시장을 조성하고 공급자와 수요자 모두 이윤을 얻는 전력시장이 탄생해야 한다. 이와 같은 방법으로 창출된 시장이라면 새로운 혁신도 촉진되고 여러 다양한 비즈니스 모델과 새로운 형태의 고용도 탄생할 것이다.

차세대형 전력 공급시스템을 실현하기 위해서는 새로운 가격 시스템을 통해 수요 억제 및 공급 촉진의 유인책(*incentive*)이 움직일 수 있는 전력시장을 구축해야 한다. 또한 경쟁조건의 공정성을 확보하기 위해 송전·배전 부문의 중립화(발전·송전·배전의 분리)도 필요하다.

이를 위해 다음의 세 가지 조건을 갖추어야 한다. 첫째, 수급이 핍박할 경우 수요 억제와 공급 촉진의 유인책이 활발하게 작용할 수 있는 전력시장의 형성, 둘째, 기업과 소비자의 자유로운 선택 보장,

셋째, 전력시장을 보장할 수 있는 공정하고 투명한 경쟁 환경의 정비 등이 그것이다.

우리나라의 전기요금은 이미 정해진 '요금표'에 의해 전력을 이용하는 공급계약 형태이므로 수급 핍박 시에도 요금이 일정하기 때문에 수요 억제의 유인책이 전혀 움직이지 않는다. 반면, 북유럽시장에서는 하루하루의 사용량을 미리 확정한 공급계약 형태를 주류로 삼으므로, 그날의 가격은 수급 상황을 반영한 시장가격으로 결정된다. 따라서 수급이 핍박할 때는 가격이 상승하고 공급은 증가하여 수요가 억제되는 유인책이 작용한다.

이 같은 수급 형태는 하루 전날 열리는 스폿시장이나 실시간시장이 제 기능을 수행할 수 있을 때 실현 가능하다. 또 수요자가 여기에 직접 참가할 수 있으므로 공급의 안정성도 유지된다. 만약 공급이 부족할 때는 수요를 억제하고 공급을 늘리는 등 유연하게 대처할 수 있으므로 아주 합리적인 전력시장이 형성될 수 있다.

전력소매를 자유화하는 새로운 개혁 정책이 이루어진다면 여러 분야의 기업이 참여해 경쟁이 촉진되어 전기요금은 저렴해질 것이다. 소비자는 전력소매업자의 다양한 서비스, 이를테면 가정이나 사무실에서의 효율적인 절전 방법을 제공받을 수 있고, 태양광패널이 설치된 가정이나 사무실, 공장은 설치에 따른 문제점에 대해 조언을 받을 수 있을 것이다. 또한 남는 전기를 팔 때 효과적으로 수익을 올릴 방안을 조언받는 등 다양한 서비스를 받을 수 있다.

제 9 장

에너지감축 산업과 ESP

1. 비즈니스가 된 절전 서비스

전력 분야의 새로운 사업의 등장이라고 하면 일반적으로 태양광이나 풍력 등의 발전사업을 연상하기 마련이다. 그러나 이 외에도 전력이 자유화되기 시작하면서 그 존재감이 서서히 드러나고 있는 절전 서비스 관련 사업이 있다. 절전 서비스란 전력을 공급하는 회사와 전력 수요자 사이에서 수요자의 절전을 지원하기도 하고 신재생에너지를 보급하는 데 교량 역할도 하는 등 다양한 활동을 전개하는 새로운 서비스업을 말한다. 미국과 유럽에는 이러한 직업군이 10년 전부터 활동하고 있으며 일본에서도 2010년부터 전력삭감 중계업(*aggregator*) 사업을 겸한 회사가 많이 등장했다.

이 서비스에 종사하는 기업은 기업이나 공장 또는 가정의 전력 사용 상황을 원격 감시하고 절전 방법을 제안하는 등 다양한 형태로 활동한다. 새로운 계획으로 절감된 전력은 그만큼 전력회사의 발전량을 줄여 준 것이나 마찬가지다. 이들은 전력회사가 입찰 제도를 통해서 매입하는, '네가와트 거래'(*NegaWatt dealing*: 수요자 측이 전력을 삭감해 준 데 대한 대가를 지불하는 제도) 업무에도 진출 중이다. 특히, 낭비가 심한 수요자에게 올바른 전력 사용방법을 조언해 주고 신재생에너지의 활용을 넓히는 서비스의 중요성은 실로 크다고 할 수 있다.

전력 분야의 경쟁이 본격화되면 전기요금이 저렴해지는 데도 기여하여 소비자에게 이익을 줄 수 있다. 서비스회사들은 '어느 시간대에 어느 전력회사의 전기를 쓸 것인지' 또는 '어느 시간대에 어느 전력회사를 선택하는 것이 요금 측면에서 유리한지' 등 현명한 절전 방안에 대해 경쟁적으로 소비자에게 제안할 것이다. 이 같은 직업군이 한국에도 생긴다면, 특히 전력을 많이 사용하는 빌딩이나 사무실, 유통업체 또는 공장이 크게 도움을 받을 것이다. 우리도 전력서비스업의 전면 자유화가 하루라도 빨리 구체화되어야 한다.

네트워크상에서는 모든 공급자와 수요자의 자율적인 행동이 요구된다. 통신망에 연결되면, 집중형 전원이든 분산형 전원이든 가능한 범위 내에서 출력 조정에 협력해야 하며, 수요자도 하루 중에서 전기를 많이 쓰는 시간대(*peak time*)를 평준화(*peak shift*)하는 데 협력해야 한다. 또한 제각기의 조정행동에는 가격이 매겨져야 하며 적절한 유인책이 주어져야 한다.

이와 같은 자율적 행동을 제대로 실현하려면 앞으로 우리나라의 새로운 고용창출의 선봉이 될 새로운 직종, 즉 전력 수요자에게 직접 다가가 각종 서비스를 담당할 ESP(Energy Service Provider)라는 직종이 정보통신사업자, 벤처기업인 그리고 이제까지 전력 산업에 종사하던 직원이 중심이 되어 대규모의 직업군을 형성해야 한다.

2. ESP와 네트워크 서비스

통신의 세계에서의 ESP는 인프라를 운영하는 캐리어(*carrier*: 여기서는 스마트그리드 운영업자를 말함)와 서비스를 제공하는 전력정보 제공자(*provider*)로 구성된다. 스마트그리드 시대에는 에너지 서비스 제공자와 정보 서비스 제공자가 공급자와 소비자 사이를 연결하는 역할을 한다.

스마트그리드 운영업자와 에너지 서비스 제공자 사이에는 전력미터에 상당하는 NNI(Network to Network Interface)가 있다. 스마트그리드 운영업자는 원칙적으로 자유롭게 네트워크를 사용하는 것을 목표로 삼으며, 수요 균형이 무너져서 계획 정전이 필요할 경우나 발전소의 고장과 같은 긴급상황 또는 이외의 제어가 필요한 경우,

〈그림 9-1〉 ESP의 네트워크 인프라

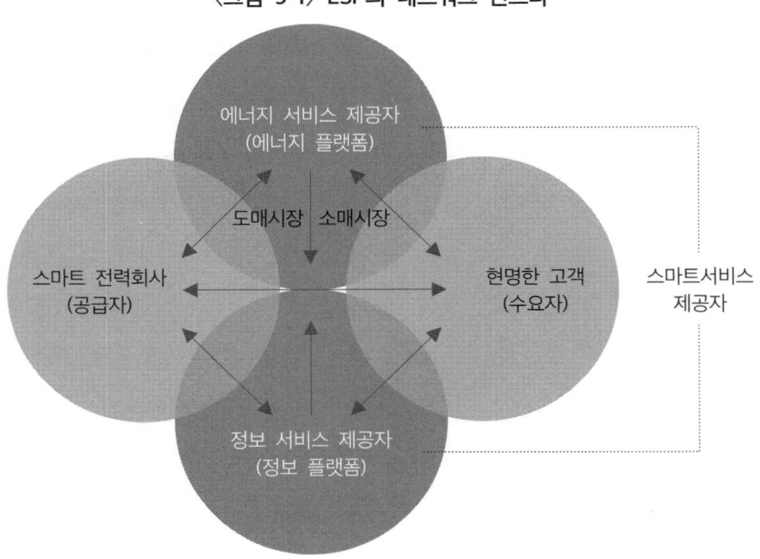

강제적으로 제어하기도 하고 절단하기도 한다. 통상적으로는 전력량을 모니터해서 전기를 판매할 때나 매입할 때 청구 용도로 사용하기도 한다.

〈그림 9-2〉 네트워크로서의 스마트그리드 구조와 플랫폼

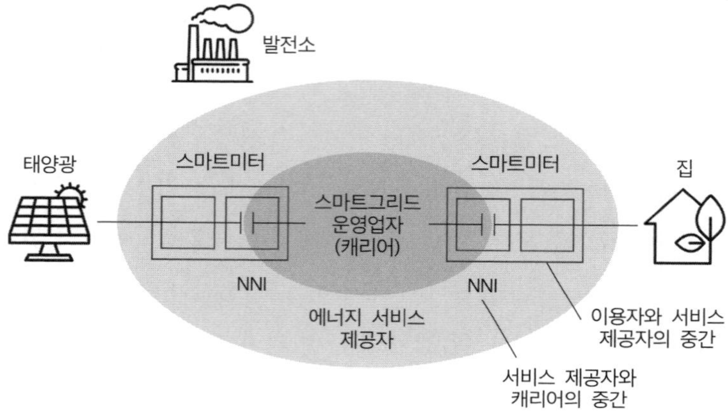

발전소
태양광
스마트미터
스마트미터
집
스마트그리드
운영업자
(캐리어)
NNI
NNI
에너지 서비스
제공자
이용자와 서비스
제공자의 중간
서비스 제공자와
캐리어의 중간

〈그림 9-3〉 발전 · 송전 · 배전 분리 후 전력 산업의 미래

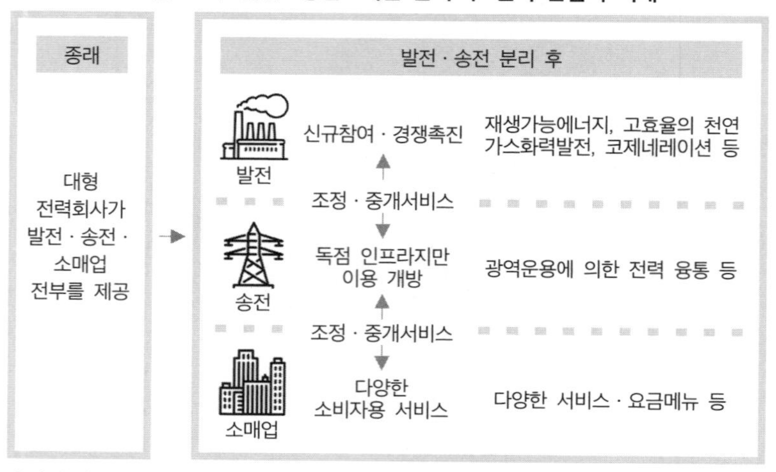

출처: 후지츠(富士通)종합연구소.

3. ESP의 해외 사례

1) 미국의 사례

전력의 수급이 핍박해지고 전기요금이 인상되면서, 선진국에서는 발전사업뿐만 아니라 전력사업의 여러 부문에서 새로운 전력 비즈니스가 속속 등장하고 있다. 절전이나 신재생에너지 도입을 지원하는 것, 또는 정전 시에 대비한 대책도 비즈니스가 된다. 기술혁신과 규제완화의 덕분으로 독자적 아이디어를 내놓고 경쟁하는 창업회사 여럿이 문을 열고 있다.

미국에서는 전력 자유화가 시작된 이래 ESP와 계약한 수요자가 점점 증가하고 있다. 이제까지는 유럽에 비해 절전의식이 취약했던 미국이지만, 전력이야말로 경제발전의 핵심 정책이라는 의식이 강해지고 있다. 특히, 전력을 절감할 수 있는 노하우를 가진 ESP에 의뢰하는 것이 전력 수요관리 방안이라는 인식이 널리 확산 중이다. 캘리포니아주립대학도 그중 하나인데, 특히 샌디에이고 분교는 계약한 지 1년 만에 80만 달러의 비용을 삭감하는 데 성공했고 다음 해에는 100만 달러를 삭감했다.

수요반응의 시장화 그리고 EMS(Energy Management System)의 진화가 진전됨에 따라서 수요반응 솔루션(DR Solution)을 제공하는 비즈니스 모델이 구축되었고, 최근에는 '수요반응 제공자'라고 불리는 사업이 급성장하고 있다. 미국에서는 이 사업자를 일명 전력삭감 중계업(*aggregator*)이라고도 부른다. 미국에서는 에너낙과 컨버지가 대표적 회사로 자리 잡았다.

(1) 에너낙, 그리고 네가와트

에너낙(EnerNoc)은 스마트미터를 활용하여 절전지원서비스를 제공하는 대표적 회사로, 소규모 시설 투자와 전력거래 정보 제공 등의 새로운 사업 모델로 동종기업 중 최고의 매출을 달성한 글로벌 기업이다. 또한, 8천 개소의 회사, 건물, 공공기관을 고객으로 확보했으며, 원자력발전 7기 정도에 상응하는 최대 700만 킬로와트의 절전능력을 갖추었다.

에너낙의 최대 강점은 수요자 측의 전력 삭감에 대해 인센티브를 지불하는 '네가와트[1)] 거래'를 시행한다는 점이다. 에너낙에 따르면, 생산 측면에서만 에너지 문제를 해결하려는 접근 방식은 본질적으로 매우 제한된 효과밖에 없다. 또한, 에너낙은 업무용·산업용 전력고객을 대상으로 한 서비스 제공자다. 회사 내부의 네트워크 운영센터(*network operation center*)를 통해 기존의 일방적 수요 삭감이 아니라 필요한 정보를 제공함으로써 업무용·산업용 전력고객이 효율적으로 전력 삭감에 응할 수 있도록 시스템 구조를 제공하는 것으로 유명하다.

예를 들어, 회사 내부의 네트워크 운영센터에서 전력량의 실시간 데이터를 받아 계측하며, 전력회사로부터 전력 공급이 부족하다는

---

1) 네가와트라는 용어는 메가와트에서 파생된 단어다. 로키마운틴 연구소 소장이자 신재생에너지의 세계적 권위자인 에이머리 로빈스(Amory Rovins)는 1989년 콜로라도 공공사업 위원회(Colorado Public Utilities Commission) 보고서에서 메가와트(*megawatt*) 대신 네가와트(*negawatt*)라는 오타를 보았고, 에너지를 효율성과 보전을 사용하여 생성되지 않은 전기를 설명하기 위해 이 용어를 사용하기 시작했다.

네가와트 전기 세이버 카드.

통지를 받으면 회사나 공공기관 또는 일반고객에게 절전 의뢰를 한다. 의뢰를 받은 고객이 절전을 위한 활동을 하면, 에너낙으로부터 전력 삭감 실적에 따른 인센티브를 받는다.

이처럼 에너낙은 고객의 효율적인 전기 사용을 유도함으로써 절감 효과는 물론 발전소 운영에도 경제적 효과를 가져다준다. 고객인 공장이나 빌딩에서 절전한 전력을 전력회사에 판매해 전력 수급을 안정시키고 수입을 올리는, 그야말로 일석이조의 사업이다.

미국에서도 때때로 전력소비량 증가 때문에 공급량이 부족해 정전이 발생한다. 이 같은 상황에서 에너낙은 일찍부터 수요반응의 연구·개발 등 현실적인 대응에 착수하여 벌써 17년 전부터 절전기술의 노하우를 쌓았다. 보스턴을 거점으로 둔 에너낙은 2001년에 창업했으며 네가와트 분야에서는 세계에서 톱의 위치를 고수하고 있다. 에너낙은 한국에도 지사를 두고 있다.

(2) 절전사업으로 급성장하고 있는 컨버지

에너낙과는 또 다른 방법으로 거래를 하는 기업, 컨버지(Converge)는 약 30만 가구를 고객을 확보한 절전사업자이다. 컨버지는 단순한 경고서비스 이외에 여러 사업을 진행한다. 가정마다 전력 소비패

턴에 따른 절전 방법을 컨설팅해 주고 전력회사의 요금플랜을 소개하는 등 '전력 종합서비스 기업'으로서 사업을 전개하고 있다.

이 회사는 벌써 30여 년에 걸쳐 수요반응 솔루션을 운영 중인데, 전력 소매사업자의 시장을 주도하는 존재이자 거의 선구자적인 존재다. 하드 · 소프트 양쪽의 기술을 구사하는 에너지 효율화 솔루션을 50만 건 이상 소매사업자에게 제공하며, 소매사업자용 수요반응 시장의 약 60%를 차지하고 있다.

2) 프랑스의 사례

(1) 유럽 최대의 수요반응 회사, 에너지풀

프랑스에서 수요반응을 운영하는 가장 대표적인 회사는 에너지풀(Energy Pool)이다. 에너지풀은 2008년에 설립되었으며 2010년에는 프랑스 최대의 전기 · 전자회사인 슈나이더 일렉트릭(Schneider Electric)과 합병하였다.

에너지풀이 관리하는 수요반응 전력량 합계는 총 1,200메가와트로, 프랑스뿐만 아니라 벨기에, 영국에도 진출했다. 계통 간 수급을 조정 · 운영하는 RTE(Réseau de Transport d'Electricité)와도 밀접한 협력관계를 맺고 있다.

이 회사의 운영방침은 크게 두 가지로 대별할 수 있다. 첫째, 1시간 이내에 용량 부족에 대응한다(*demand capacity mechanism*). 둘째, 적어도 13분 이내에 계통망 사고에 긴급하게 대응(*fast rescue*)한다. 에너지풀의 CEO 기욤 페르네(Guillaume Fernet)에 의하면 이 두 가지의 경우라면 어떤 경우든 수요반응에 대처할 수 있다고 한다. 프랑스의 수요반응에 의한 예비전력 규모는 2013년에는 약 600메가와트, 용량 부족에의 긴급대응은 200메가와트였다. 그러나 2014년에는 예비전력 규모는 약 900메가와트, 용량 부족에의 대응은 700메가와트, 긴급대응은 200메가와트까지 증가했고 앞으로는 이보다 더 커질 것으로 전망한다.

에너지풀의 구성멤버는 다양하다. 특히 제조업 출신이 많아 제조과정에 정통하다는 큰 장점이 있다. 수요자의 요청이 있을 때 어떤 시기에 삭감할 것인지 또는 생산 과정에까지 관여해 개별 컨설팅이 필요한지를 결정할 수 있다. 운영에 있어서는 대량 수요자의 전력사용량을 24시간 체제로 감시해 전력계통 운영회사의 요청에 의해서 복수 수요자의 삭감량을 통합적으로 관리한다.

2014년 4월에는 유럽 최대 규모의 수요반응에 의한 삭감이 에너지풀에 의해 달성되었다. 세 번에 걸쳐 전력회사의 요청을 받았는데, 2시간 이내에 수요자의 사용량을 삭감하였다. 이날은 4월 초순인데도 날씨가 추웠고, 원자력발전의 정기점검 때문에 공급도 저하되어 있었다. 오후 7시에 2시간 전의 요청을 시작으로 전부 3번의 요청이 있었고, 에너지풀은 500메가와트를 2시간 이내에 삭감했다. 3번을 모두 합치면 1,783만 킬로와트시(원전 약 18기에 해당)의 전력을 삭감한 셈이었다.

기욤 페르네는 "수요반응으로도 화력발전에 뒤지지 않는 신뢰성을 달성하는 데 성공했다"고 자신감을 보였다. 에너지풀이 앞으로 기대하고 있는 시장은 '용량시장'(容量市場)[2]이다. 현재 프랑스의

---

2) 용량시장(*capacity market*) : 최종소비자에게 전력을 공급하는 부하책임 주체인

수요반응 비즈니스시장은 약 3천만 유로 규모인데, 만약 용량시장이 시작되면 현재 규모의 10배 이상인 약 4억 유로까지 확대될 것이 틀림없다고 전망한다.

(2) 슈나이더 일렉트릭

슈나이더 일렉트릭(Schneider Electric)은 전력 소비를 억제해서 생긴 전력을 거래하는 비즈니스 모델, 네가와트 시스템을 주 무기로 무장한 프랑스의 대기업이다. 최초의 실증사업은 5만 킬로와트분의 전력을 절전해 주는 사업으로 출발했다. 이에 좋은 결과를 내자 해외시장에서도 본격적으로 사업을 전개 중이다.

슈나이더 일렉트릭은 철저한 고객 중심(*customize*) 서비스가 특징이다. 해당 기업과 사전에 철저하고 면밀한 협의를 반복하면서 설비를 사용하지 않는 시간대의 양을 줄여 나간다. 기업으로서는 전력 소비 총량을 떨어뜨리지 않고도 협력금을 받을 수 있다는 장점이 있다. 이 같은 전략은 일반적인 에너지 절감과 구분된다. 프랑스에서 협력금 상장(上場)은 전기대금의 5~10% 정도인데, 전력소비량은 변하지 않고도 전기대금은 5~15%를 삭감한 결과가 되니 기업이 관심을 가질 만하다.

이 같은 방식은 전력회사에게도 이득이 된다. 가정도 포함해 고객의 범위를 확실하게 넓히고 있으며, 기업 간 네가와트 계약을 통

판매사업자에게 일정량의 발전설비용량을 확보하도록 의무를 부과하고, 의무량을 원활하게 확보하기 위해 에너지시장과는 별도로 개설된 시장으로서, 확보된 발전설비용량의 여유분이나 부족분을 거래할 수 있는 시장.

해 시간과 양을 결정해 고객이 원하는 만큼 확실한 절전 효과를 보여 주고 있다.

전력회사는 전력의 수요 정점에 대비해 최대한의 발전설비를 보유하는데, 만약 가상발전소를 활용하면 장기적으로 전력의 피크시간을 대비한다는 이유만으로도 설비를 많이 줄일 수 있다. 슈나이더 일렉트릭의 한 임원은 "화력발전을 대체할 수 있는 잠재력은 충분히 있다"고 단언했다.

제 10 장

신재생에너지에의 투자

1. 세계의 투자 트렌드

세계 에너지 투자의 주역이 교체되고 있다. 국제에너지기구가 2017년 7월 11일에 발표한 자료에 의하면, 신재생에너지에의 투자액은 세계적으로 약 800조 원을 넘어섰고 처음으로 석탄, 석유 등 화석연료를 상회했다. 원유가격이 내려가면서 석유 개발투자가 대폭 감소했는데, 전력의 경우 전력망의 투자가 소폭으로 떨어진 것이 주원인으로 판명되었다. 자동차 등 여러 부문에서 전력을 더 사용하기 시작하면서 '산업에너지의 전력화'가 빠르게 진행되고 있다.

더불어, 신재생에너지가 송전망 투자를 끌어들이는 중이다. 국제에너지기구에 의하면 2016년 전력 관련 투자액은 전년 대비 1% 떨어진 7,180억 달러였고, 화석연료에너지 투자액은 전년 대비 25% 감소한 7,080억 달러였다. 반면, 에너지 효율화에 관한 투자는 9% 증가한 2,320억 달러였다. 운수 부문의 신재생에너지 투자를 포함해 세계 전체의 에너지 투자액은 12%, 1조 7천억 달러였다.

이제 화석연료에의 투자는 리스크가 크다. 기후변화에 따라 다양한 비즈니스(태양광 · 풍력 · 해양발전 등)와 고용을 창출하는 새로운 사업으로의 투자를 권고하고 있다. © Eurokerdos

국제에너지기구의 수석 이코노미스트(*chief economist*)인 라슬로 바로(Laszlo Varro)는 "석유 · 가스는 100년에 걸쳐 최대의 투자 분야였는데 2016년부터 전기가 최대의 투자선이 되었다"고 말하면서 "2016년이야말로 에너지 산업의 전환점"이라고 강조했다.

전력 투자 내역을 구체적으로 보면, 송전망 네트워크에 대한 투자가 2,770억 달러로 2015년 대비 6% 증가하여 가장 높은 증가폭을 기록했다. 이 중에서 현재 세계 최대의 태양광, 풍력발전시장이 된 중국의 비율이 무려 30%를 차지했다. 세계적인 자연에너지 연구기관인 블룸버그 신재생에너지 연구소는 세계의 신재생에너지 발전 및 연료에 대한 신규투자(50메가와트를 넘는 대형 수력발전은 포함되지 않음)는 2012년에 이미 2,144억 달러를 넘어섰고 다음 해인 2013년에는 2,499억 달러로 기록적인 증가세를 보였다고 보고한 바 있다.

〈그림 10-1〉 세계 상위 15개국의 신규 신재생에너지 투자 비율

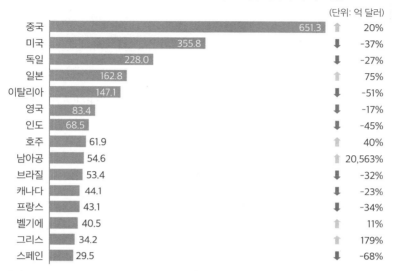

(단위: 억 달러)

국가	투자액	증감
중국	651.3	↑ 20%
미국	355.8	↓ -37%
독일	228.0	↓ -27%
일본	162.8	↑ 75%
이탈리아	147.1	↓ -51%
영국	83.4	↓ -17%
인도	68.5	↓ -45%
호주	61.9	↑ 40%
남아공	54.6	↑ 20,563%
브라질	53.4	↓ -32%
캐나다	44.1	↓ -23%
프랑스	43.1	↓ -34%
벨기에	40.5	↑ 11%
그리스	34.2	↑ 179%
스페인	29.5	↓ -68%

출처: Bloomberg New Energy Finance(2014). "Summit Keynote".

2. 미국에서 진화하고 있는 '2.0 ESP' 방식 투자

1) 인터넷에서 신재생에너지 투자 플랫폼을 제공하는 솔라시티

미국의 주택용 태양광발전시장에서 최대의 시장점유율을 과시하는 태양광 업체 솔라시티는 새로운 분야의 사업을 준비 중이다. 솔라시티는 고객의 건물이나 부지에 태양광발전 시설을 설치하고 전력을 판매하는 제 3자 소유권(*third party ownership*) 모델로 시장을 석권했다. 이 기업은 단순한 시스템 설치업자를 넘어 프로젝트 개발이나 금융 등의 중개업자로도 활동하는, 이를테면 여러 얼굴을 가진 회사로 그동안 많은 벤처기업을 인수하며 사업을 확장해 왔다. 변신을

거듭하고 있는 솔라시티는 2015년 1월 15일에 인터넷을 사용해서 분산형 태양광 시스템에 투자할 수 있는 플랫폼 사업을 새로 출범하겠다고 발표했다. 개인투자가뿐만 아니라 대형투자가도 대상에 포함된다.

솔라시티는 이 사업의 성공을 위해 '코먼에셋'(Common Assets)을 매수했다. 코먼에셋은 실리콘밸리에서 창업한 벤처기업으로, 인터넷에서 개인투자가를 모아 신뢰성이 보장된 소규모 회사에 태양광 발전 프로젝트를 위한 융자를 해주는 플랫폼을 제공한다. 솔라시티의 매수를 통해 법인투자가뿐만 아니라 개인이나 소규모 투자가에도 분산형 발전 인프라에 대한 투자를 촉진하는 것이 가능해졌다. 새로운 투자 서비스는 2014년 6월부터 개시했다.

솔라시티는 2013년 미국에서 처음으로 태양광 자산 담보증권을 발행한 실적으로도 유명하다. 이것은 자사가 소유한 44메가와트의 분산형 태양광발전 시스템을 담보로 해서 증권화한 것이다. 2013년 만기로, 이율 4.5%의 총액 5,400만 달러의 증권을 발행했는데 하루 만에 전부 팔렸다.

2) 솔라 크라우드 펀딩의 선구자 모자이크

태양광발전 시스템 분야에서 크라우드 펀딩(*crowd funding*)의 선구자 역할을 하는 모자이크(Mosaic)는 캘리포니아주 오클랜드에 거점을 뒀다. 모자이크는 인터넷을 통해 태양광발전 시스템의 설치 및 운영에 필요한 자금을 불특정 다수의 투자가로부터 조달하는 서비스를 제공한다. 투자 중개 역할을 처음 시작한 것은 2013년 1월이었고 사업을 시작한 지 24시간 만에 최초의 4개의 프로젝트에 대한 자금 조달을 완료해 버린, 믿기 어려운 기록을 세웠다.

2011년 회사를 설립할 때의 이름은 솔라모자이크(Solar Mosaic)였는데, 태양광발전 이외에도 풍력발전, 조력발전, 열전병합발전 등 신재생에너지 전체를 비즈니스 대상으로 삼기 위해 솔라(Solar)를 뺀 모자이크로 개명하였다. 모자이크는 융자를 원하는 프로젝트 개발자와 태양광발전에 흥미를 느끼며 안정된 보상을 원하는 개인투자가 사이를 연결해 주는 온라인 플랫폼을 제공한다. 이를테면, 거래를 중개하는 에너지 서비스 제공자(ESP)의 좀더 진화된 형태로 보아야 한다. 이제까지 모자이크가 중개한 융자액은 1건당 5만 달러에서 100만 달러까지 다양하며 거래도 매우 활발하다.

이 회사의 서비스 운영 상황을 구체적으로 살펴보면 다음과 같다. 먼저 프로젝트 개발업자가 태양광발전 시스템의 건설, 운영 측면에서의 자금조달을 모자이크에 의뢰하면, 모자이크는 의뢰받은 안건 중 채권 발행에 의해 자금을 조달할 프로젝트를 결정한다. 선정된 프로젝트는 모자이크의 웹사이트에 게재해 자금을 모집한다. 융자에 흥미를 느낀 개인투자가는 웹사이트를 통해 프로젝트를 살필 수 있으며, 연간 이율이나 상환 기한 등 자세한 내용을 알 수 있다.

이 외에도 투자 판단을 정확하게 할 수 있는 기준이 되는 주요 정보가 웹사이트로 제공된다. 예를 들어, 어느 제조기업의 태양전지 모듈을 몇 장 정도 사용하는지, 동력조절기(*power conditioner*) 또는 EPC〔기술(*engineering*), 조달(*procurement*), 건설(*construction*)〕를 어느 시공회사에 위탁하는지 또는 프로젝트 개발업자에게 부채는 없는지 등 상세한 정보를 입수할 수 있다.

〈그림 10-2〉 미국의 분야별 신재생에너지 기술투자

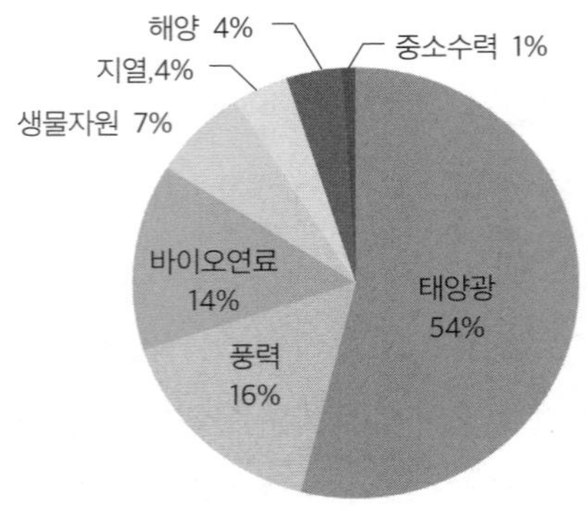

출처: Bloomberg New Energy Finance(2016).

〈그림 10-3〉 분야별 신재생에너지 투자(2006~2030년)

[단위: 10억 달러(명목)]

700
600
500
400
300
200
100
0
2006 2010 2015 2020 2025 2030

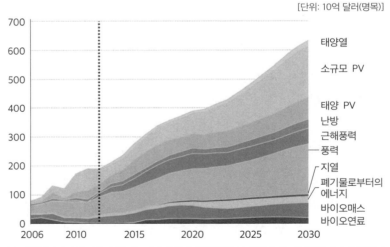

태양열
소규모 PV
태양 PV
난방
근해풍력
풍력
지열
폐기물로부터의 에너지
바이오매스
바이오연료

주: 전문투자가가 아니라도 현금을 가진 사람이 은행금리보다 훨씬 높은 태양광에너지 사업에 투자하는 경우가 늘고 있다.

출처: Bloomberg New Energy Finance(2016).

이와 같은 과정을 거쳐 태양광발전 건설이 완공되고 운전을 시작하면 프로젝트 개발업자는 전력회사에 전력을 판매한다. 여기에서 얻은 자금은 모자이크를 통해 투자가에게 매월 상환한다. 중개업자인 모자이크의 수입원은 프로젝트 개발업자에게 부과하는 융자 수수료(*origination fee*)인데, 개발업자가 융자(주로 고정금리형)를 받은 시점에서 발생하며, 금액은 융자액의 1~4% 정도다.

3. 석탄에의 투자

연료비가 다른 연료보다 싼 석탄은 신흥국뿐만 아니라 선진국에서도 당분간은 사용이 불가피하다. 석탄에의 투자는 2015년도 대비 11% 감소한 590억 달러였다. 2016년에 투자 이행이 정식으로 결정된 석탄화력발전소 전체의 설비용량은 합계 4천만 킬로와트로, 지난 15년(2002~2016년) 사이에 최저로 전락하였다.

석탄 감소의 가장 큰 요인 중 하나는 중국이 대기오염 대책을 강화하기 위해 석탄화력발전을 축소한 것이다. 국제에너지기구는 신재생에너지가 가격 경쟁력을 높여 석탄과 가격 내리기 경쟁을 벌이고 있는 것도 요인의 하나로 꼽았다.

독일과 일본은 석탄발전의 청정화에 진력하고 있지만 설사 성공하더라도 경제성은 보장할 수 없다. 파리 기후변화협약에서 명시한 대로 석탄 산업은 사양길에 들어섰으며, 이를 부정하는 사람은 미국의 트럼프 대통령과 석탄발전업자밖에 없을 것이다.

4. 천연가스에의 투자

앞으로의 10~20년 동안 에너지의 생산·이용, 그리고 소비자에 도달하기까지의 과정은 크게 변화할 것이다. 태양광과 풍력발전 등의 신재생에너지로 화석연료를 퇴출하는 데 가장 필요한 화석연료 에너지는 바로 천연가스다. 천연가스발전은 타 화석연료보다 이산화탄소 배출이 40% 이하로 적고 대기오염물질은 10분의 1 수준으로 배출하여 환경 측면에서 보아도 매우 우수한 에너지다. 이렇듯 다른 화력발전보다 훨씬 청정한 에너지인 천연가스의 역할은 신재생에너지가 예상대로 발전하기 위해 꼭 필요하다.

우리나라와 일본에는 천연가스 매장량이 거의 없으나 세계 전 지역에 골고루 분포하며, 특히 일부 중동국가와 동남아시아, 미국과 캐나다에는 많은 양이 매장되어 있다. 천연가스는 최근 들어 유럽과 미국을 중심으로 투자가 많이 늘었다.

파리 기후변화 당사국총회에서도 천연가스의 역할은 상당한 기간 필요하다는 결론을 내렸다. 앞으로 세계의 모든 국가가 에너지 정책에서 다른 에너지보다 많은 양의 천연가스를 사용하지 않으면 2020년부터 본격적으로 시행될 파리 협약의 규제를 받는다. 이산화탄소의 가격을 정하는 탄소배출권 거래에서도 불리하게 작용할 것이다.

또한 앞으로 정부가 주도할 탄소가격제도에 의해 각 기업은 스스로 탄소배출을 줄이려 노력해야 한다. 이로 인해 기업 내에서 탄소를 줄이려는 연구·개발도 활발하게 진척될 예정이라 탄소배출 삭감과 병행해 다른 기술도 부수적으로 얻을 기회가 될 것이다. 예를 들어, 영국은 2015년에 1톤당 18파운드라는 탄소 최저가격을 책정했는데, 이에 따라 2016년 석탄발전량은 52% 감소했으며 천연가스와 신재생에너지발전이 급증했다.

천연가스는 에너지 수요의 균형을 맞추며, 2050년에 신재생에너지 비율 80%를 목표로 하는 계획에서 동반자 역할을 할 것으로 예상된다. 앞으로 신재생에너지 수요 변화에도 가장 빠르게 대응할 수 있으며 축전지 성능도 빠르게 성장하고 있으므로, 천연가스는 신재생에너지의 약점을 보완하는 측면에서도 중요한 교량 역할을 할 것이다. 더구나 천연가스는 경제발전의 주요 부문 전부에 대응할 수 있는 에너지원이다. 수송 부문이나 가정의 난방뿐 아니라 중소형 기업에도 많이 사용된다. 신재생에너지는 주로 전력 사용에 활용되며 현시점에서는 적절한 가격으로 전력화가 어려운 산업도 있기 때문에 상당한 기간 천연가스와 원전이 필요할 듯하다.

최근 국내에서는 천연가스가 석탄이나 석유보다 훨씬 비싸다고 알려져 에너지 정책을 수립하는 전문가에게 기피 대상이 되는 듯하다. 그러나 석유나 석탄은 시간에 지나면서 점점 고가의 에너지가 되는 반면, 천연가스는 실제로 가격이 하락하고 있다는 것이 선진국 전문가들의 의견이다.

5. 셰일가스에의 투자

현재 상황이 신재생에너지 개발에 어떤 영향을 끼칠지를 단기적 시각에서 보면 신재생에너지로서는 그리 유리해 보이지 않을 수 있다. 새로 등장한 셰일가스의 영향력이 워낙 큰 데다 2010년을 전후해 유럽을 시작으로 일어난 금융위기의 여파가 적어도 2016년에서 2018년까지 계속될지 모른다는 우려가 있으며, 특히 셰일가스 산출국은 셰일가스를 중심으로 에너지 정책을 구축할 수도 있기 때문이다.

그러나 중장기적으로는 셰일가스의 대두가 신재생에너지에게도 도움이 될 것이라는 의견도 있다. 왜냐하면 가스발전 설비는 가동하고 정지하는 것이 비교적 간단하게 가능하므로 풍력과 태양광에 의한 발전의 불규칙성을 보충하기에는 안성맞춤이기 때문이다. 미래에는, '태양광 + 셰일가스', '풍력발전 + 셰일가스' 등 하이브리드형 발전소가 상당수 건설되어 송전망에 지속적으로 전력을 보내는 형태도 가능하다. 특히, 미국을 거점으로 '셰일가스혁명'이 에너지 공급구조에 변화를 가져오고 있다. 변화의 물결은 산업 등 폭넓은 영역에까지 미치고 있다.

미국에만 셰일가스가 매장되어 있는 것은 아니다. 중국은 미국을 상회하는 매장량을 가지고 있다. 미국 에너지부는 2014년 6월, 세계 자원량에 대한 최신 자료를 발표했다. 조사 대상인 41개 국가 중

〈표 10-1〉 세계의 셰일가스 자원량

순위	국명	자원량[조(兆)세제곱미터]
1	중국	1,115
2	아르헨티나	802
3	알제리	707
4	미국	665
5	캐나다	573
6	멕시코	545
7	오스트레일리아	437
8	남아프리카공화국	390

출처: 미국 에너지부.

〈그림 10-4〉 세계의 셰일가스 분포도

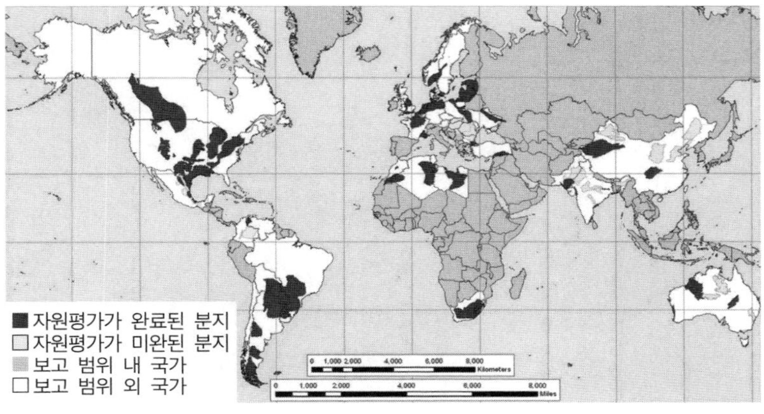

출처: 미국 에너지관리청.

셰일가스 매장량이 가장 많은 나라는 중국으로 1,115조 세제곱미터에 달했고 2위는 아르헨티나, 3위가 알제리였다. 셰일가스 개발의 원조 격인 미국은 4위였다.

한편, 보스턴컨설팅그룹(Boston Consulting Group)의 조사에 의하면, 미국과 캐나다가 셰일가스를 채굴하기 위해 판 우물이 11만 개나 되는 데 반해 이외의 국가가 판 우물은 전부 합쳐 200개밖에 안 된다고 한다. 다시 말해, 셰일가스와 셰일오일 생산량의 99.9%가 북미에 집중된 셈이다.

그렇다고 다른 국가가 셰일가스 채굴을 등한시하는 것도 아니다. 특히 중국 정부는 '셰일가스 개발 5개년 계획'을 발표하고, 2015년에 65억 제곱미터를, 2020년에는 600억~1천억 제곱미터를 생산하겠다는 의욕적인 목표를 세웠다.

그러나 전문가들은 중국의 셰일가스 생산이 궤도에 오르려면 상

〈그림 10-5〉 중국 셰일가스의 주요 분포 분지

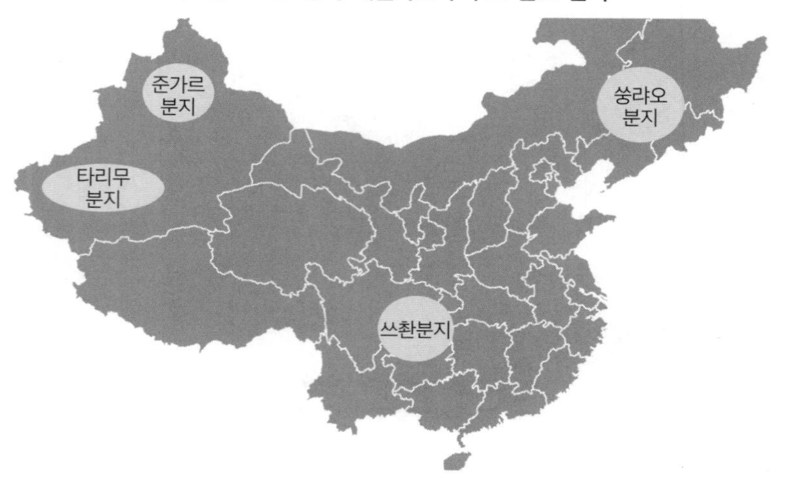

당한 기간(20년 이상)이 필요하다는 의견이다. 중국의 셰일가스 생산이 더딘 이유로 우선, 지질(地質)의 문제가 있다. 즉, 셰일가스가 매장된 지역의 지질이 매우 열악하다. 둘째로, 셰일가스를 생산하려면 암반층에 고압의 물을 주입해 스며 나오는 가스를 뽑아내는 기술이 필요한데, 중국은 아직 이 기술을 개발하지 못했다. 셋째로, 암반층에 대량의 물을 주입해야 하는데 매장된 지역에서 그만한 물을 확보하기 어렵다. 넷째, 셰일가스가 매장된 지역은 중국의 변방이라 수송 수단의 인프라가 열악하다는 약점이 있다.

중국은 이미 아시아 최대의 가스 소비국이다. 국제전기기술위원회(International Electrotechnical Commission)에 의하면 2030년의 수요는 2010년의 약 3배인데 현재 가스 수입 비율은 30%로, 앞으로 점점 증가하는 수입을 얼마나 줄일 것이냐는 셰일가스 개발에 달렸다.

제 11 장

신재생에너지와 고용창출

1. 신재생에너지 산업의 성장 그리고 고용

현재 전 세계가 불황에서 탈출하지 못하는 상황인데도 신재생에너지와 에너지 감축 분야는 새로운 시장을 형성 중이다. 신재생에너지 관련 시장은 국가마다 규모의 차이는 있어도 대체로 증가일로에 있다. 신재생에너지 산업은 지구온난화 방지라는 중요한 임무를 비롯해 다양한 산업 육성과 기술개발 투자가 이루어지고 있어, 그야말로 거대한 시장의 탄생을 앞두고 있다. 이와 관련한 수많은 새로운 유형의 기업 성장이 기대된다.

고용창출은 어느 나라든 가장 중요한 국가 정책 중 하나이다. 최근 들어 신재생에너지 가격이 계속해서 하락하자 투자자도 눈에 띄게 증가 추세에 있다. 이러한 긍정적 신호와 함께 지역 활성화, 업계의 재편과 경쟁화 그리고 기술과 생산 과정의 급속한 발전 등으로 고용도 빠른 속도로 증가하고 있다. 그중에서도 특히 태양광과 풍력 발전용 설비기기의 제조, 판매, 유지 · 보수에서 고용이 많이 증가

〈그림 11-1〉 분야별 신재생에너지 고용 현황(2016년)

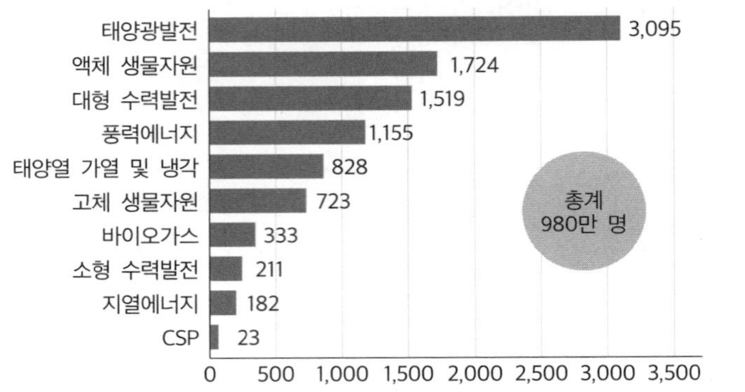

출처: IRENA(International Renewable Energy Agency)(2017. 6. 1).

하고 있다.

신재생에너지의 고용창출에 관한 통계를 보면, 태양광, 풍력, 생물자원 등 에너지 산업이 창출한 고용〔유럽에서는 이러한 직업을 '클린 잡'(*clean job*)이라고 부른다〕은 2006년 기준으로 세계를 통틀어 약 230만 명으로 추산된다. 이는 계속 늘어, 2014년에는 770만 명, 오는 2030년에는 2006년 기준보다 10배에 가까운 2천만 명이 넘을 것이고 2050년에는 약 5,200만 명이 될 것으로 추산된다.

석유나 석탄발전은 전통적 대기업이 독자적, 폐쇄적으로 운영했기 때문에 특수한 전문가 이외에 다양한 교육은 필요하지 않았다. 반면 신재생에너지 분야에는 정보통신기술, 인터넷 등 IT 분야 이외에도 신재생에너지 분야별로 방대한 지식이 필요하다. 신재생에너지와 에너지 감축을 위해서는 기술뿐만 아니라 다양한 부문에서 전문성이 요구되기 때문이다. 따라서 신재생에너지 산업의 성공을 위해서는 숙련된 기술, 이를테면 업무의 세분화 혹은 사업성에 대한

〈그림 11-2〉 139개국의 100% 에너지 전환:
100% 모든 목적*에 풍력, 수력, 태양광으로의 전환

주: * 전기, 교통, 냉 · 난방, 산업 등.
2050년 세계 신에너지의 고용은 5,200만 명으로 증가할 것이다.
출처: 스탠퍼드대학의 마크 제이콥슨 교수와 대기오염 · 지구온난화 연구팀.

사전 지식, 전문인재 육성이 필요할 뿐만 아니라 전문교육을 수료한 사람의 가이드라인 작성도 체계화되어야 한다. 2010년경부터는 에너지 업계에서 신재생에너지의 역할이 중요하게 부상하면서 이 사업에 필요한 인재가 폭넓게 필요하게 되었다.

중국은 현재 태양광발전과 풍력발전의 양적 측면에서 미국이나 독일과 겨룰 정도로 신재생에너지 산업을 늘렸다. 이에 관련된 전문직과 노동자의 일자리도 매년 증가하고 있다. 미국이나 독일과 같은 신재생에너지 선진국은 초기 단계부터 발전 · 운영기술 등 인재 육성을 위한 교육을 실시해 왔다.

2. 지방자치단체와 주민이 주도하는 분산 고용창출

기존의 화석연료 산업이 단일화・집중화된 산업이었던 데 반해, 신재생에너지 산업은 다양화・분산화된 산업이라는 특징이 있어, 지역적으로 분산된 고용을 창출할 수 있다는 장점이 있다.

가령, 독일이나 덴마크는 신재생에너지를 에너지의 중심에 놓는 정책을 펴는 국가 중에서도 도시 주민과 지방 주민의 식생활과 문화생활을 평준화하려는 목표를 확실하게 지향하는 국가다. 그러나 이 국가들도 정부나 지방자치단체의 특별한 보호조치가 없다면 지역 주민이 불이익을 당할 수밖에 없다. 예를 들어, 도시의 첨단기업이 뛰어난 기술과 자본을 가지고 지방 사업에 참여한다면 농어민과 빈민계층은 타격을 입는다. 이 때문이라도 농업에 종사하는 주민이 신재생에너지를 설치할 수 있도록 지원해야만 지역 중심의 고용창출이 가능해진다. 구체적으로, 지역금융에 의한 주민 출자사업이 가능하면 주민도 메가솔라 설치사업에 참여할 기회를 얻을 수 있고, 해당 지역의 젊은이가 직업을 찾아 대도시로 몰려드는 현상도 사라진다.

아울러, 앞으로는 신재생에너지 설치에 따른 업자와 주민 간 환경분쟁 등의 마찰도 예상된다. 그러나 지역 주민과 지방자치단체가 주도해 사업을 진행하도록 정부가 배려한다면 그 지역 주민이 선호하는 신재생에너지를 선택해 무리 없이 사업을 진행할 수 있다.

무엇보다도 전기 판매수입이 지역민에게 돌아갈 수 있도록 법적 조치를 하는 것이 중요하다. 지역 주민이 주도하는 신재생에너지 도입은 지역의 경제적 안정, 고용창출, 지속가능한 지역사회 구축에 크게 도움이 될 것이다. 설령 첨단기술을 가진 대도시의 대기업이 참가해야 하는 부문이 있어도 일반 일자리와 경영 측면에서는 지방자치단체가 일정 정도 비율로 참여하도록 국가가 보장해야 한다.

3. 각국의 고용창출 사례

1) 미국: 오바마 대통령의 고용 정책과 풍력발전의 고용

2015년 4월 4일, 오바마 대통령은 유타에 있는 공군기지에서 기자회견을 열고 파키스탄, 이라크 등에서 조국을 위해 싸운 7만 5천 명의 퇴역군인이 정상적으로 사회에 복귀할 수 있도록 태양광발전의 기술교육을 실시하겠다고 밝혔다. 태양광발전은 앞으로 풍력발전과 함께 미국의 주류 에너지 중 하나로 성장할 것이 분명하므로 앞으로도 많은 퇴역군인이 이 부문에 투입될 것으로 보인다.

지역 훈련 프로그램은 미국 국방부와 에너지부가 공동으로 실시하며, 교육은 힐 공군기지(Hill Air Force Base) 외에도 10여 개소의 국방부 소속 훈련기지에서 실시한다. 태양광발전 시설 관리, 설비 시공 이외에도 패널 등에 이상이 생기면 드론을 활용해 직접 수리할 수 있는 기술까지도 훈련 대상이다. 1년에서 2년에 걸친 과정을 이수하면 사회에 복귀해서 최소한 중산층 수준의 임금을 받을 수 있다. 오바마 대통령은 이에 덧붙여, 자신이 퇴임할 때까지 이 같은 연수자를 계속해서 늘려 나갈 것을 약속했다. 또한 태양광발전을 중심으로 한 에너지 효율화 기술 보급을 촉진하는 행동계획도 발표했다. 2020년까지 이 프로젝트를 수행하기 위한 기술자 5만 명을 양성할 계획이다.

한편, 미국에는 44개 주에 걸쳐 풍력발전소 관련 시설이 있다. 신규 고용 측면에서 보면(2012년 기준), 제조 관련 공장에 2만 5천 명, 발전과 건설에 투입된 인력을 합치면 8만 명 이상이 새로 일자리를 얻었다. 그러나 이 숫자는 2012년 기준이다. 이후 풍력발전소가 2배 이상 증가했음을 고려하면 현재까지 새로 창출된 일자리 수는 상당할 것이다.

필자는 2017년까지의 통계를 아직 입수하지 못했다. 현재로서는 미국의 풍력발전에 관해 정확한 통계를 내는 것이 매우 어렵다. 신재생에너지 산업에서 미국은 유럽보다 5년 이상 늦었지만 유럽보다 훨씬 빠른 속도로 진행하고 있기 때문에 가장 최신 통계를 접하기가 쉽지 않은 것이다. 미국 풍력에너지협회의 통계 발표가 다른 곳에 비해 늦는 것도 원인 중 하나다.

2) 독일: 신재생에너지 도입으로 고용창출

신재생에너지 도입이 진전 중인 독일에서는 관련 산업의 고용자 수가 매년 증가하고 있다. 2011년에 이미 약 38만 2천 명이 관련 분야에서 일하고 있었다(독일연방 자연보호청 통계). 이 같은 고용자 수는 2010년보다 4% 증가한 수치며, 2004년과 비교하면 2배 이상이다.

고용자 수를 보면, 태양광과 생물자원 분야의 고용이 가장 많아 각기 32%를 차지했다. 그다음으로는 풍력 분야의 비율이 높다.

이 외에도 유럽에서 가장 큰 전력회사인 독일의 에온과 RWE는 고용원 수가 각각 약 8만 명에 가깝다. 신재생에너지 부문과 관련 부문을 각 그룹 내의 별도 회사로 분리했기 때문에, 이 인원을 합치면 8만 5천 명이 새로 고용 숫자에 포함된다.

독일은 신재생에너지로의 사회기반 구축 측면에서는 타국과 비교해 '아래로부터의 에너지혁명'을 이룩한 나라다. 독일 국민의 80% 이상이 환경문제를 중요시하며 신재생에너지를 통한 이산화탄소 추방을 지지한다. 이 지지층이 단단하게 자리 잡았기 때문에 주로 석탄 중심의 발전을 해왔던 대형 전력회사가 타격을 받은 것이다.

〈표 11-1〉 독일의 신재생에너지 고용자 수(2013년)

	투자로 창출된 고용	운영 및 유지보수로 인한 고용	바이오매스 및 바이오연료 공급으로 인한 고용	2013년 총 고용인원	2012년 총 고용인원
육상풍력에너지	100,800	18,200		119,000	104,000
해상풍력에너지	17,500	1,300		18,800	17,800
광전지	45,100	10,900		56,000	100,300
태양열에너지	10,100	1,300		11,400	12,200
태양열발전소	1,100			1,100	1,400
수력발전	8,300	4,800		13,100	12,900
심층지열에너지	1,300	200		1,500	1,400
지표지열에너지	13,300	2,500		15,800	15,000
바이오가스	17,200	11,800	20,200	49,200	50,400
소규모 바이오매스 시스템	10,100	3,900	14,600	28,600	28,800
바이오매스 사용 발전소	6,000	8,600	8,400	23,000	22,900
운송을 위한 바이오연료			25,600	25,600	25,400
합계	230,800	63,500	68,800	363,100	392,500
공적 자금 연구, 공공행정				8,300	7,300
합계				371,400	339,800

출처: 독일연방 경제 · 에너지부.

독일에서는 정확한 고용통계를 내기가 어렵다. 상향식(*bottom-up*)으로 개인 농가나 협동조합, 심지어 학교나 수도원, 교회까지 풍력 또는 태양광, 생물자원으로 이중 겸업(兼業) 형식의 자가(自家) 발전을 하기 때문이다.

3) 덴마크: 지역 중심의 고용창출

현재 덴마크에서는 전국적으로 400개 이상의 지역난방을 지역주민이나 지방자치단체가 중심이 되어 운영한다. 이 지역난방에 가입된 가정은 62%에 달한다. 경제 측면에서는 풍력발전기 산업과 지역난방 관련 사업이 발달하면서 다수의 고용창출이 가능해졌다.

2008년 신재생에너지 산업 규모는 960억 덴마크크로네(DKK)로, 전체 산업 규모인 7천억 덴마크크로네의 13.7%라는 높은 비율을 차지했다. 2000년과 비교해 신재생에너지 산업은 2.2배로 성장했고 이는 전 산업 성장률의 1.4배를 크게 상회했다. 새로운 고용자 수는 4만 1천 명으로, 덴마크 전 산업의 근로자 수 34만 7,400명 중 11.8%를 차지했다. 이와 같이 전력 매입제도 시행과 시민 주도의 풍력발전 보급으로 덴마크의 경제 발전을 지탱하는 유력 산업 분야로의 육성이 가능해졌다.

4) 일본: 전력사용 컨설팅으로 전문직 고용 증가

일본에서는 신재생에너지 정책을 통한 고용창출이 확실히 성공한 듯하다. 태양광발전이나 풍력발전 이외에도 전력 자유화로 소매업이나 전력 감축을 전문으로 하는 회사가 새롭게 생겨나 다양한 사업을 시작하고 있기 때문이다.

그중에서도 새롭고 기발한 기업을 소개하면, 전력 자유화로 새로 설립된 중소기업 전력업자(*power producer & supplier*)를 들 수 있다. 중소기업 전력업자 중 하나인 민나전력(みんな電力: '모두의 전력'이라는 뜻)은 에너지 전량을 신재생에너지로 사용하겠다는 기업을 대상으로 2017년 7월부터 컨설팅 서비스를 제공하기 시작했다. 기업의 전력 사용 상황을 분석해, 전기의 전량을 신재생에너지로 전환할 수 있는 시설 선정과 전원 조달방법 등을 해당 기업에 제안한다. 컨설팅은 무료이다. 민나전력은 태양광 등 일본 국내 신재생에너지 발전회사 약 60곳에서 전력을 조달하고, 약 200개 회사에 전력을 공급한다. 이들은 2018년 이내에 1천 개 기업을 고객으로 확보하는 것을 목표로 하며, 부대사업으로 자가발전시설 건설도 컨설팅한다.

일본도 후쿠시마 원전사고 이후 환경에 대한 국민 인식이 높아져 가능하면 신재생에너지를 이용하려는 사람이 증가하고 있으며, 이 사업이 지속가능성이 크고 고용창출에 상당한 도움이 되기 때문에 성장할 가능성이 크다고 생각하는 국민이 많아졌다.

4. 고용창출의 새로운 방향

고용창출은 우리가 모두 함께 풀어야 할 국가적인 문제이다. 그러나 현재와 같은 산업체제에서 고용을 획기적으로 늘리는 것은 어려운 일이 아닌가 생각된다.

전 정권의 경우도 마찬가지다. 처음부터 새로운 정책으로 '창조경제'라는 생뚱맞은 구호를 내걸고 출발한 것까지는 좋았다. 그러나 아이디어를 낸 사람 그리고 창조경제를 실천해야 할 대통령 자신, 이 국가적인 사업을 수행해야 할 정부 실무자 모두가 확실한 개념을 잡지도 못한 채 세월만 보내다가 막판에 가서 '문화융성'이라는 듣도 보도 못한 사업을 창조경제라는 어이없는 제목으로 둔갑시켰다. 창조경제란, 독일과 미국처럼 한 단계 업그레이드된 산업을 탄생시켜 지속가능한 고용을 창출하는 것이라 생각한다.

제 12 장

에너지의 미래

1. COP21, 파리 기후변화협약

1) 전 세계 195개국의 만장일치

인류 역사에 패러다임 전환이 될 만한 쾌거가 2015년 12월 12일 195개국 정상이 모두 참여한 '기후변화에 관한 유엔 기본협약'(The United Nations Framework Convention on Climate Change) 총회에서 이루어졌다.

총회의 가장 중요한 의제 중 하나는 온도 상승 폭을 산업화 이전 대비 섭씨 2도 이하로 억제하려는 노력을 모든 국가가 각각 책임감을 가지고 즉각 행동으로 실천해야 한다는 것이었다. 제 21차 파리 기후변화 당사국총회에서는 교토의정서의 한계를 극복하기로 약속하고, 전 세계 온실가스의 약 90%를 배출하는 156개 국가가 '국가별 온실가스 감축 자발적 기여방안'(Intended Nationally Determined Contribution)을 제출하였다.

세계 195개국 정상이 참석한 가운데 파리 협약이 만장일치로 가결되자 그동안 이 총회를 주도해 온 반기문 UN 사무총장, 올랑드 대통령 그리고 195개국 정상들이 환호하고 있다.

© Arnaud Bouissou, MEDDE

국가별 온실가스 감축량은 해당 국가가 제출한 국가별 감축 기여 방안을 그대로 인정하되 5년마다 이전보다 더 큰 목표를 제출하도록 요구받았다. 또한 각국은 제출한 목표를 달성하기 위한 노력에 대해 2023년부터 5년 단위의 정기적인 경과 보고서를 제출해야 한다. 진행 상황에 대한 면밀한 관리를 위해 국제적 차원의 종합적인 이행점검(*global stocktaking*) 시스템 도입에도 합의하였다.

이에 선진국을 비롯해 신흥국, 개도국 등 모든 나라가 한자리에서 만장일치로 합의를 이루었다. 이 자체가 인류 역사상 처음 있는 일이다. 기후변화가 지구에 큰 재앙을 가져올 수 있다는 절박함이 이 같은 단합을 가져온 것이라 할 수 있다.

프랑스 대통령 올랑드는 “이 날은 지구를 위한 ‘위대한 날’로 기억될 것이다”라고 선언했고 미국 대통령 오바마는 “지구를 구하기 위한 최선의 기회이자 전 세계를 위한 패러다임의 대전환"이라고 소감을 피력했다. 또한, 프란치스코 교황도 감사의 메시지를 보냈다.

2) 기후변화에 대응하기 위한 신재생에너지 투자

파리 협약에서 세계 각국 대표에게 과학적 근거를 제시한 기구는 '기후변화에 관한 정부 간 패널'(Intergovernmental Panel on Climate Change: IPCC)이었다. IPCC는 각국의 정부관계자・과학자가 참가해 세계의 기후・환경문제를 조사・연구하는 기관이다. 이 연구조직은 1988년, UN 환경계획(United Nations Environmental Program)과 세계기상기구(World Meteorological Organization)에 의해 설립되었다.

이들의 연구결과를 토대로 작성한 보고서(2014년)에 따르면, 온난화를 방지하기 위해 2050년까지 세계 온난화가스 배출량을 2010년 대비 40~70% 감축하고, 2100년까지는 완전히 추방해야 한다. 그리고 2030년까지 모든 석탄발전과 원전을 종식시키기 위한 행동을 이른 시일 내에 착수해야 한다.

다른 한편으로, UN 환경계획은 2015년 세계 신재생에너지에의 투자가 2,860억 달러에 달했으며 이는 환경개선을 위한 투자로는 사상 최고 기록이었다고 보고했다. 이 중 중국은 1,029억 달러로 전체의 40%를 차지했고, 인도・멕시코・칠레 같은 신흥국도 기술개발에서 선진국을 따라잡기 위해 증자를 계속했다. 파리 협약에는 신재생에너지 보급과 이에 의한 경쟁력 향상을 통해 고용을 창출한다는 부차적 목적이 깔려 있다.

3) 기후변화에 행동으로 대응하는 프란치스코 교황

파리 협약이 가결된 2015년 12월 12일에 앞서 동년 6월에 프란치스코 교황은 가톨릭 역사상 처음으로 기후변화의 심각성을 다룬 "기후변화에 관한 교황회칙"을 발표하였다. 교황회칙은 가톨릭에서 가장 엄격하고 구속력을 가진 사목교서(司牧敎書)다. 가톨릭의 추기경, 교구장, 신부, 수녀, 성직자와 신도 등 10억 명이 넘는 신자가 기후변화에 대응해 적극적으로 대응하도록 촉구하는 발표였다.

파리 협약이 타결되기 5개월 전인 7월에는 "기후변화에 대응한 도시의 책무"라는 주제로 로마에서 컨퍼런스를 개최해 전 세계 60여 개 도시의 시장을 초청하였다. 바티칸에서 정상이 아니라 시장을 초대한 이유는, 이산화탄소를 도회지가 지방보다 70% 이상 배출하고

기후변화협약에 행동으로 대응하는 프란치스코 교황.
그는 파리 협약이 진행되는 동안 반기문 총장과 올랑드 대통령에게 격려의 메시지를 보내고 10억의 신도에게 적극적 지지를 호소했다.

도시 시민이 매연이나 황사, 미세먼지 등에 지방 주민보다 훨씬 더 민감하게 반응하기 때문이었다.

파리에서 기후변화 당사국총회가 진행되고 있을 때는 "세계는 자살 직전의 경계에 서 있다"라고 경고했으며, 협상이 국가 간 이해관계로 난항을 겪을 때는 직접 나서 중재하는 적극성을 보였다.

4) 아프리카 국가의 협력

파리 협약에는 아프리카의 모든 국가가 참석해 서명식에 참여했다. 이 서명이 성공적으로 끝나자 아프리카의 모든 국가가 '아프리카 신재생에너지 이니셔티브'(Africa Renewable Energy Initiative)란 기구(機構)를 출범시켰다. 아프리카 국가들이 협력해 에너지 문제에 공동 대응하기 위한 기구다.

이 기구에 독일, 프랑스, 스웨덴을 중심으로 한 선진국이 약 100억 달러를 지원했고 아프리카 내에서의 투자도 이어졌다. 중국도 이 프로젝트에 참여했는데, 중국은 아프리카 국가 산업계와 공동으로 신재생에너지발전소를 건설할 계획이다. 이뿐만 아니라 해수를 담수화하는 시스템에 신재생에너지를 활용하는 계획도 세우고 활동에 착수했다. 중국 정부의 한 에너지 관련 고위관리는 "인구의 80%가 전기를 이용하지 못하는 현실에서 신재생에너지는 구원자가 될 것"이라고 말했다.

이 총회에 참석한 한국대표단은 박근혜 대통령을 비롯해 대표단장인 환경부 장관, 기후변화대사, 국회 외교통일위원장 등이었다. 대표단 구성으로 보면 나무랄 데 없었으나 환경 문제나 기후변화에 관한 지식이 부족하고 미리 공부도 하지 않고 간 탓인지는 몰라도 회의장에서 갖가지 해프닝이 벌어지고 말았다.

우선, 박 대통령은 본 총회 기조연설에서 탄소배출에 관한 한국의 활동을 보고했는데, "한국은 2030년 온실가스 배출량 전망치(Business As Usual: BAU) 대비 온실가스를 37% 감축하겠다"는 야심찬 보도를 한 것이 문제로 지적되었다. 이 보고서를 작성한 곳이 정부의 어떤 부처인지, 청와대 수석비서관인지는 모르겠지만 통계수치에다 내용까지 허술해 전문가들의 지적을 많이 받았다. 프랑스 녹색당은 "한국 국내에서 사용하던 자료 같은데, 이처럼 부실한 자료를 국제회의에 들고 나올 수 있는지 의심된다"라고 비판하면서 "한국은 아직도 탄소배출권시장이 형성되지 않은 나라"라고 지적했다.

거기다 한술 더 떠 수석대표인 환경부 장관은 박 대통령을 따라 유럽순방을 갔는지, 진짜로 국내에 시급한 일이 생겼는지 본 총회에서 본인이 발표해야 할 것을 국회 외교통일위원장에게 부탁하고 참석하지 않았다. 이 같은 환경회의에서 담당 장관이 아닌 국회의원이 대독한 것은 국제총회 사상 처음 있는 일이 아닌가 생각된다. 우리가 지금 개화기에 살고 있는 것도 아닌데, 인류에게 닥친 재앙을 어떻게든 막아 보자는 취지로 195개국 정상이 모인 자리에서 이런 해프닝을 벌였다는 것에 필자도 국민의 한 사람으로서 부끄럽고 참담한 느낌을 받았다.

이뿐만이 아니다. 유럽 기후행동네트워크(Climate Action Network Europe:

CAN Europe)라는 NGO는 기자회견을 열고 2016년도 기후변화대응지수(Climate Change Performance Index: CCPI)를 발표했는데, 이 중에서 한국은 온실가스 배출 수준, 온실가스 배출량 변화 추이, 신재생에너지, 에너지 효율 등에서 58개국 중 54위라는 창피한 판정을 받았다. 이 정도라면 환경 문제, 기후변화, 신재생에너지 개발 현황에서 현재 개발도상국 정도의 수준이다. 이를 정부 정책입안자, 에너지 전문가 등 국내의 모든 식자가 깨달아야 한다고 생각한다.

앞서 언급했듯 한국의 대표들이 죽을 쑤고 있을 때 한국의 체면을 살려 준 사람이 바로 반기문 UN 사무총장이었다. 반 총장은 협약의 마지막 타결을 이끌어내기 위해 파리 기후변화 당사국총회가 개최되기 2~3년 전부터 전 세계를 돌면서 선진국, 개도국을 방문해 정상과 협의를 했고, 2015년 8월에는 오바마 대통령과의 양자회담을 통해 기후변화를 위한 인류의 노력에서 미국의 역할이 가장 중요하다는 점을 강조했다.

이 같은 반기문 총장의 노력이 주효해서 오마바 대통령뿐만 아니라 중국 시진핑 주석, 프랑스 올랑드 대통령, 독일 메르켈 총리, 프란치스코 교황 등이 합세해 세계 195개국의 찬성을 얻어 낼 수 있었다. 이 공적을 높이 평가한 프랑스 올랑드 대통령은 반 총장에게 프랑스 최고훈장인 '레지옹 도뇌르'(Légion d'Honneur)를 수여했다.

각국의 유력지(한국을 제외하고)는 일제히 파리 기후변화 당사국총회에서의 반기문 총장의 노력과 활동을 소개했다.

반기문 총장은 기후변화에 관해, "이전에는 불가능해 보였던 것이 이제는 가능해졌고 또 피할 수 없는 현실이 되었다"고 강력히 주장했다.

2. COP22, 기후행동총회

1) 구체적 방향 논의

2015년 12월 파리에서 열린 기후변화 당사국총회(COP21)에 이어 2016년 11월 21일 모로코에서 개최된 기후변화 당사국총회(COP22)는 파리 협약 이후 두 번째로 개최된 총회였다. 파리 협약의 실제적인 이행 기반을 준비한다는 차원에서 '기후행동총회'(COP for Action)라고도 부른다. 모로코 마라케시에서 보름 동안 열린 이 총회에는 197개국에서 2만여 명이 참석했다. 수용능력이 부족해 시내에서 약 10분 거리에 떨어진 사막에 대형 특설 텐트를 여러 개 설치하여 회의장으로 사용할 정도였다.

파리 총회에 참석했던 각국 정부 대표 및 전문가가 모여 파리 협약에서 결정했던 구체적 사안을 놓고 회의를 진행했다. 주요 의제는 배출량 거래, 삼림 보호, 개발도상국의 신재생에너지 개발 문제 등이었으며, 그중에서도 특히 아프리카 지원 문제 등을 다뤘다.

2) 인도의 참여

"인도는 파리 협약을 진지하게 받아들인다"라고 선언한 인도 총리 나렌드라 모디(Narendra Modi)는 2017년 6월 3일에 파리를 방문, 프랑스의 마크롱 대통령과 기후변화에 대한 회담을 했다. 모디 총리는 지구온난화 대책에서 프랑스와 긴밀하게 대책을 공유한다는 점에 합의하였다. 인도는 앞으로 2030년까지 온난화가스를 2005년 대

개선문 앞에서 헌화한 뒤 포옹하는 마크롱 대통령과 인도의 모디 총리. © Charles Platiau, AFP

비 최대 35% 감축하겠다는 과감한 계획을 실천하겠다고 말했다.

인도는 신재생에너지 설비 용량을 현재의 3배 이상인 1억 7,500만 킬로와트까지 올린다는 방침을 세웠다. 그래도 앞으로 2040년까지 석탄발전을 중단하기는 어렵고, 해마다 신재생에너지나 원전을 넓혀간다는 계획을 세웠다. 인도가 국토는 넓으나 국민생활 측면에서는 아직 전기도 들어오지 않는 지역이 많기 때문에, 경제성장을 위해서는 석탄발전을 당분간 유지해야만 한다는 점이 모디 총리의 고민이다.

3) 트럼프 대통령의 파리 기후변화협약 탈퇴 선언

회의 참석자들은 이 자리에서 트럼프 대통령의 파리 협약을 거부하겠다는 발언과 관련해 거부감을 숨기지 않고 비난의 화살을 직접 겨

누었다. 트럼프 대통령은 2016년 대선 기간 동안 "미국은 온실가스 배출 감축과 전 세계의 녹색경제로의 전환 지원 의무를 이행하지 않을 것"이라고 말한 바 있다.

총회 참석자들은 온 인류가 현재 기후변화로 겪는 상황을 언급하면서, "이 협약은 세계 195개국이 참석해 서명까지 한 '취소 불가능한 국가 간 협약'"이라고 못 박았으며 몰상식한 미국의 대통령에 대해 성명서를 채택했다. 이 성명서는 선진국이 2020년부터 2025년까지 매년 개도국에게 1천억 달러를 제공한다는 약속을 마음대로 폐기하겠다는 것은 온 인류에 대한 도전이라고 지적했으며, 석탄·석유 등 재래의 화석연료를 다시 이용하게 해서 재벌급 업자를 보호하여 미국을 다시 제조업 강국으로 만들려는 음모를 드러낸 것이자 시대에 뒤떨어지는 행동이라고 강하게 비판했다.

미국 컬럼비아대학 교수인 제프리 색스(Jeffrey Sachs)는 "만약 트럼프 대통령이 파리 협약을 거부한다면 중국의 중요성이 점점 커져, 중국이 중심이 되어 지구온난화 대책과 관련해 세계에 영향력을 미칠 것이다"라고 말하기도 했다.

그러나 트럼프 대통령은 결국 2017년 6월 파리 기후변화협약을 탈퇴할 것을 선언했다. 트럼프의 전가보도(傳家寶刀) 격인 행정명령은 고대 로마의 황제로 잘 알려진, 네로 황제보다 더 즉흥적이고 잔인했던 칼리굴라(Caligula)를 연상케 한다. 그는 소송 재판을 할 때 두 개의 소장을 양손에 들고 무게가 무거운 쪽에 손을 들어 주었다. 트럼프가 행정명령에 요란한 사인을 자랑 삼아 보여 주듯 칼리굴라도 황제의 옥쇄(어보)를 재판이 있을 때마다 늘 들고 다녔다고 한다.

트럼프 대통령이 지구온난화 방지를 목표로 하는 파리 기후변화 협약 이탈을 선언한 이후, 미국 내에서는 트럼프에 반대하는 동맹이 여기저기에서 이루어졌다. 특히, 뉴욕, 캘리포니아, 워싱턴의 세 주지사는 파리 협약을 준수하자는 동맹을 결성했다. 앤드루 쿠오모(Andrew Cuomo) 뉴욕 주지사는 앞장서서 '미국 기후동맹'(United States Climate Alliance)을 결성했다. 이에 가맹한 주는 독자적으로 온난화 대책을 세우고 기후변화 대응 정책을 수립하자는 슬로건을 내걸었다. 그리고 파리 협약의 성실한 이행을 위해 이산화탄소 배출량을 2025년까지 2005년 대비 26~28%로 인하하겠다는 오바마 전 대통령의 목표를 달성하겠다고 공식적으로 선언했다.

이에 85개 미국 대도시 시장도 상기 3개 주와 함께 반(反) 트럼프 진영을 구축하고 성명을 발표했다. 이들은 파리 협약에서 정한 온난화 대책을 각 도시가 성실하게 이행하고 신재생에너지 확대와 천연가스로의 전환, 전기자동차 도입 확대를 실천하기로 합의했다. 85개 도시 시장은 공동으로 작성한 선언문에서 "대통령이 세계의 모든 국가가 합의한 결정에 계속해서 반대 의사를 고집한다면, 우리는 더 많은 도시로 확대해 도시가 겪는 미세먼지 문제, 대기오염으로 고통받는 시민의 안전을 스스로 지켜 나갈 것이다"라며 한발도 물러서지 않겠다는 의사를 트럼프에게 전달했다.

지면이나 TV뉴스를 통해 널리 알려져 있듯 트럼프는 "나는 파리가 아니고 피츠버그 시민을 대표하며, 그래서 대통령이 된 사람이다"라고 말했는데, 정작 피츠버그 시장은 파리 협약을 위한 도시동맹에 가입했다.

4) 민간 리딩그룹의 참여

지국온난화를 막기 위해 활동하는 IT 기업가, 예를 들어 애플의 팀 쿡(Tim Cook), 아마존의 제프 베조스, 구글의 에릭 슈미트 등 중 기후변화 방지의 최전선에서 가장 활발하게 활동하는 사람은 마이크로소프트의 빌 게이츠일 것이다. 그는 2017년 초부터 '기술과 에너지 주요인사들의 네트워크'(Vast Network of Technology and Energy Bigwigs)라는 조직을 출범해 활동을 시작했으며, 10억 달러 이상의 에너지 기금을 조성 중이다.

그는 2016년 11월 13일 트럼프에게 전화를 걸어 8분 동안 에너지 문제에 대한 자신의 소신을 말하고 기후 문제와 신재생에너지를 도입하고 있는 환경주의자의 충고를 전했다. 여기서 빌 게이츠는 "내 주장의 핵심은 비단 에너지 문제에만 국한되지 않는다. 의학, 의료사업, 교육까지도 혁신할 수 있는, 새롭게 전개될 기회가 당신에게 주어져 있다. 이것이 세계를 향한 미국의 리더십을 위한 최선의 길"이라고 말했다.

이어서 그는 "저개발지역 주민이 태양광이나 풍력 등 자연에너지로 발전할 수 있도록 현대적인 생활 방식을 지원하지 않는 한, 어떠한 '에너지의 기적'(*energy miracle*)도 일어나지 않을 것이며 온난화를 막을 수 없을 것이다"라고 충고하면서 "우리들은 기후변화에 대처해서 더욱 큰 영향을 줄 수 있는 방안에 주력해야 한다. 그리고 지금까지의 녹색투자(*green investment*)에 대해 더욱더 신중하게 선별해야 한다. 이 사업에 '과학'이 존재하느냐고 묻는다면 바로 '예스'(*yes*)라고 대답할 수 있다"라고 말했다. 그는 또 "만약에 당신이 이 같은 어

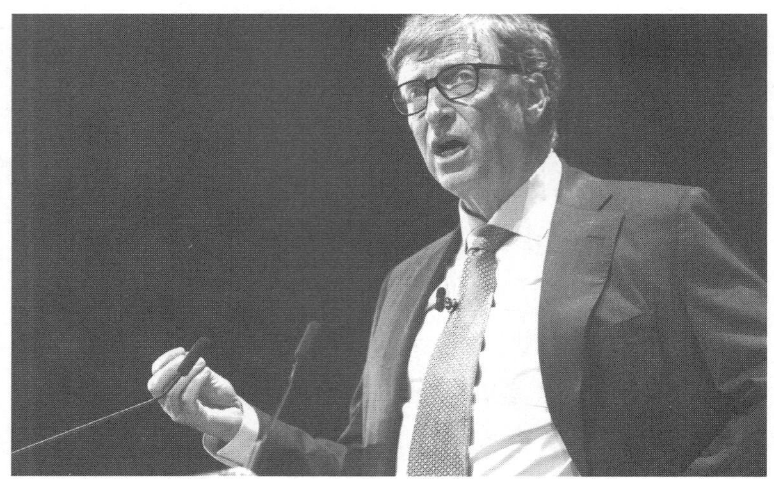

트럼프에게 전화로 소감을 말하는 빌 게이츠. © Chris Ratcliffe, Bloomberg

려운 과제를 재임 기간에 성공시킨다면 케네디 대통령이 수행했던 것처럼 리더십을 발휘할 수 있을 것이다"라고 충고했다.

3. COP23, 독일 본에서 열리다

2017년 11월 8일, 독일 본(Bonn)에서 개최된 '제 23차 UN 기후변화 당사국총회'(COP23)에는 197개국이 참석하였다. 이 총회는 2018년에 개최될 COP24에서 당사국 간 교섭을 가속화한다는 결의를 하고 폐막되었다. 2020년부터 실시하는 본격적인 활동에서 협약 체결 당사국은 모두 온난화가스 삭감의 자주목표를 UN에 제출하고 5년마다 한 번씩 목표를 업그레이드해서 세계 전체적인 진척 상황을 검증하게 된다.

1) 독일과 프랑스, 미국을 대신한 파수꾼 자임

협약국 중 개발도상국에 대한 지원에 가장 많은 돈을 투자하기로 했던 미국이 탈퇴함에 따라 선진국 투자에도 혼선이 생겼다. 그러나 이 회의에서 독일과 프랑스는 미국이 포기한다고 해도 지구를 구하는 사업을 양국이 중심이 되어 수행해 나갈 것이라 선언했다. 이를 두고 중국이 헤게모니(*hegemony*)를 잡을 것에 대비한 조치라고 말하는 사람도 있다. 이 난제는 2018년에 폴란드 바르샤바에서 열릴 예정인 'COP24'에서 결론을 낼 예정이다.

프랑스 마크롱 대통령은 총회 이전부터 기후변화대책의 핵심 정책인 '기후변화 계획'(Climate Plan)을 세우고 구체적이고 적극적인 계획을 준비했다. 이 협약에 미국을 제외한 국가가 서명을 마치자 의장국인 프랑스는 세계 기후변화 대책에서 보편적 책임을 지는 파수꾼(*watcher*)을 자임하고 나섰다. 마크롱이 주도하는 기후변화 계획의 요점은 다음과 같다. 첫째, 어떤 경우라도 파리 협약을 준수한다. 둘째, 프랑스를 청정한(*clean*) 경제사회로 변혁한다. 셋째, 생태계와 농업의 질(*quality*)을 향상시킨다. 넷째, 기후변화에 관한 외교를 강화하여 국제간 협조를 강화한다.

마크롱은 "트럼프 대통령은 자신의 국가와 국민의 이익에 대해 과오를 범했다"고 비난하면서 "지구의 미래를 살리려는 노력에 찬물을 끼얹은 행동에 어떠한 재교섭도 하지 않겠다. 프랑스는 인류의 미래를 결정하는 협약에 대해 절대로 말을 바꾸지 않겠다. 폴란드 바르샤바에서 열리는 COP24에서 확실한 대답을 해주면 좋겠다. 이상기후로 개발도상국, 특히 도서국가가 바다에 잠길 확률이 높아진 이상 선진국이 자금지원을 하지 않으면 안 된다"라고 소신을 밝혔다.

트럼프의 비협조로 부담금이 커진 독일과 프랑스 같은 나라에 혜택이 전혀 없는 것은 아니다. 기후변화에의 적극적 참여로 인해 타 분야에서 좋은 비즈니스를 할 수 있기 때문이다. 가령, 프랑스의 경우 파리를 청정금융(*green finance*)의 중심 도시로 만들 수 있다. 현재 많은 글로벌 금융회사가 세계 금융의 중심지였던 런던으로부터 유럽대륙으로의 이전을 준비하고 있으며, 프랑스와 독일은 이 기업들을 파리나 베를린으로 유치하려는 경쟁을 벌인다. 아울러 프랑스는 농업시스템 혁신을 통해 토양 중의 탄소저류량(炭素貯留量)을 증가시키는 연구·조사를 시작했다. 독일은 기후변화의 핵심이 되는 분야에서 전문가를 육성하고 EU에서의 연구협력을 대폭 늘릴 생각이다. 앞으로의 경쟁력은 새로운 에너지 개발과 관계가 더 깊어질 것이 확실하여, 경제도 지속가능하게 변혁될 것이라는 계산이다.

한편, 미국도 이 대회에 참관인(*observer*) 자격으로 참여하였다. 미국대표단 수석대표를 맡은 미 국무부 차관보대행은 "트럼프 대통령은 가능한 한 빠른 이탈을 지시하고는 있지만 미 국민에게 바람직한 조건이라면 후일 복귀할 가능성은 있다"고 제안하는 바람에 각국으로부터 빈축을 샀다.

2) 각국의 경제단체, 파리 협약에 참여

2017년 11월 15일에는 미국이나 유럽, 중국, 인도 등 각국의 경제단체가 기업의 적극적인 참여를 독려하였다. 이 같은 취지에 찬성하여 미국의 '국제비즈니스평의회', 유럽 경제단체인 '비즈니스 유럽',

'세계철강협회', 인도의 경제단체 등 세계적으로 영향력 있는 13개의 경제단체가 서명했다.

경제단체들은 "파리 기후변화협약은 기업이 참여하지 않는다면 반쪽짜리 협약에 그칠 것"이라며 "온실가스 배출량이 많지 않은 경제를 만들 책임은 기업에게 있다. 국가별 온실가스 감축 목표달성에 기업이 적극적으로 참여하는 것은 기후변화의 목표달성에 신뢰감을 줄 것이다"라고 말했다.

3) 니카라과 · 시리아의 파리 협약 가입

2017년 10월의 니카라과 가입에 이어 시리아도 11월 8일에 가입 신청을 했다. 이것으로 미국을 제외한 UN 가입국 전부가 협약에 가입했다. 〈뉴욕 타임스〉는 협약을 이탈한 나라가 다름 아닌 미국이란 점에 우려를 표명했다.

4. 2020년, 대전환의 출발점

2020년 이후에는 기후변화와 자원고갈이 세계 경제와 사회에 경종을 울리기 시작할 것이다. 사람들은 이런 변화를 피부로 느낄 것이고, 지구라는 시스템에 문제가 생겼다고 의심할 것이다.

이때는 각국 정부도 온실가스를 줄이는 일에 속도를 낼 것이며, 이제까지 인간에게 해를 끼쳤던 에너지를 몰아내고 새로운 자연에너지를 도입하는 데 국가마다 경쟁이 붙을 것이다. 선진국은 가동 중인 석탄발전을 중지하기 위한 정책을 강화하고 신재생에너지에의 투자로 방향을 바꿀 것이다.

1) 신재생에너지 비용의 저하

기술을 개발하는 실무자들은 세계적으로 신재생에너지, 특히 태양광과 풍력발전 규모가 확대되면서 발전에 드는 비용이 현재의 절반 이하로 떨어질 것이 틀림없다고 장담한다. 유럽의 해상풍력발전 입찰에서는 킬로와트시(kWh) 당 우리 돈으로 약 60원 정도 떨어진 가격에 거래되었는데 이 정도면 석유나 석탄발전보다도 싼 가격이다.

중동의 많은 국가도 태양광에 투자하고 있다. 중동의 넓고 뜨거운 사막에는 비도 많이 오지 않아, 석유 산업이 중단되어도 에너지

〈그림 12-1〉 신재생에너지 발전비용의 급락

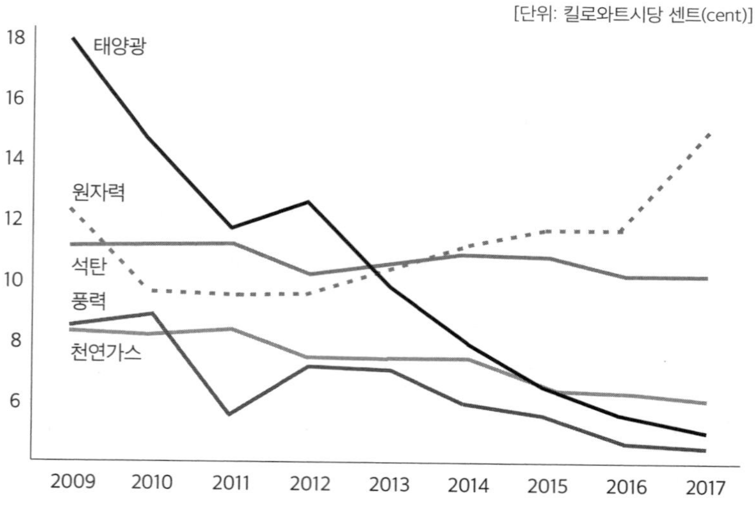

[단위: 킬로와트시당 센트(cent)]

문제를 크게 걱정하지 않아도 된다. 그중에서도 재빠르게 대처하는 국가는 사우디아라비아와 아랍에미리트연합이다. 특히, 아랍에미리트연합은 독일의 기술을 도입해 태양광발전에서 킬로와트당 30원대, 즉 세계에서 가장 값싼 가격의 프로젝트를 진행 중이다. 일부 신재생에너지는 석탄화력보다 값이 싸져, 그 경쟁력으로 탄력을 받으면서 성장하고 있다.

한편, 각국 정부가 기후변화와 미세먼지에 대항하기 위해 만든 신재생에너지 보조금제도는 2020년 이후에는 신재생에너지 비용을 화력발전보다 저렴하게 하는 데 기여할 것이다. 2030년까지는 이 같은 영향력을 배경으로 삶의 질은 높아지고 경제구조와 사회구조에 새로운 변화가 오기 시작할 것이다. 새로운 비즈니스 모델은 수요자가 도입한 다양한 분산 에너지 자원을 사물인터넷(*internet of things*)에 의해 최적화하여 수요자의 이익을 보호할 것이다.

2) 분산형 에너지 시대의 서막

미국 일리노이공과대학의 패트릭 휘트니(Patrick Whitney) 교수는 "국제 오픈 에너지 시스템"(The second open energy system international symposium) 강연에서 분산형 에너지시스템에 대한 의견을 발표했다. 내용을 요약하면 다음과 같다.

> 대량으로 생산해서 대량으로 소비하는 시대는 이제 종말을 고하고 있으며, 소비자가 중심이 되는 경제로의 이행이 시작되었다. 인터넷의 보급에 의해 주도권을 잡은 소비자의 지식과 정보가 더 커졌다. 중요한

것은 소비자 중심의 새로운 경제구조로의 변화다. 그러나 과거로부터 관행적으로 물려받은 구조를 금방 바꾸는 일은 매우 어렵다.

딱 하나의 방법이 있는데, 전력을 중심으로 한 에너지 분야이다. 이제까지의 전력시스템은 몇 개 되지 않는 대형 전력회사가 일괄적으로 발전・송전・배전을 독점해 왔다. 소비자가 주도하는 2020년 이후에는 이와 같은 하향식(*top-down*) 시스템이 상향식(*bottom-up*)으로 바뀔 것이다. 해결 방안은 태양광패널 등의 신재생에너지 및 축전지, 직류급전(直流給電)에 의한 분산형 시스템의 발전 여부와 많은 업종에서 자유롭게 참여해서 얼마나 혁신적인 사업을 창출해 내는가에 달려 있다. 그리고 정부가 이 새로운 사업에 얼마만큼 투자할 것인가에 달려 있다.

3) EU의 목표

EU는 에너지・환경 문제에 관해 2020년까지 최종 에너지 소비에서 차지하는 신재생에너지의 비율을 20%로 향상하고, 투자 인센티브로 건물 개수(改修)를 촉진하는 등 에너지 효율화를 추진하여 에너지 소비 효율을 20%까지 끌어올리며, 온실가스 배출량도 1990년에 비해 20%를 삭감한다는 구체적인 목표를 세웠다(EU 20・20・20). 2030년까지는 더 나아가 이산화탄소를 40% 삭감하고 에너지 소비 효율은 27% 향상시키는 것이 목표다.

이 목표를 달성하기 위해 EU는 조금 강제성이 있는 '신재생에너지 목표 이행'이라는 에너지 정책을 EU 각 가맹국에 통보했다. 각국은 이에 법적 구속력이 있는 달성목표를 만들었다. 이로 인해 신재생에너지 개발에 소극적이던 국가도 신재생에너지 보급을 위한 법제를 새로 제정하고 적극적인 자세로 돌아섰다.

EU의 정책을 올바르게 이해하려면 EU 위원회와 가맹국의 에너지 정책을 별도로 분리해서 볼 필요가 있다. EU는 유럽위원회(Europe Commission)가 EU에 가입한 모든 국가의 이익을 위해 유럽 차원의 정책을 입안하는 한편, 에너지믹스의 선택을 비롯해 개별적이고 구체적인 정책은 가맹국 차원에서 입안되기 때문이다.

한편, 이러한 EU의 계획에 많은 가맹국들은 오히려 목표를 너무 낮게 잡았다고 불평하고 있다. 보다 더 의욕적인 목표를 세워야 한다는 입장이다. 신재생에너지가 이미 가장 가격 경쟁력이 있는 에너지가 되었기 때문으로 보인다.

5. 2030~2040년의 에너지 전망

1) 청정공기와 이상기후

2030년의 세계는 깨끗한 전력을 사용하는 국가가 크게 증가하고 이산화탄소를 줄이는 일에도 열성적인 분위기가 조성될 것이다. 동시에, 자연재해 때문에 장거리 송전망이 고장을 일으키거나 정전이 잦아질 수 있다. 이 같은 불편 때문에 사람들은 전력을 자택에서 생산할 것이며, 환경을 개선하려는 노력에도 더 적극적일 것이다.

기록적인 장대비 혹은 혹서 등이 농작물에 피해를 주며, 빈곤국이나 강대국을 가리지 않고 이전보다 더 피부로 느낄 수 있는 재해가 시작된다. 이에 대항하기 위해 전 인류가 자연 재해와 싸울 준비를 할 것이다. 세계대전이 일어나지 않는다면 국가 간의 사소한 충돌은 많이 잠잠해질 것이다.

2030년경에는 그동안 연구・개발된 환경기술을 본격적으로 활용할 것이며, 청정에너지의 활용, IT 기술을 융합한 새로운 서비스가 등장할 것이다. 천재지변에 취약한 대형 생산 및 유통되는 송전・배전 방법으로는 해결할 수 없어, 각 가정에서는 태양광발전을 위한 패널을 지붕뿐만 아니라 벽, 마당 등 가능한 모든 공간에 설치할 것이며, 새로 개발된 고성능 축전지도 설치할 것이다.

사물인터넷으로 네트워크에 언제나 연결되고 인공지능(AI)의 활용이 일상화될 것이다. 모든 교통수단이 변화해 트럭이나 승용차의 대부분은 전기자동차나 수소자동차로 바뀔 뿐만 아니라 대도시의 스모그도 60% 이상 감소해 시계는 상당히 맑아질 것이다.

2) 줄어들지만 없어지지는 않는 화석연료

인류는 화석연료를 수천 년 동안 사용해 왔다. 현재도 인류가 사용하는 에너지 중 대부분이 석탄이다. 석유 사용의 역사도 이미 200년을 넘어섰다. 반면, 신재생에너지가 본격적으로 에너지로 등장한 것은 불과 30여 년밖에 되지 않았다. ESP가 하나의 산업으로 등장한 역사는 20년 남짓이다. 그러나 이 진화의 위력은 폭발적이다.

전문가들은 선진국의 신재생에너지가 2030년을 기점으로 화석연료보다 훨씬 저렴해질 것이라 진단한다. 이는 현재진행형이기 때문에 누구도 부정하지 못한다. 그러나 현실을 선진국 중심으로 판단할 수는 없다. 중국이나 인도와 같은 나라는 현재 열심히 선진국을 뒤쫓으려고 노력하지만 각각 14억의 인구와 넓은 국토, 두꺼운 빈곤

〈그림 12-2〉 화석연료 · 원자력 비용 상승과
신재생에너지 비용 하락(2000~2050년)

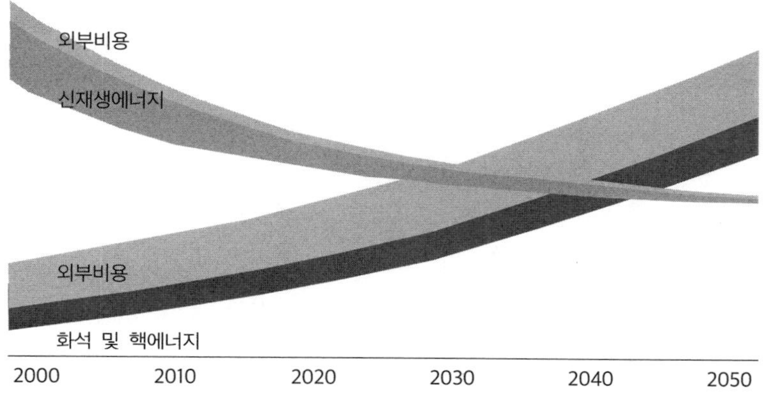

주: 화석연료와 원전의 가격이 상승하는 한편, 신재생에너지의 가격은 계속해서 떨어진다.
출처: 유럽 신재생에너지연합(European Federation of Renewable Energy Cooperatives: EREC). "EREC's Re-thinking 2050".

층 등의 문제로 기존의 화석연료를 사용해야만 한다. 전기자동차와 태양광발전의 수준이 선진국을 추격할 정도까지 올라갈 것으로 예상되지만 2030년이 되도 상황은 약간 개선될 뿐이다. 그러니 개발도상국은 더 말할 것도 없다. 이러한 국가의 입장에서는 이산화탄소 배출량이 화석연료보다 훨씬 적은 원자력발전을 더 시급하게 건설할 수밖에 없다.

3) 각 기관의 전망

(1) 블룸버그 신재생에너지 연구소의 보고서

미국의 권위 있는 에너지 연구기관인 블룸버그 신재생에너지 연구소는 2017년 6월 보고서 〈신에너지 전망 2017〉(*New Energy Outlook*

2017)을 발표했다. 이 보고서는 2040년까지는 가격 경쟁력의 향상으로 신재생에너지가 전 세계적으로 2040년까지 추가되는 신규 발전용량의 69~74%를 점유할 것이라 발표해서 업계와 전문가의 관심을 끌었다.

블룸버그 신재생에너지 연구소는 신재생에너지 신규 용량의 연간 투자액이 현재로부터 2030년 사이에 최소한 2.5배에서 4.5배 이상 증가할 것으로 전망했다. 이 시나리오에 의하면 2030년의 연간 투자액은 현재보다 230%가 많은 6,300억 달러가 될 것이라고 한다. 이 같은 투자 규모의 대폭적 증가는 풍력과 태양광발전이 화석연료발전보다 급속한 기술 발전으로 비용절감이 가능해져서 가격경쟁력이 높아진 것이 주원인이다. 그뿐만 아니라 수력, 지열, 생물자원발전도 기술 발전으로 비용 측면에서 경쟁력이 높아질 것이라고 설명했다.

2030년까지의 시장 예측은 이 연구소가 작성한 글로벌 에너지 및 배출량 모델에 근거를 둔다. 이 모델은 경기변동, 세계와 지역별 수요 증가, 기술 비용의 저렴화, 기후변화 방지 정책의 예상되는 전개, 화석연료시장의 동향 등 에너지 환경을 좌우하는 주요 요인을 전부 종합해 시뮬레이션 과정을 거쳐서 작성되었다. 이러한 결과는 BP(British Petroleum), 엑손모빌의 분석결과와도 거의 동일하다.

가장 저렴하고 성능이 좋은 태양광발전과 풍력발전은 2040년까지는 석탄연료발전이나 원전을 압도할 것이다. 육상풍력의 비용은 빠른 시일 내에 저렴해질 것이고, 해상풍력은 육상풍력보다 더 빠르게 성장하여 더 값싼 에너지가 될 것이다. 천연가스는 현재는 가격이 비싸지만 2025년에는 석탄보다 훨씬 저렴해질 것이다.

〈그림 12-3〉 전력발전 용량 중
태양광과 풍력발전의 비율(2017~2040년)

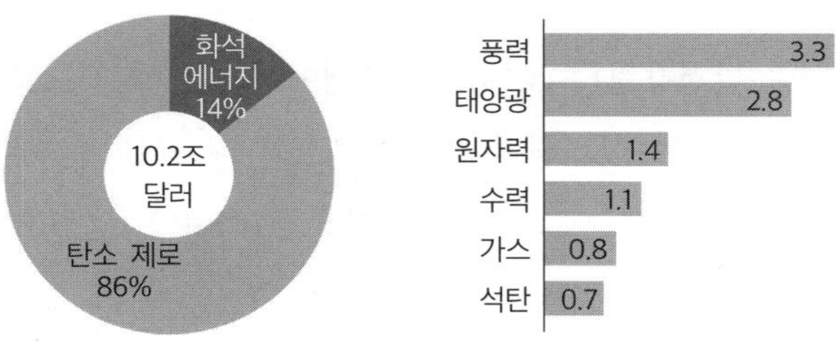

출처: BNEF, NEO(2017)." Bloomberg New Energy Finance 2017-2040".

현재는 석탄, 가스 및 석유화력이 전체 에너지 사용의 60%를 차지하지만 2040년까지는 태양광이나 풍력에 약 6조 달러라는 천문학적인 투자가 집중되면서 세계 전력시장의 판도를 바꾼다. 2040년의 풍력발전량은 2017년 대비 약 3.5배, 태양광발전은 무려 14배 이상으로 확대된다. 2040년까지는 신재생에너지에 대한 투자의 50%가 아시아 지역에 집중될 것이며, 그중 대부분은 중국이나 인도에 집중될 것이다.

배터리와 이에 관련된 기재는 2040년에는 2017년의 거의 10분의 1로 가격이 떨어지고 규격도 훨씬 작아진다.

(2) 국제에너지기구의 '새로운 정책'

세계의 대표적인 에너지 기관인 국제에너지기구는 2017년 11월 14일, 〈새로운 정책〉(*New Policies*) 이라는 전망보고서를 발행했다. 여기서는, 추가되는 발전용량의 57%가 신재생에너지원(대규모 수력발전 포함) 에 의해 이루어질 것으로 예측한다.

2030년까지 추가되는 신규 발전용량 가운데 기가와트 기준으로 가장 비율이 높은 것은 풍력과 태양광으로, 전 전원 중에서 각기 35%와 24%를 점유할 것으로 본다. 2040년에는 전 세계적으로 도입되는 신규 발전용량의 40%가 신재생에너지가 될 것으로 전망한다. 이는 블룸버그 신재생에너지 연구소의 예측보다는 낮은 수치다. 그리고 전 세계의 생물자원 생산량은 2012년의 1,200억 리터에서 2030년에는 약 3배가 넘는 3,700억 리터까지 커질 것으로 예상한다.

태양광이나 풍력 등 자연에서 얻은 신재생에너지는 각국 정부의 지원이 활발해지면서 세계적으로 발전량을 늘려갈 것이라고 전망했다. 국제에너지기구는 2040년의 신재생에너지 발전량이 2016년의 2.6배가 될 것이라고 말했는데, 이 예측에 따르면 신재생에너지의 발전량은 증가하는 반면, 화석연료는 60%에서 50%로, 원자력발전은 11%에서 10%로 각각 저하될 것으로 보인다.

석유도 당분간은 현상을 유지하겠지만 미국이 셰일가스를 증산하고, 전기자동차 등 에너지 소비가 신재생에너지 중심으로 변화할수록 석유의 생산량은 줄어들고 가격은 1배럴당 50~70달러 선에서 균형을 맞출 것이라 예측했다.

이처럼 신재생에너지가 폭발적으로 증가하는 배경에는 파리 기후변화협약이 있다. 2020년부터 선진국이 지원금을 출연하여 개도국에 지원하면, 개도국은 가장 먼저 소형 태양광발전을 건설하는 일에 착수할 것이고, 다음으로는 바람이 좋은 지역에 풍력발전을 설치할 것이기 때문이다. 특히, 아프리카 내륙이나 북아프리카 지역에는 사하라사막 등 태양광 설치에 적합한 곳이 많아 확장 속도도 가속될 것이라는 예측이다. 한편, 유럽 지역에서는 신규발전의 많은 부분이 신재생에너지로 대체되고, 2030년 이후에는 북해의 강풍을 활용하는 국가가 늘어나 풍력이 주요자원이 될 가능성도 높다.

(3) 영국의 석유대기업 BP의 전망

영국 최대의 석유회사 BP는 2025년까지 태양광, 풍력 등 신재생에너지가 원자력발전량을 앞설 것이라고 전망했다. 그리고 셰일가스 등의 생산도 증가되어 새로 등장하는 에너지원의 생산량은 전체적으로 연간 약 6%씩 증가해 앞으로의 에너지 생산 증가분 가운데 약 40%를 차지할 것으로 보았다.

중국이나 인도와 같이 경제개발 때문에 에너지 수요가 항상 부족한 신흥국에서는 원자력을 대량으로 도입해야만 하는 반면, 미국과 유럽은 앞으로 오래된 원전부터 폐기할 것이다. 원전의 일부분은 가동을 계속하겠으나 새로 원전을 건설하는 일은 없을 것이다. 세계의 에너지 수요는 앞으로 2020년까지는 연 평균 2% 정도 증가하고 그 이후에는 신흥국의 에너지 효율 개선 가능성으로 연간 1.2% 증가라는 완만한 증가세를 보일 것이다. 수요가 증가하는 원인의 대부분은 중국이나 인도 등에서 에너지 사용량이 늘어나기 때문이다.

이와 같은 BP의 수요예측은, 2013년 11월에 국제에너지기구가 발표한 예측과 비슷하다. 국제에너지기구의 전망도 셰일가스나 신재생에너지의 생산이 증가하는 반면 원자력의 영향은 줄어들 것으로 보고했기 때문에 신재생에너지의 미래를 가늠할 수 있을 것 같다. 우리나라의 2017년 현재 상황으로는, 신재생에너지의 기술이 현격한 속도로 발전한다고 해도 전혀 기대할 수 없는 수치다.

4) 일본의 계획

일본은 미국이나 캐나다, 유럽에 비하면 에너지에 관한 한 매우 뒤처져 있는 편이다. 후쿠시마 원전사고 이전에는 50기의 원전을 가동했고 전체 전원의 30% 이상을 담당했다. 그러나 지금은 2~3기의 원전만을 사용하고 있다. 나머지는 60% 이상의 국민이 반대하고 있으며 원자력규제위원회가 승인한 원전도 해당 지역 주민의 극심한 반대로 답보상태에 있다.

에너지 부족으로 해외에서 이전보다 많은 석탄과 석유, 천연가스를 수입해야 해서 막대한 자금이 투입되고 있다. 게다가 대기오염은 더 심각해졌고, 2020년부터 본격적으로 시행되는 탄소배출권 문제가 걸려 있어 정부는 원전 중의 상당 부분을 가동해야만 하는지 고민에 빠져 있다.

〈그림 12-4〉 일본의 2030년 에너지믹스 계획

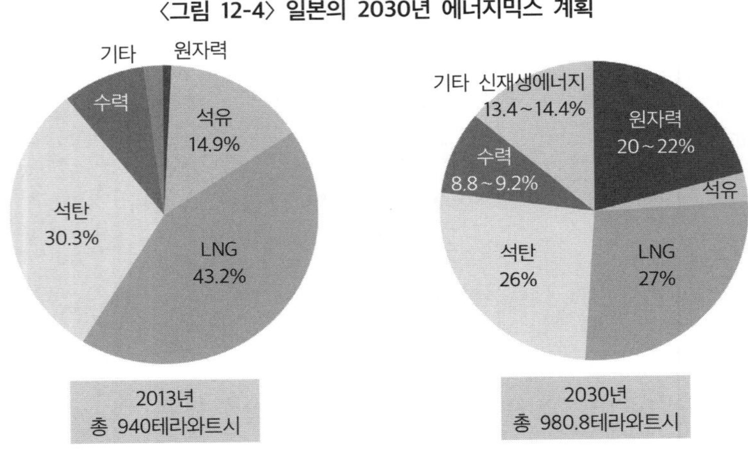

출처: 일본 METI(Ministry of Economy, Trade and Industry)(2015. 6).

〈그림 12-5〉 2014년에서 2050년까지 일본의 에너지 공급 · 수요량 전망

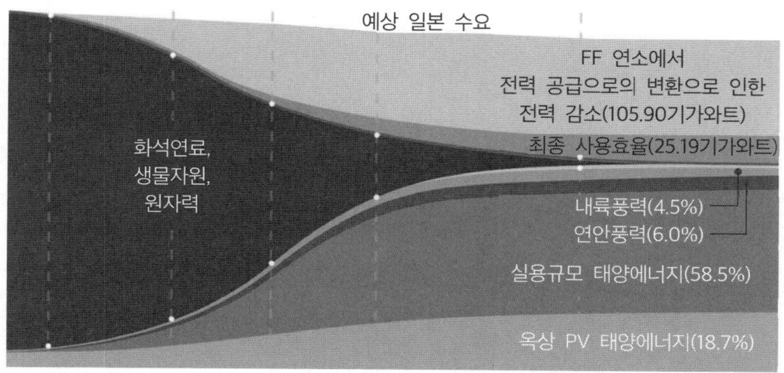

출처: 일본 지속가능정책연구원.

한편, 일본 아베 정권하의 경제산업성은 2015년 7월 26일 '2030년까지의 장기 에너지 수급 전망서'를 발표했다. 이에 의하면, 2030년 전원 구성비율은 신재생에너지 23~24%, 원자력발전 20~22%로, 원전을 신재생에너지보다 약간 낮게 잡았다. 경제 성장에 따라 에너지 비율이 높아질 것이 예상되므로 전력의 수요 억제 정책을 추진해 2030년도 시점의 전력 소비량 수준으로 억제하면서 신재생에너지를 최대한 도입하고 원전을 점차 줄여 간다는 의지를 보였다.

필자의 판단으로는 자민당 정권은 에너지혁명이라는 세계 대세에 매우 둔감한 것 같다. 아베를 중심으로 한 자민당 정권이 국수주의적 보수정당이기 때문에 새롭게 등장한 에너지에 미진한 정책을 펴는 것이 근본 원인이 아닌가 생각한다.

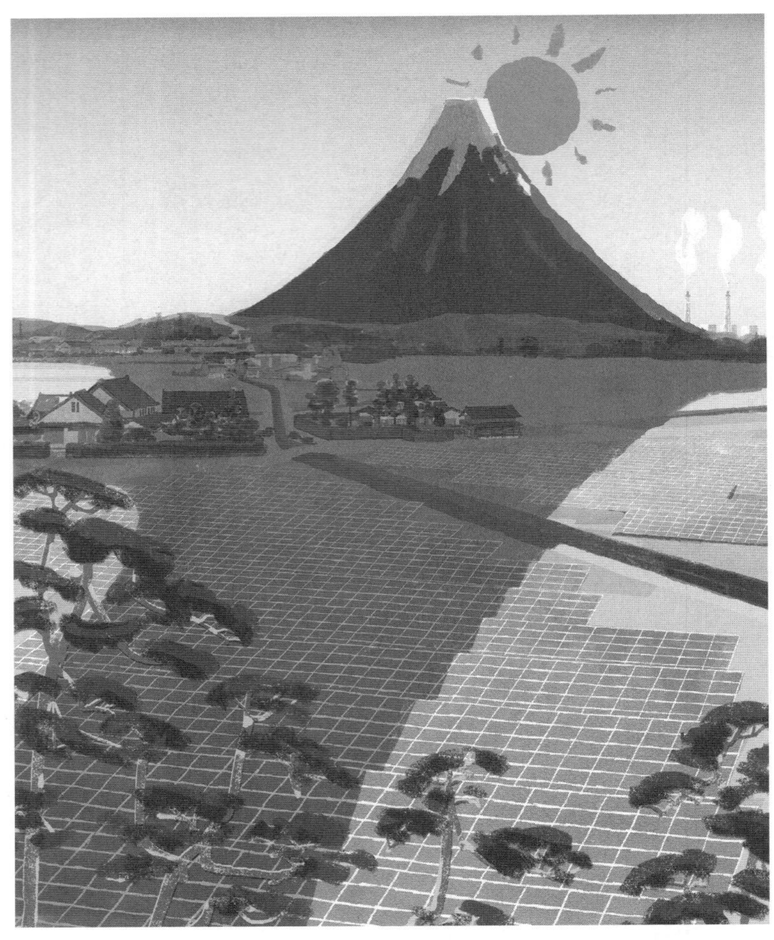

일본의 상징인 후지산 기슭에 태양광발전 패널을 설치한다는 계획을 그림으로 표현했다. 일본의 경제산업성은 '2030년도 에너지믹스 계획' 중 신재생에너지를 24%, 원전을 22%로 결정했다.

© Tatsuro Kiuchi, MIT Technology Review(2014. 12)

6. 2050년의 신재생에너지 시나리오

2050년이 되면, 선진국에서는 화력발전이나 원자력발전은 자취를 감추고 완전히 새로운 에너지 시대를 맞게 될 것이다. 그러나 인도와 중국과 같이 13억이나 되는 인구에다 문명의 혜택을 받지 못해 빈부 차이가 극심하고 경제 발전은 빠른 나라는 원전과 석탄발전을 계속 유지할 수밖에 없을 것이다. 한편, 아프리카나 중남미, 동남아시아 등 개발도상국가도 사정은 마찬가지다. 그러나 에너지를 개선해야 한다는 열망은 모두가 가질 것이다.

앞으로 30년이나 남아 있어서 누구나 장담은 못하지만 모든 선진국은 오랫동안 조사·연구한 데이터로 시뮬레이션을 거쳐서 나름대로의 예측을 하고 있다. 그러니까 예측이 빗나간다 해도 과장이 되는 일은 없고 오히려 더 과감하지 못했다는 비평을 받을 수는 있다.

〈그림 12-6〉 신재생에너지로의 대전환 2010~2050: 지속가능에너지 정책연구소가 제안한 2050년까지 신재생에너지로의 전환

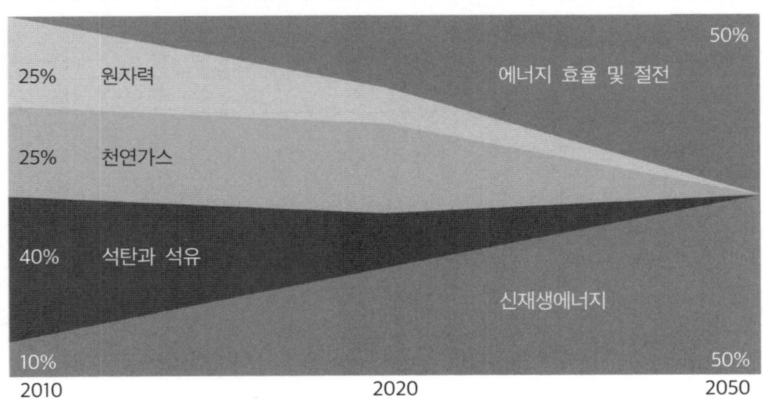

출처: 국제개발기구(International Development Association: IDA).

1) 독일의 예측

유럽에서는 앞으로 신재생에너지로 모든 에너지를 조달하려는 계획이 진행 중이다. 독일 환경자문위원회(Sachverständigenrat für Umweltfragen)에 의한 2008년 보고서는 2050년 독일의 에너지 사용 상황을 예측했다. 2010년 4월에는 유럽 기후재단(European Climate Fund)이 EU 전체를 대상으로 보고서 〈로드맵 2050〉(*Roadmap 2050*)을 발표했다.

이 보고서들을 보면, 신재생에너지 비율을 해상풍력 30%, 육상풍력 14%, 생물자원 11%로 예측했으며, 이것만 합쳐도 50%가 된다. 태양광발전은 정부에 의한 발전차액지원제도(FIT) 덕에 태양광발전 사업자가 계속해서 증가 중이므로 앞으로 가장 전망이 높은 에너지가 될 것으로 예측했다.

〈표 12-1〉 독일의 환경 · 에너지의 목표

항목	2011년	2020년	2030년	2040년	2050년
온난화가스 삭감(1990 대비)	26.4	40	55	70	80~95
신재생에너지 비율/전력	20.3	35	50	65	80
신재생에너지 비율/최종소비	12.1	18	30	45	60

출처: 독일연방 경제부; 독일연방 환경부.

2) EU 신재생에너지 위원회의 〈에너지 로드맵 2050〉

유럽에서는 원자력발전에서 탈출해 신재생에너지를 확대해 나간다는 에너지 정책을 필연적 시대의 흐름이라고 본다. 공급자 중심의 시스템에서 일반 시민과 기업 등 수요자가 참여하는 시스템으로의 전환은 기술 발전에 의해 필연적으로 초래된 것이라고 보아야 한다.

유럽연합 신재생에너지 협력(European Federation of Renewable Energy Cooperatives)의 단 크뢰펠란트(Daan Creupelandt)는 "2050년까지 EU 시민의 약 절반이 스스로 신재생에너지를 생산할 수 있다"고 말했다. EU 신재생에너지 위원회가 2012년 12월에 공표한 〈에너지 로드맵 2050〉(*Energy Roadmap 2050*)은 앞으로 선택되는 에너지 정책에 의해 2050년의 유럽은 어떤 변화를 겪을지, 기술 발전은 얼마나 이룰지, 그리고 기술 발전의 혜택은 어느 정도까지 공유가 가능한지 등 수백 건의 질문에 대해 많은 전문가가 해답을 내리며 예측한 것이다.

이 보고서는 "2050년에는 온실가스를 1990년의 80~95% 삭감해 저탄소사회를 실현"했음을 전제하며, 정책 목표로는 전력 및 가스의 안정적 공급과 국제 경쟁력의 안정적 확보를 꼽는다. 또한 2050년까지 신재생에너지 비율 100%를 달성하기 위해 에너지시장의 완전 자율화, 스마트그리드의 이용, 하이브리드 에너지 솔루션 및 가상발전소 개발, 화석연료와 원자력 보조금 삭제, EU 전체의 탄소세금 부과를 조건으로 꼽았으며, 교통 부문에서는 2050년까지 석유에서 전환된 완전한 전기를 사용해야 한다고 지적했다.

아울러, 향후의 정책 선택에 도움이 되도록 제시된 다섯 가지 시나리오는 다음과 같다.

첫째, "에너지 절감 시나리오"이다. 에너지 절감형 가전제품의 보급 및 빌딩의 단열공사(斷熱工事)가 잘 진행되고 발전소의 효율도 개선된다. 2050년의 에너지 수요는 2006년보다 약 41% 삭감된다.

둘째, “기술 다양화 시나리오”이다. 정부의 보조금은 없어지고 시장 평가에 의해 최적의 전원이 선택된다. 화력발전소에서 배출되는 이산화탄소를 회수해서 지하에 저장하는 기술(CCS)이 보급되며, 저탄소화가 진전된다.

셋째, “신재생에너지 보급 시나리오”이다. 정부의 장려책이 효과를 거두어 최종 소비에서 차지하는 신재생에너지의 비율은 75% 이상으로 올라갈 것이다.

넷째, “CCS 실용화 지연 시나리오”이다. CCS 기술개발에 실패해 실용화가 지연되면 탄소시장의 가격이 상승하기 때문에 저탄소화를 조속히 실행하기 위해 이산화탄소 배출이 적은 재래식 발전을 활용할 수도 있을 것이다.

다섯째, “원자력발전의 비율 저하 시나리오”이다. 현재 건설 중인 원자력발전을 제외하고 앞으로 신설은 없다. 원자력발전은 20세기에 탄생한 과도기적인 에너지였다.

이 다섯 가지 시나리오를 분석하자면 다음과 같다. 첫째, 다섯 가지 시나리오는 신재생에너지의 비율이 어떤 경우에라도 증가한다는 점이 공통점이다. 최종에너지 소비에서 차지하는 비율은 최소 55%에 달한다. 전력소비에서 차지하는 비율은 “에너지 절감 시나리오”에서는 64%, “신재생에너지 보급 시나리오”에서는 97%나 된다. 다만, 2030년경까지의 과도기에 발전 부문에서 천연가스가 큰 역할을 담당할 필요가 있다. 그리고 풍력이나 태양광발전으로 생산된 전력을 수요가 많을 때를 대비해 축전지 등에 저장할 필요가 있다.

둘째, 에너지절감 목표가 어렵다는 점은 이미 언급했지만 〈에너지 로드맵 2050〉은 경제 성장과 에너지 소비를 분리해 서로 영향을 덜 받게 하는 정책(*decoupling*)을 북유럽에서부터 유럽 전체로 넓히는 방향으로 실행해야 한다고 생각하는 듯하다. 시나리오 전체적으로, 1차 에너지의 수요를 2030년까지는 16~20%까지 줄이고 2050년에는 32~41%의 범위 내에서 제각기 줄이는 것이 필요하다.

셋째, 에너지 중 전력의 중요성은 점점 더 커진다. 전기요금은 환경세와 새로운 시스템 설치비 등으로 당분간 상승하겠지만 신재생에너지가 활발하게 도입되어 화석연료발전보다 발전비용이 낮아지면(즉, 그리드패리티를 달성하면) 전기요금이 떨어지기 시작할 것이다.

넷째, 거액의 설비투자에 의해 고용과 성장의 효과가 나타나기 시작할 것이다. 발전소, 송전선의 건설 이외에도 공장이나 빌딩의 에너지 절감 시스템 도입, 발전소의 CCS 시설 건설, 지역 냉난방, 가정의 스마트미터 도입이나 단열공사(斷熱工事) 등 다양한 사업이 등장할 것이다.

전력시장이 민간업체 중심으로 형성되고 시장 규모가 크게 확대되면 전력회사와 소비자 사이에서 중개 역할을 하는, 종전에는 생각도 못했던 스마트한 직업군이 탄생할 것이다. 이런 직업군은 사무실이나 공장 또는 일반 가정에 에너지를 절약하는 방법을 서비스할 뿐만 아니라 절약해서 쓰고 남은 전기를 전력회사에 판매하는 일도 중개한다. 전기자동차가 본격적으로 보급되는 시기에는 자동차 자체가 전기를 축전하는 역할을 하며, 남는 전기를 전력회사에 파는 비즈니스가 활발해질 것이므로 거래는 전부 소매서비스업자(ESP, 전력삭감 중계업 포함)의 중개를 거칠 것이다. 기타 전력에 대한 다양한 서비스를 하므로 고용창출에 결정적 영향력을 끼칠 것이다.

다섯째, EU가 선택하는 최종 목적은 21세기의 최신기술과 가치관에 의해서 인간이 지향하는 행복한 '새로운 세계'다. 이는, 경제와 사회의 성장에 따라서 발생하는 에너지 사용에 균형을 잡고 지속적으로 깨끗한 환경을 실현하는 저에너지 사회이며, 유연하게 수요에 대응할 수 있는 분산형 전력시스템을 향유하는 사회다. 에너지 소비의 삭감과 절전, 그리고 신재생에너지가 에너지 자급의 자원이 된다.

3) 미국 국립 신재생에너지 연구소의 〈2050 시나리오〉

2015년 6월, 미국의 국립 신재생에너지 연구소(National Renewable Energy Laboratory)는 2050년까지 미국 전력 공급의 상당 부분을 신재생에너지에 의존하게 될 것이라는 시나리오를 연구, 발표했다. 정부기관이 이와 같이 신재생에너지를 중요시하는 시나리오를 발표한 것은 미국에서는 처음 있는 일이다.

이 연구에는 미국 에너지부, MIT대학 에너지연구소, 로런스 버클리 국립연구소, 퍼시픽 노스웨스트 국립연구소(Pacific Northwest National Laboratory) 등이 참여하였다. 이 보고서는 2050년에는 미국 전력공급의 40%에서 90%까지(주로 80%에 초점을 맞춤)를 신재생에너지로 공급하는 방안을 작성하였는데, 구체적인 내용은 다음과 같다.

첫째, 미국은 신재생에너지 자원이 풍부한 나라다. 연방정부뿐만 아니라 주정부마다 신재생에너지를 발전하려는 각종 정책을 실시한다. 그러나 이러한 노력이 전력 공급에 어느 정도 공헌하는지에 대해 철저한 사전 또는 사후 확인이 필요하다.

둘째, 최근 몇 년 동안에 미국의 신재생에너지는 급속하게 증대

〈그림 12-7〉 국립 신재생에너지연구실: 2050년까지 80% 신재생에너지 전환

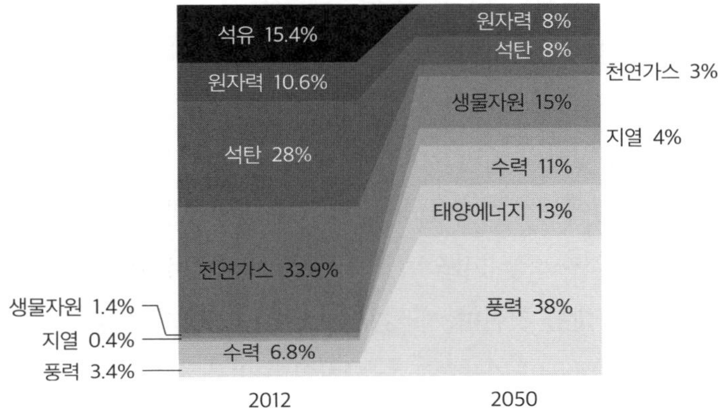

〈그림 12-8〉 미국의 신재생에너지 100% 시나리오(2050년)

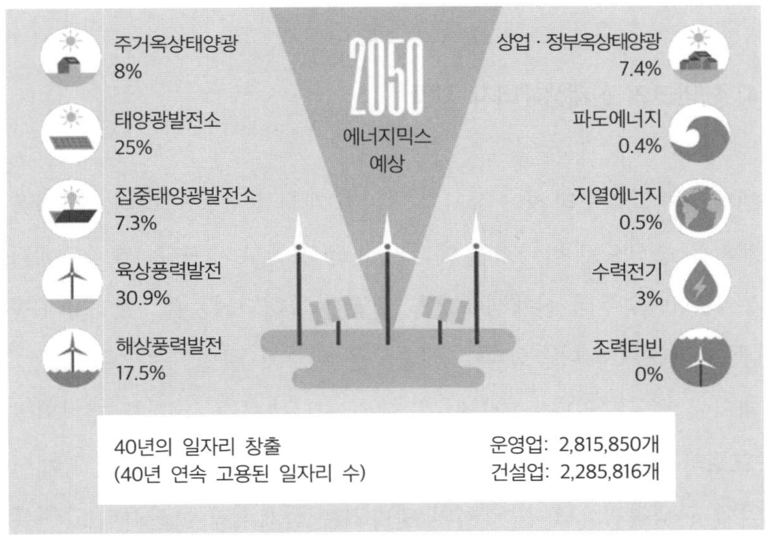

출처: 스탠퍼드대학의 마크 제이콥슨 교수와 대기오염 · 지구온난화 연구팀.

했다. 예를 들어 풍력은 1990년에는 불과 100만 킬로와트였는데, 10년 후인 2010년에는 4천만 킬로와트, 2012년에는 6천만 킬로와트로 60배 이상 증가하였다. 태양광발전도 급속하게 보급되기 시작했다. 미국은 이처럼 급속하게 변화하고 있는 신재생에너지 발전에 잘 대응하도록 만반의 준비를 갖추어야 한다.

셋째, 신재생에너지 비율을 높이려면 각종 기술의 진보와 우수한 전문가가 필요하다. 장기적으로 봤을 때 신재생에너지의 규모는 엄청난 규모로 확대될 것이며 제조기술, 재료 공급, 인력 공급 등 어느 측면에서도 대응이 가능하도록 만반의 준비를 해야 한다.

이러한 분석결과는 기존의 송전망, 응답성이 좋은 송전시스템이 있다면, 2050년에는 미국 전력수요의 80%를 신재생에너지로 공급할 수 있다는 점을 시사한다.

4) 덴마크의 신재생에너지 전망

덴마크는 일찍부터 중·장기적 에너지 계획을 세운 나라다. 이 같은 계획을 중심으로 적극적인 에너지 보급 정책도 세웠다. 덴마크에서는 1996년경부터 신재생에너지 보급이 확대되었는데, 2012년 6월에 2030년까지 이산화탄소 배출량을 반으로 줄인다는 '에너지 21' 계획이 발표되었다. 1997년에 일본 교토에서 'COP3'가 개최되어 '교토의정서'가 채택되었음을 고려해 보면, 온실가스 삭감의 국제협약이 탄생하기 1년 전에 이미 덴마크는 선제적인 이산화탄소 대폭 삭감계획을 세계 최초로 발표한 국가인 셈이다.

2011년 11월 덴마크 정부가 발표한 '우리들의 미래 에너지 계획'

(Danish Energy Agency)에서는 2050년까지 전 에너지를 신재생에너지로 충당하겠다는 시나리오를 작성했다. 이 계획을 차질 없이 진행하기 위해 다음과 같은 중간 목표를 세워 이 과정을 거쳐서 최종 목표를 달성한다는 것이다.

〈그림 12-9〉 덴마크의 2050년까지 에너지 계획, '우리들의 미래 에너지 계획'

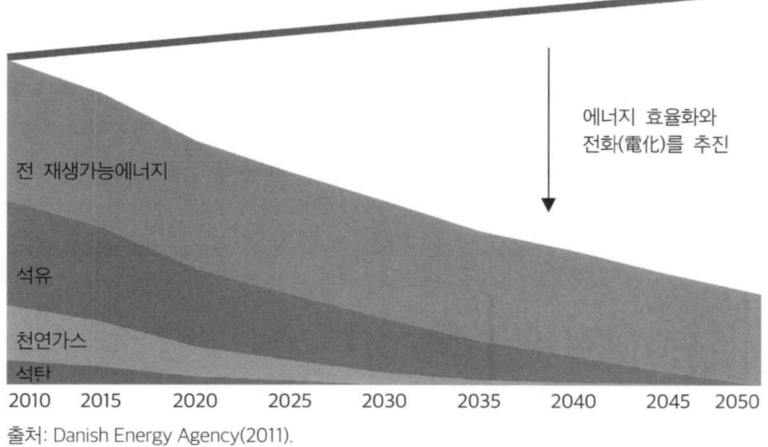

출처: Danish Energy Agency(2011).

〈그림 12-10〉 덴마크 에너지 정책 이정표

2050년까지 덴마크 정부의 에너지 정책 이정표

2050년까지 100% 신재생에너지 목표를 달성하기 위해
덴마크 정부가 세운 2020, 2030, 2035년까지의 에너지 이정표

2020년	2030년	2035년	2050년
전기 소비의 절반을 풍력에 의해 공급	덴마크 발전소에서 석탄 제거 오일 버너 제거	전기 및 열 공급을 신재생에너지로 충당	모든 에너지 공급(전기, 난방, 산업 및 운송)을 신재생에너지로 전환

출처: ENS(2015).

첫째, 풍력발전과 관련하여, 2020년까지 해상풍력발전 확대 및 육상풍력발전의 리파워링(*repowering*: 낡은 풍차를 새로운 대형풍차로 바꿈) 등을 통해 전력소비의 53%를 풍력발전으로 공급한다. 둘째, 현재 총발전량의 20%를 차지하는 석탄의 이용은 2020년까지 10%를 삭감하고, 2030년까지는 발전소에서의 석탄 사용을 폐지한다. 셋째, 2020년까지 석유 보일러를 반으로 줄이고 2030년까지는 모두 없앤다. 넷째, 2035년까지 전력·난방용은 전부 신재생에너지로 전환한다. 2050년까지 운수 부문의 신재생에너지 전환도 추진하며 신재생에너지로 완전 이행한다.

5) 스웨덴의 계획

2015년 스웨덴은 에너지감축에 모든 국민이 참여하고 태양광에너지, 풍력발전, 에너지 저장, 스마트그리드와 청정 수송에의 투자증대를 통해서 2050년에는 100% 청정에너지로의 전환을 유럽 어느 국가보다 먼저 달성하겠다는 목표를 세웠다.

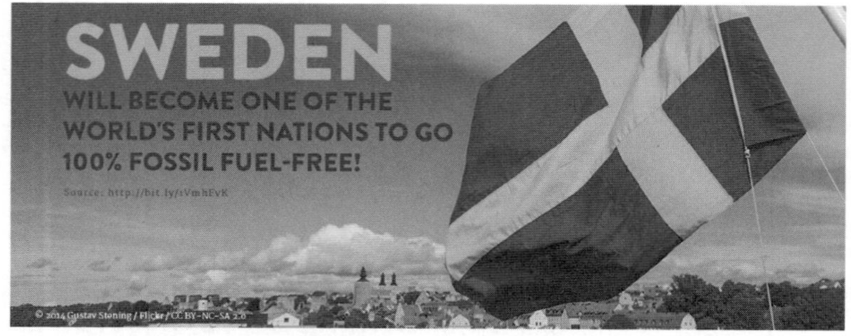

스웨덴의 2050년 에너지 비전. 스웨덴은 2050년까지는 화석연료를 100% 사용하지 않는 국가 중 하나가 될 것이다.
© 기후현실프로젝트

적어도 2030년까지는 에너지 정책으로 에너지믹스 계획을 세우는 것이 중요하다. 물론, 에너지믹스가 정확하게 맞아떨어지기는 어려울 것이다. 그러므로 적어도 매년 한 번씩은 진행 상황을 확인하고 각 에너지 간 균형을 맞추면서, 전력회사들이 신재생에너지의 우선 사용을 규정화해야 한다. 정부는 신재생에너지 우선 정책을 확실하게 추진해 나가야 한다.

지금부터라도 신재생에너지 육성에 정부 예산을 과감하게 배정하고, 석탄발전은 빠른 시일 내에 폐기되어야 마땅하다. 원전은 당장은 필요하지만, 시간을 두고 조금씩 감소시키는 것이 현명한 정책이 될 것이다.

이 같은 시점에서 에너지 감축 정책도 정부가 세심한 계획을 세우고 중소기업이나 벤처기업도 대형 전력회사와 동등한 입장에서 참여하도록 지원해야 한다. 또한, 전력 산업의 자유경쟁화는 제 4차 산업혁명에 우선되어야 한다. 앞으로 우리가 새로운 경제구조, 산업구조, 사회구조를 창조하려면 '제 4차 산업혁명 정책'과 더불어 에너지 혁신 정책이 선행되어야 할 것이다. 에너지는 각 분야 정책에 동력 역할을 하기 때문이다. 우리가 좀더 멀리 그리고 좀더 깊이 있게 살펴보면 지금까지 가까운 장래를 위해 많은 것을 간과했다는 생각이 들 것이다.

만약 상당히 높은 수준에 있는 IT를 많은 분야에서 고르게 활용할 수 있고 주변의 강대국보다 먼저 에너지혁명을 일으켜 네트워크 사회로 진입한다면 오히려 우리가 앞서갈 길이 열릴 수 있다. 더 나아가 우리가 선점한 노하우를 해외에, 특히 개발도상국과 신흥국에 수출할 수도 있을 것이다.

참고문헌

김동훈(2013). 《전력산업의 자유경쟁과 스마트 그리드: 선진국 사례보고서》. 서울: 한국그린비즈니스협회.

김동훈 · 신기태(2014). 《세계의 신재생에너지로드맵 2015-2025》. 서울: 한국그린비즈니스협회.

박영숙 · Glenn, J. (2016). 《유엔미래보고서 2050》. 파주: 교보문고.

환경재단(편) (2016). 《2030 에코리포트 파리기후변화회의 특별판: 환경에서 미래를 찾다》. 서울: 환경재단 도요새.

Bloomberg New Energy Finance(2013). *The Future of Energy: Summit 2013*. https://about.bnef.com/summit.

______(Ed.) (2014). *Sustainable Energy in America 2014 Factbook*. Washington, DC: Bloomberg New Energy Finance.

______(2017). *New Energy Outlook 2017*. Washington, DC: Bloomberg New Energy Finance.

Brown, L., Adams, E., Larsen, J., & Roney, M. (2015). *The Great Transition: Shifting Fossil Fuels to Solar and Wind Energy*. NY: W. W. Norton & Company.

Chevalier, J.-M., Derdevet, M., & Geoffron, P. (2012). *L'Avenir Energétique: Cartes sur Table*. 林昌宏(譯) (2013). 《21世紀エネルギー革命の全貌》. 東京: 作品社.

Clean Energy: *EU Mulled 2030 Policy as Google Nestled further into Clean Energy*, 2013.

Ethik-Kommission Sichere Energieversorgung(2011). *Deutschlands Energiewende*: *Ein Gemeinschaftswerk Für die Zukunft*. 吉田文和・Schreurs, M. A. (譯) (2013). 《ドイツ脫原發倫理委員會報告: 社會共同によるエネルギーシフトの道すじ》. 東京: 大月書店.

European Photovoltaic Industry Association(2016). *Global Market Outlook For Solar Power 2016-2020*. Brussels, Belgium: Solar Power Europe.

Friedman, T. (2008). *Hot, Flat, and Crowded*: *Why We Need a Green Revolution, and How It Can Renew America*. 최정임・이영민 역(2014). 《코드 그린: 뜨겁고 평평하고 붐비는 세계》(제 13쇄). 파주: 21세기북스.

Intercontinental Panel on Climate Change(Ed.) (2011). *Special Report*: *Renewable Energy Sources and Climate Change Mitigation*. Geneva, Switzerland: International Panel on Climate Change.

International Energy Agency(Ed.) (2010). *Technology Roadmap*: *Carbon Capture & Storage*. Paris: International Energy Agency.

______(Ed.) (2011). *Technology Roadmap*: *Biofuels for Transport*. Paris: International Energy Agency.

______(Ed.) (2012). *Energy Technology Perspectives*: *Pathways to a Clean Energy System*. Paris, France: International Energy Agency.

______(Ed.) (2012). *Technology Roadmap*: *Solar Photovoltaic Energy*. Paris: International Energy Agency.

______(Ed.) (2014). *The Power of Transformation*: *Wind, Sun and the Economics of Flexible Power Systems*. Paris: International Energy Agency.

______(Ed.) (2016a). *Renewable Energy Statistics 2016*. Abu Dhabi, United Arab Emirates: International Renewable Energy Agency.

______(2016b). *Tracking Clean Energy Progress 2016*: *Energy Technology Perspectives 2016 Excerpt IEA Input to the Clean Energy Ministerial*. Paris, France: International Energy Agency.

Lamb, J. (2009). *The Greening of IT*: *How Companies Can Make A Difference for the Environment*. NJ: IBM Press.

Lovins, A. (2011). *Reinventing Fire*: *Bold Solutions for the New Energy Era*.

VT: Chelsea Green Publishing.
National Academy of Sciences, National Academy of Engineering, & National Research Council(2012). *Real Prospects for Energy Efficiency in the United States: America's Energy Future Panel on Energy Efficiency Technologies*. Washington, DC: National Academies Press.
Renewable Energy Policy Network for the 21st Century(2013). *Renewables Global Futures Report 2014*. Paris, France: Renewable Energy Policy for the 21st Century.
______(2016). *Renewable Global Status Report 2016*. Paris, France: REN21 Secretariat.
Rifkin, J. (2011). *Third Industrial Revolution: How Lateral Power is Transforming Energy, the Economy, and the World*. 안진환 역(2012). 《3차 산업혁명: 수평적 권력은 에너지, 경제, 그리고 세계를 어떻게 바꾸는가》. 서울: 민음사.
Seva, T. (2014). *Clean Disruption of Energy and Transportation*. 박영숙 역(2015). 《에너지 혁명 2030: 석유와 자동차 시대의 종말, 전혀 새로운 에너지가 온다》(제 13쇄). 파주: 교보문고.
U.S. Energy Information Administration(Ed.)(2016). *Annual Energy Outlook 2016 with Projections to 2040*. Washington, DC: U.S Energy Information.

eシフト脱原發新しいエネルギー政策を實現する會(2012).《脱原發と自然エネルギー社會のための發送電分離》. 東京: 合同出版.
経濟産業省(2017). 〈平成28年度エネルギーに關する年次報告〉(エネルギー白書2017).
経濟産業省資源エネルギー廳省エネルギー・新エネルギー部/新たなエネルギー産業研究會(2012).《エネルギー新産業創造: 自動車に次ぐ巨大ビジネスが生まれる》. 東京: 日経BP社.
高橋洋(2011).《電力自由化: 發送電分離から始まる日本の再生》. 東京: 日本経濟新聞出版社.
吉田文和(2015).《脱原發と再生可能エネルギー》. 北海: 北海道大學出版會.
大島堅一・高橋洋(2016).《地域分散型エネルギーシステム: 集中型からの移

行をどう進めるか》. 東京: 日本評論社.
大下英治(2014). 《自然エネルギー革命: 脱原發へのシナリオ》. 東京: 潮出版社.
東京大學サステイナビリティ學連携研究機構(編著) (2010). 《クリーン&グリーンエネルギー革命: サステイナブルな低炭素社會の實現に向けて》. 東京: ダイヤモンド社.
柏木孝夫(2012). 《エネルギー革命: 3.11後の新たな世界へ》. 東京: 日経BP社.
寺西俊一・石田信隆・山下英俊(2013). 《ドイツに學ぶ: 地域からのエネルギー轉換: 再生可能エネルギーと地域の自立》. 東京: 家の光協會.
山中直明(2012). 《スマートネットワークの未來: EVNOが作る新エネルギービジネス》. 東京: 慶應義塾大學出版會.
植田和弘・山家公雄(2017). 《再生可能エネルギー政策の國際比較: 日本の変革のために》. 京都: 京都大學學術出版會.
野呂康宏(2016). 《分散型エネルギーによる發電システム》. 東京: コロナ社.
熊谷徹(2012). 《脱原發を決めたドイツの挑戰: 再生可能エネルギー大國への道》. 東京: 角川マガジンズ.
井熊均(2014). 《電力小賣全面自由化で動き出す分散型エネルギー》. 東京: 日刊工業新聞社.
諸富徹(2015a). 《再生可能エネルギーと地域再生》. 東京: 日本評論社.
______(2015b). 《電力システム改革と再生可能エネルギー》. 東京: 日本評論社.
倉阪秀史(編) (2012). 《地域主導のエネルギー革命》. 東京: 本の泉社.
千葉恒久(2013). 《再生可能エネルギーが社會を変える: 市民が起こしたドイツのエネルギー革命》. 東京: 現代人文社.
總務省(2017). 〈平成29年版情報通信白書〉.
環境省(2017). 〈環境白書: 循環型社會白書/生物多様性白書, 平成29年版: 環境から拓く, 経済・社會のイノベーション〉. 東京: 日経印刷.

찾아보기

기관 · 단체

ㅅ

ㅇ

ㅈ~ㅌ

ㅍ~ㅎ

기타

찾아보기

인명

찾아보기

용어

ㅅ

ㅇ

ㅈ~ㅋ

ㅌ~ㅎ

기타

저자 소개

김동훈

1937년 9월 27일 출생
현 (주) 에코마이스 회장

학력 및 주요경력
1959년 연세대 영문과 졸업
1988~1990년 〈중앙일보〉 데이터뱅크국 국장(이사대우)
1991~1994년 〈중앙일보〉 뉴미디어 본부장(상무이사)
1995~1998년 〈중앙일보〉 뉴미디어 담당 상임고문
1998~2009년 한국전자거래협회 상근부회장
2010~2016년 한국그린비지니스 IT협회 상근부회장
2016년~현재 (주) 에코마이스 회장

대외활동
1987~1988년 감사원 정책자문위원회 위원
1996~1998년 정보통신부 산하 초고속 정보통신망 구축을 위한 자문위원회 위원
1999~2001년 산업자원부 한미기업협력위원회 위원
2000~2004년 외교통상부 통상교섭 민간자문그룹 자문위원
1999~2009년 한일 전자거래추진협의회 한국 측 민간대표
2009~2014년 한일 그린IT 추진협의회 한국 측 민간대표
2009~2014년 아시아8개국 그린IT 포럼 한국 측 민간대표

상훈
제44회 정보통신의 날(정보통신부) 대통령 표창(1999), IT산업 유공자(지식경제부) 대통령 표창(2004), 일본 경제산업성 산하 정보처리개발협회 공로상(2007)

저서
《서독의 대동독 언론정책》(공저, 1974), 《정보사회와 언론》(공저, 1987), 《정보화사회 가능성과 문제점》(역, 1987), 《전력산업의 자유경쟁과 스마트 그리드: 선진국 사례보고서》(2013), 《세계의 신재생에너지로드맵 2015-2025》(공저, 2014)